宁波低碳城市建设研究

吴向鹏　刘晓斌　吴小蕾　等著

U0277318

ZHEJIANG UNIVERSITY PRESS
浙江大学出版社

图书在版编目(CIP)数据

宁波低碳城市建设研究 / 吴向鹏等著. —杭州：
浙江大学出版社,2021.4
ISBN 978-7-308-16106-0

Ⅰ.①宁… Ⅱ.①吴… Ⅲ.①节能－生态城市－城市
建设－研究－宁波市 Ⅳ.①X321.255.3

中国版本图书馆 CIP 数据核字(2016)第 181912 号

宁波低碳城市建设研究

吴向鹏　刘晓斌　吴小蕾 等著

责任编辑	张一弛	
责任校对	谢　焕	
封面设计	周　灵	
出版发行	浙江大学出版社	
	（杭州市天目山路 148 号　邮政编码310007）	
	（网址:http://www.zjupress.com）	
排　　版	浙江时代出版服务有限公司	
印　　刷	广东虎彩云印刷有限公司绍兴分公司	
开　　本	710mm×1000mm　1/16	
印　　张	18.5	
字　　数	300 千	
版 印 次	2021 年 4 月第 1 版　2021 年 4 月第 1 次印刷	
书　　号	ISBN 978-7-308-16106-0	
定　　价	50.00 元	

目　录

第一章　宁波低碳城市建设研究概述

全球气候的变化改变着人类的生存环境,影响大气安全、水安全、能源安全、生态安全,因而从政府到学界已越来越重视环境保护,越来越关注人类活动对环境的影响。国内外研究发现,人类活动中的碳排放成为全球气候升温的主要因素,城市低碳化发展和建设低碳城市将成为遏制全球升温的首要选择。与此同时,在经历了 300 年工业高速发展的今天,人类社会正面临着全球气候变化和能源资源紧缺、生态环境恶化的巨大压力,外延增长式的城市发展模式已难以适应新形势下的发展需求,城市发展模式面临着转型的抉择。

2012 年 11 月,中国共产党第十八次全国代表大会召开,党的十八大报告提出要大力推进生态文明建设,扭转生态环境恶化趋势,将生态文明建设与经济建设、政治建设、文化建设、社会建设一起放在五位一体总体布局的高度上。2013 年 11 月,党的十八届三中全会通过《中共中央关于全面深化改革若干重大问题的决定》,从中可进一步看出中央对环境保护的重视和管理理念的转变,决定提出实行最严格的源头保护制度、损害赔偿制度、责任追究制度,完善环境治理和生态修复制度,用制度来保护生态环境。近年来,宁波的城市化发展对环境造成了较大的影响,环境污染越来越严重,极端天气(极热、灰霾、暴雨)特别多,对生产和生活的影响超出了人们的预估。因而,加强环境污染治理、改善宁波环境质量,实施低碳城市发展战略已刻不容缓。

第一节　低碳城市建设研究缘起

一、相关概念界定

(一)低碳及相关概念

低碳这一概念最初产生于经济发展领域,是在应对全球气候变化、提倡减少人类生产生活活动中温室气体排放的背景下提出的。英国政府在2003年的《能源白皮书》中首次正式提出"低碳经济(Low Carbon Economy)"的概念。随后,低碳理念由经济发展领域延伸至社会生活领域,日本于2007年开始致力于"低碳社会"建设。英国的《能源白皮书》中提出,低碳经济是通过更少的自然资源消耗和环境污染获得更多的经济产出,创造实现更高的生活标准和更好的生活质量的途径和机会,并为发展、应用和输出先进技术创造新的商机和更多就业机会。

从内涵上看,低碳经济兼顾了"低碳"和"经济"两个方面,低碳发展理念既不排斥发展和产出最大化,也不排斥经济的长期增长。低碳经济是人类社会应对气候变化,实现经济社会可持续发展的一种模式。"低碳"意味着经济发展必须最大限度地减少或停止对碳基燃料的依赖,实现能源利用方式转型和经济增长模式转型;"经济"意味着要在能源利用方式转型的基础上和过程中继续保持增长的稳定性和可持续性。

低碳发展旨在倡导一种以低能耗、低污染、低排放为基础的发展模式。低碳就是指较少的温室气体(从二氧化碳为主)排放。城市低碳发展的目标是通过实施一系列措施实现城市低碳化;低碳城市发展的落脚点在低碳,内容包括低碳规划、低碳政策、低碳产业、低碳消费、低碳交通、低碳能源、低碳建筑、低碳技术等。低碳发展与循环经济、生态发展、可持续发展等概念既有共同点也有区别,它们的背景和重点不同。

循环经济是发达国家为了解决工业污染和生活污染而提出的,在消费领域倡导转变消费模式,解决废弃物污染问题,在生产领域倡导节约降耗、清洁生产、资源综合利用及发展环保产业,是从消费领域逐步过渡到生产领域的变革,侧重经济发展的科学性。

生态发展侧重于城市的发展,包括生态良好和高效发展两方面特征,是在联合国教科文组织"人与生物圈"计划(MAB)提出启动全球生物圈保护项目的背景下发展起来的一个概念,强调在城市发展过程中经济发展与环境发展相互协调、相互促进,是将生产和环境有机融合的理论探索之一,引导城市发展的方向,同低碳发展理念相并列。生态城市不仅考虑碳减排,还考虑废水、废气、废物对城市环境甚至城市景观的影响,是低碳发展后的城市发展目标。

可持续发展源于 1987 年世界环境与发展委员会发布的《我们共同的未来》报告,目的是消除盲目发展所引起的环境污染、资源短缺、生态退化等问题。可持续发展是人类发展的指导性方向,低碳发展是实现可持续发展的有效方式之一。[①]

(二)低碳城市的内涵

低碳城市是指城市在经济高速发展的前提下,保持能源消耗和二氧化碳排放处于较低的水平,是以低碳经济为发展模式及方向,市民以低碳生活为理念和行为特征,政府公务管理层以低碳社会为建设标本和蓝图的城市。我们初步认为,低碳城市的特征至少包括三个方面,即高效、循环、宜居。高效即高效益、高产出,低能耗、低排放,产业升级是基础;循环即城市生产、生活、生态系统处于良好的循环状态,自然资源系统均衡健康,能持续承载子孙后代的需求,代代永续,少消耗是重点;宜居即城市山清水秀,适合居住,低排放是关键。

低碳城市建设有几个方面的含义:一是能源消耗和碳排放处于较低水平,并保持碳源小于碳汇;二是政府层面要实现城市低碳发展制度化;三是企业层面要实现生产方式的低碳化;四是居民层面要做到生活方式的低碳化。第一点是低碳城市建设的目标,后三点是低碳城市建设的手段和路径。

低碳城市就是通过在城市发展低碳经济,创新低碳技术,改变生活方式,最大限度减少城市的温室气体排放,彻底摆脱以往大量生产、大量消费和大量废弃的社会经济运行模式,构建结构优化、循环利用、节能高效的经济体系,形成健康、节约、低碳的生活方式和消费模式,最终实现城市的清洁发展、高效发展、低碳发展和可持续发展。

低碳城市建设是低碳发展的重要环节,是人类发展史上的一场重大的社会革命。《2009 中国可持续发展战略报告》将低碳城市的特征概括为以下几点:经济性、安全性、系统性、动态性、区域性。经济性指在城市中发展低

---

① 连玉明.低碳城市的战略选择与模式探索[J].城市观察,2010(2):5-18.

碳经济能够产生巨大的经济效益;安全性意味着发展消耗低、污染低的产业,对人类和环境具有安全性;系统性指在发展低碳城市的过程中,需要政府、企业、金融机构、消费者等各部门的参与,是一个完整的体系,缺少任何一个环节都不能很好地运转;动态性意味着低碳城市建设体系是一个动态过程,各个部门分工合作,互相影响,不断推进低碳城市建设的进程;区域性是指低碳城市建设受到城市地理位置、自然资源等固有属性的影响,具有明显的区域性特征。[①]

(三)低碳城市与相关城市概念的比较

与低碳城市相关的概念还包括生态城市、宜居城市、园林城市、共生城市、花园城市等,虽然这些城市强调的重点和内容不尽相同,但总的价值取向都是强调城市的可持续发展,力求自然环境和社会环境的和谐统一(表 1-1 是不同城市概念的内涵比较)。

表 1-1 不同城市概念的内涵比较

相关概念	基本内涵
生态城市	1984 年联合国教科文组织发起"人与生物圈"计划(MAB),提出建设生态良好的城市,启动世界生物圈保护网络,目前包含分布于 119 个国家的 631 个生物圈保护区。"生态城市"这一概念反映了在城市发展过程中经济发展与环境发展相互协调、相互促进的发展理念。
共生城市	这一概念首先由瑞典的建筑师提出,实际上是对生态城市的一种描述。城市内部包括交通、建筑、能源、垃圾处理、污水处理等在内的各个部分相互交织构成整体,所有要素都处在良性循环之中,用科学的方法发掘和利用城市各个子系统的协同性,最终实现城市、环境和资源的综合效益。
宜居城市	1996 年联合国第二次人类居住大会提出了城市应当是适宜居住的人类居住地的概念。"宜居城市"是指宜居性比较强的城市,是具有良好的居住和空间环境、人文社会环境、生态与自然环境和清洁高效的生产环境的居住城市。这一概念强调城市要具备较高的社会文明度、经济富裕度、环境优美度、资源承载度、生活便宜度和公共安全度。
花园城市	这一概念最早是由英国著名社会活动家埃比尼泽·霍华德提出的(又称"田园城市"),这一概念要求科学规划、限制城市规模,强调绿化和自然空间。
园林城市	这一概念诞生于我国,和传统的园林有密切的联系,强调城市建设分布均衡、结构合理、功能完善、景观优美,人居生态环境清新舒适、安全宜人。这一概念的前身是钱学森先生提出的"山水城市"。

---

① 孙存周,刘军芳,张国亮.低碳城市发展模式与建设途径[J].创新科技,2010(12):26-27.

二、低碳城市建设的背景

(一)人类文明进程中的第四次浪潮孕育了低碳生态文明

1. 低碳发展的浪潮正朝我们奔袭而来

第四次浪潮是指继农业文明、工业文明、信息文明三次浪潮之后兴起的低碳化浪潮。阿尔文·托夫勒(Alvin Toffler)在 1980 年出版的《第三次浪潮》(*The Third Wave*)中提出,在人类发展进程中,世界文明先后经历了三次浪潮,每次浪潮都有不同的内涵和特点。

第一次浪潮是农业文明发展浪潮,兴起了人类的农耕文明,带动了农业的发展。这次浪潮始于公元前 9000 年左右,人类社会从旧石器时代转向新石器时代,生产方式从狩猎采集向畜牧种植转变,启动了农业革命。公元前 3500 年,人们从山区迁徙聚集到大河流域,学会了驯化动物、栽培植物,发展出灌溉农业和新的社会制度,实现了农业文明。由于农业社会生产效率低,靠天吃饭,饥荒频繁,人类的生活处于很低的水平,人口的增长受限,社会经济亟须变革。

第二次浪潮是工业化发展浪潮,由农业文明向工业文明转变,带来工业化的飞速发展。16 世纪前后,欧洲国家首先变革,欧洲经济和社会出现了一系列的变化,新航路、国际贸易、海外殖民、货币制度、银行信用、资本股份制、雇佣劳动等相继涌现,同时伴随着工业革命,第二次浪潮正在酝酿。18 世纪下半叶,蒸汽机出现,在工业和交通运输业中得以应用,纺织、采掘、冶炼等行业实现机械化生产,效率大幅度提高,大规模企业形成,人口聚集,城市化特征显现,这就是第一次工业革命。19 世纪早期,法拉第发现了电磁感应现象,1866 年,德国科学家西门子制成一部发电机,随后,电灯、电车、电钻、电焊机等电气产品如雨后春笋般地涌现出来,人类跨入了电气化时代,第二次工业革命发生;电力、煤炭等新能源的大规模应用,促进了重工业的快速发展;19 世纪七八十年代,以煤气和汽油为燃料的内燃机相继诞生,内燃机车、远洋轮船等也得到迅速发展,推动了石油开采业的进步和石油化工工业的产生;电话、炸药的发明,大大促进了通信和军工业的进步。第二次工业革命的主要标志是电气化和自动化,大规模生产迅速发展,新技术的应用带来了新的生产方式和新的生活方式;同时,第二次工业革命也推动了能源资源的快速消耗,环境污染物快速增加,"高碳"正是传统工业社会的显著特征。

第三次浪潮是信息化发展浪潮,引领信息化革命,全球进入知识经济时代。1946年,世界上第一台计算机在美国问世,信息革命有了硬件基础;20世纪70年代,微型计算机进入家庭和办公领域;20世纪90年代,全球大规模建设信息高速网络,信息化进入快速发展时期。信息化的主要标志是网络化,目前信息网络化正从互联网向物联网推进。信息化大大提高了人类活动的效率,促进了经济社会的快速发展,也加快了资源消耗的进程,低碳城市、低碳经济的概念顺应时代发展的需要而产生,低碳发展开始受到经济发达国家的重视,以欧盟为代表的西方国家低碳发展行动坚定。

继农业文明、工业化、信息化浪潮之后,世界将迎来第四次浪潮,即低碳化发展浪潮。随着人类认识自然、认识社会和认识自我能力的快速提高,人类文明进程加速。不管我们认同与否,人类社会正在开启新的文明形态——生态文明,以低碳为核心的发展模式将成为人类社会发展的主流模式。工业化、信息化一方面带来了商品的极大丰富,人类财富的大量累积,人们追求美好舒适生活的欲望也越发强烈;另一方面也导致许多领域生产能力过剩,竞争加剧,政府、企业不得不考虑和选择其他的发展路径,低碳发展因此成了最佳选择。同时,科技力量的进步,也为低碳发展提供了技术基础。[①]

2.低碳经济是世界经济增长的重大引擎

气候问题成为国际政治经济外交的焦点议题,议题背后是发展权问题,焦点是碳排放权。大气环境还能承载多少碳排放量,就意味着世界经济还有多少发展空间。发达国家和发展中国家围绕气候变化这一全球性问题展开博弈。从经济领域看,低碳技术与经济是未来二十年内国际竞争的焦点,低碳经济将成为推动世界经济新一轮增长的增长点,各国均寄希望于通过发展低碳经济相关产业来增加就业和复苏经济,美国、欧盟等发达经济体纷纷出台绿色新政和低碳经济发展策略,旨在争夺全球低碳经济领域的话语权和规则制定权,借此实现在低碳经济时代对国际经济秩序的主导权。作为崛起中的经济大国,中国在新一轮以低碳经济为核心的全球竞争中能否借助于金融危机引发的产业调整机遇,尽快转向低碳化的经济发展模式,已经成为影响中国未来国际位势的重要战略因素。

(二)环境污染的危害鞭策各国选择低碳化发展道路

城市环境是与城市相互联系、相互作用的人文自然条件的总称,包括社

---

① 怀铁铮.低碳化:中国的出路与对策[M].北京:人民出版社,2013.

会环境和自然环境。环境污染是指人类活动对空气、水域、土壤等自然环境的影响和破坏，并给人类及动植物带来一定的危害。环境污染是西方大工业时代的产物，在大工业时代，对森林乱砍滥伐、"三废"随意排放，地球的物质循环系统自净作用遭到人为破坏。特别是工业"三废"的排放，地域集中，数量多，品种杂，二氧化硫、细颗粒物这些原来不参与循环的物质加入循环系统，日积月累，自然界本身的自净能力无法负荷，有害物质不能在自然环境中被稀释和净化，人类社会深受环境污染之害。当然，人类也在不断实践对环境污染的治理，积累了废物循环利用方面的经验，并从中受益。

1. 西方发达国家首先涉足工业污染，同时也是低碳社会建设的先行者

13 世纪开始，煤烟污染对一些地区造成了影响。14 世纪初，英国煤烟污染日趋严重，国会曾禁止伦敦的工匠和制造商在国会会议期间用煤；到了 17 世纪，随着工场手工业的发展，伦敦的煤烟污染进一步加剧，伦敦被燃煤产生的浓烈的烟雾笼罩。16 世纪中期，美国洛杉矶成了"烟湾"。总体来说，当时的环境污染地区有限，污染物也较少。从 18 世纪下半叶到 19 世纪，从英国开始，欧、美、日诸国相继实现了产业革命，近代工业迅速发展，"三废"排放不断增加，大范围的环境污染形成。

英国是工业发展最早的国家，也是当时环境污染最严重的国家。主要的污染物质是燃煤产生的烟尘和二氧化硫，以及无机化学工业、印染业排放的含氯、含硫、含酸和含碱废水。据记载，1873 年伦敦发生了有史以来第一次重大大气污染事件，烟雾造成 200 多人死亡；随后 20 年内，伦敦又发生了两次更严重的煤烟污染事件，夺去了 1000 多人的生命；英国其他城市也发生过类似事件。同时，水质也遭到了严重破坏，英国许多河流都成了污浊不堪的臭水沟。伦敦泰晤士河出产的鲑鱼在 1850 年基本绝迹了，其他水生生物也基本消失。19 世纪初，制碱工业成为另一个大气和水质的重要污染源。当时，纺织工业漂白需要用食盐（氯化钠）作原料制取纯碱（碳酸钠），企业在制碱过程中，排出大量具有强烈刺激性和腐蚀性的氯化氢气体，严重污染了周围的农田和环境。后来采用水喷淋法治污，使废气变成了废水，后果更加严重，当局不得不在 1863 年发布制碱法规来限制氯化氢的排放。直到用氨代替食盐作为制碱的原料，才解决了氯化氢气体对环境的污染问题。

这一时期，日本和美国矿冶业产生的废气和废水对环境的污染也非常严重。在采矿和冶炼过程中，有大量的金属粉尘、二氧化硫废气排入大气。19 世纪末，美国戈斯特镇炼铜厂冶炼产生的废气污染使周围山上的树木逐渐枯萎，排出的废水又使河水被污染。由于山体水土流失，每逢雨季，都有

山洪来袭,居民不得不逐渐搬离,最后铜矿倒闭,此地成为一片废墟。差不多同时期,日本足尾铜矿排出的二氧化硫、砷化物及含有色金属粉尘的有害气体,使矿山周围24平方千米成为不毛之地。1890年,由于铜矿排出的有害废水流入的渡良濑川洪水泛滥,有害物质广为传播,数万公顷土地受害,田不能种,鱼类尽死。

19世纪中期,焦炭需求大增,在炼焦过程中,产生了大量带有恶臭的煤焦油,对环境的冲击很大。后来,企业为了降低冶炼成本,增加利润,对煤焦油进行开发利用,逐步提炼出了蒽、萘、苯、甲苯、酚等多种有机化学物质,合成了染料、药品、香精、炸药等产品。煤焦油的综合利用奠定了合成化学工业的基础,这是化学工业发展史上的一次飞跃。

20世纪以来,西方国家大工业、大城市进一步发展,工业生产和科学技术的发展使工业燃料、原料和产品也发生了重大变化,能源结构变化主要表现为石油在总能量构成中的比重大幅度上升,从1913年的5.2%增加到1968年的43.9%。石油的大量使用,带来了石油废气污染、汽车废气污染、石油化工"三废"污染等一系列新问题。塑料、化学纤维、农药等有机合成化学工业品的发展,使含酚、氰、汞、有机氯化物等的"三废"成为污染环境、危害人类的主要污染物。与此同时,煤烟、有色金属造成的污染也在继续扩大。20世纪50年代,仅美国年排放废气2.64亿万吨,污水1500亿吨,固体废物几十亿吨。环境污染危害事件频发,如著名的英国伦敦烟雾事件,美国洛杉矶光化学烟雾事件,以及日本的水俣病事件、富山事件、四日市事件、米糠油事件等。1952年12月,伦敦烟雾事件发生4天内,死亡4000多人,居民普遍感到胸闷,并有咳嗽、喉痛、呕吐等症状发生。1943年,洛杉矶开始出现不同于燃煤烟雾,由汽车废气在紫外线作用下形成的含有臭氧、二氧化氮、乙醛和过氧乙酰基硝酸酯等的刺激性化合物烟雾,妨碍交通,腐蚀建筑物,引发红眼病、喉炎。20世纪50—80年代,光化学烟雾污染问题几乎遍布美国每座大城市,其他发达国家也是如此。1970年日本东京的光化学毒雾整整持续了一个夏季,使2万人患眼疾。日本熊本县水俣镇最先发现一种神经失调的"怪病",1956年该镇4万居民中有1万人患有此病,它是由化工厂排出的含汞废水通过饮水进入人体,造成中枢神经中毒而引起的。1955年,日本四日市石油冶炼和工业燃油产生的废气污染了空气,造成哮喘病患者多达500人以上,并在日本几十个城市蔓延,1972年这种哮喘病患者多达6300多人。

严重的环境污染危害事件激起了人民的公愤,迫使各国政府加强监管,改善环境。20 世纪 60 年代以来，美、日和欧盟国家纷纷建立或整改专管环境的部门，设置各种研究机构和监测系统，制定有关环境保护的法令和排放标准，等等。人们在与环境污染的斗争中，发明了许多行之有效的新技术、新方法，如脱硫技术、废气回收利用技术、废水处理和回收利用技术等，研发出不少无害或少害的新工艺、新材料并付诸使用，使之在解决环境污染问题中起到了至关重要的作用。通过一系列行之有效的举措，这些国家的环境污染状况得到了改善，如英国在 1965 年以后未再发生严重烟雾事件。

目前，温室效应、生态危机、臭氧层破坏等复合型、二次污染环境问题加剧。温室效应就是人类向大气中排入的二氧化碳等吸热性强的温室气体逐年增加，大气中的碳化合物浓度增加，阻隔与外界有效的热交换，使地球变成了一个"大暖房"。现代工业的耗能高、排放量大，污染物总量大；汽车保有量增多，尾气排放量迅速增加；加上发展中国家在加快经济建设进程中，产生了大量的扬尘，这些污染物进入大气加剧了温室效应。温室效应带来严重后果，地球气温上升，病虫害增多，海平面上升，极端气候多见，土地干旱和沙漠化加剧，严重威胁人类生命和生存环境。20 世纪 80 年代后期以来，温室效应问题引起了全球性的关注。1988 年 11 月，世界气象组织和联合国环境规划署建立了政府间气候变化专门委员会（IPCC），IPCC 在 1990—2013 年间，针对温室效应发表了五次报告，把气候变化问题作为国际关注热点话题提上议事议程。1992 年 6 月，在巴西举行的联合国环境与发展大会上，通过了首个应对全球气候变化的国际公约《联合国气候变化框架公约》。1997 年，在公约缔约方大会上，又通过了《京都协议书》，全球应对气候变化行动进入了强制性量化减排的阶段，明确了主要发达国家的减排义务。然而，美国等国家的退出使《京都协议书》的实施异常艰难。2009 年 12 月，丹麦哥本哈根气候大会通过了《哥本哈根协议》，各国就应对气候变化达成了共识，但最终未能出台一份具有法律约束力的协议文本。

治理污染不是根本，根本是要找到少污染的可持续发展模式，减少甚至避免污染的产生。2006 年英国经济学家尼古拉斯·斯特恩编写的《斯特恩报告》指出：世界如果保持现在的发展模式，未来平均气温变化超过 5℃ 的概率至少是 50%，气候变化将使全球 GDP 损失 5%～10%，欠发达国家 GDP 损失甚至将达到 10%。英国最早提出低碳经济，并率先试行低碳发展模式；德国在 20 世纪 90 年代后期开始制定一系列低碳发展相关法规，并投入大量资金，促进传统经济向低碳经济转型；美国通过了《能源自主与安全法案》《清洁能源与安全法案》，试图控制碳排放；日本也提出打造世界上第一个低碳社会的口号。

2.中国已经到了转向低碳发展的时候

根据国际能源署(IEA,2009)的统计数据,2007年中国消费化石燃料而排放的二氧化碳已经超过美国,成为全球第一大二氧化碳排放国。21世纪开始,我国源自化石燃料的二氧化碳排放总量就呈加速上升的态势,碳排放面临国际国内的巨大压力。随着我国经济的高速增长,城市化不断推进,人们的生活得到了改善,但在经济发展的同时,环境保护问题却被忽视,工业企业向环境中排放大量的废水、废气、废渣,城市环境污染问题与危害现象也日渐突出。近年来,我国环境污染事件屡屡发生,如2005年松花江水污染、珠江北江镉污染事件,2006年湘江镉污染事件,2007年太湖蓝藻危机,2008年淮河流域沙河砷污染事件,2009年陕西凤翔血铅案、江苏东海有毒化学废弃物事件,2010年福建紫金矿业铜酸水渗漏事故、大连新港原油泄漏事件、松花江化工桶事件,2011年渤海蓬莱油田溢油事故、云南曲靖铬渣污染事件、浙江湖州等地的血铅和镉超标事件,2012年广西龙江河镉污染事件、镇江水污染事件,2013年黄浦江死猪事件、中东部地区大范围灰霾事件,等等。我国已全面步入工业化时代,特别是东南沿海开放城市,已进入后工业化时代,环境问题已经成为我国各城市关注的焦点问题,已有不少城市把低碳城市建设作为城市发展战略。[①]

(三)能源资源需求危机推动低碳经济的发展

1.地球上化石资源有限

使用化石资源不仅对环境的破坏大,而且化石资源的数量有限,不可再生。当今支撑世界经济发展的能源主要是化石能源,即煤炭、石油和天然气。2013年世界能源理事会发布报告:由于已探明能源储量增长,以及能源生产和转化能力日趋进步,如果合理利用能源资源,全球能源还可以满足未来几十年的需求。但煤炭、石油和天然气是不可再生能源,这些能源资源都是亿万年前的积存——远古生物质吸收了太阳辐射能而生长,经过地壳变化,这些生物质被埋藏在地下,受地层压力和温度的影响,慢慢地变成了碳氢化合物,成为一种可以燃烧的矿物质。然而,这种漫长的地壳变化,不可能在地球上重复出现。经济的增长不能无限制地依赖于增加能耗来支撑,不加节制地增加能源用量不是长远之计,70年代的世界石油危机已经给过

---

① 梁旭.城市环境污染及治理研究[M].北京:时事出版社,2013.

人类警告。要满足经济社会发展的需要,就要寻找替代性能源,发展可再生能源,提高能源利用率,实现经济社会发展的低碳化。

虽然可再生能源特别是风能和太阳能获得了较大的发展,但起步较晚,又受到各国利益的限制,发展速度远慢于20年前的预期,目前可再生能源占能源总量比例较小,石化能源仍占主导地位。石化能源提供了全球80%的能源,而风、太阳、海洋及地热能等可再生能源仅提供全球1.5%的能源;电力生产所用的能源66%为石化能源,新能源仅占5%。在过去十多年间,石化能源结构也发生了较大变化,煤炭份额和天然气份额有所提高,石油份额则有所下降。合理使用能源,节约能源,倡导低碳生产、低碳生活,减少二氧化碳的排放,已是刻不容缓的事。

化石能源资源不仅是燃料,还是有机合成产品的宝贵原料,可以用来制造合成纤维、塑料、橡胶和化肥等,将化石能源用作化工原料比用作燃料更加经济和合理。因而我们要尽量少消耗化石能源,把有限的化石能源资源用在更有价值的地方。

2.人类在能源综合利用和新能源开发方面进行了有效的探索

美、日、德、法等一些国家在节能和新能源开发方面取得了较好的成效,从20世纪70年代后期以来,已逐渐做到经济有增长,而能耗不增加,甚至有的国家总能耗还略有下降。例如日本,因国内资源不足,难以靠拼能源去发展经济,只能从提高技术上着手,充分利用有限的资源,开展综合循环利用,这使其成为全球能源资源利用率最高的国家。一些国家大力开发水能资源,挪威、巴拉圭、巴西、哥伦比亚、瑞士、奥地利、加拿大等国家的电力主要靠水电,瑞士、日本、挪威、美国、意大利、西班牙、加拿大、奥地利等国家的水能资源都得到了充分利用。

发展中国家浪费能源资源的现象比较普遍,技术越落后,浪费也越大。我国与多数发展中国家一样,对能源资源消耗的紧迫感仍不强,能源利用效率偏低。中国的水能资源较为丰富,但是尚未很好地开发利用。如果能够合理开发利用水能,完全可以弥补我国社会经济发展中存在的电力不足。我国在光能技术开发和产能方面有优势,但受各种因素的综合影响,在光能利用方面发展较为缓慢,远不及德国等欧美国家。

3.低碳经济是我国实现可持续发展的战略抉择

改革开放40多年来,中国的经济持续高速增长,已成为世界第二大经济体和第一大出口国,经济地位不断提升。但是,中国经济也面临着一系列挑战,突出表现为可持续发展能力不强,资源环境压力较大,经济增长仍然是高投入、高消耗。2008年全球金融危机后,出口驱动型的中国经济承受很大压力,经济转型升级刻不容缓。发展低碳经济是中国解决上述问题、实现可持续发展的必由之路。从发展趋势看,工业化和城市化仍将是未来较长一段时期内支撑中国经济持续高速增长的强大动力。工业化,相关产业存在较高的碳排放量;城市化,需要大规模城市基础设施和住房建设,具有高能耗需求。如何处理好经济增长与节能减碳的关系,是摆在中国面前的重大发展课题。虽然面临能源资源限制,但我们不能人为地减缓城市化与工业化进程,我们要把城市化、工业化作为低碳发展的机会,摒弃高能耗、高污染、低效率的发展模式,转向资源节约型、环境友好型的低碳发展模式,实现工业化、城市化与低碳化的协调发展。这既是中国未来经济发展的客观要求,也是实现可持续发展的战略抉择。

三、"低碳城市"的由来与发展

(一)源于英国

自从英国提出"低碳经济"概念以来,这一概念从"低碳经济"发展到"低碳社会",再到"低碳城市"。天津社会科学院陈柳钦认为,低碳城市的理念来源于低碳经济。城市作为人类活动的主要场所,其运行过程中消耗了大量的能源,排放的温室气体已占到全球总量的3/4左右,制造了全球80%的污染。因此,城市是碳减排的重要基础和主体,是实现全球减碳和低碳化的关键所在。2005年10月,由时任伦敦市市长的利文斯通(Ken Livingstone)提议,全球18个一线城市的代表在伦敦商讨全球气候变化问题,并发表了通过彼此协作来应对气候变化的公报。此后,该组织成员不断扩充至40个世界级大城市(称为"C40")。2007年5月,第二届C40会议在美国纽约举行,议题就是帮助各个城市制定应对气候变化的行动计划。2009年5月,韩国首尔承办了第三届C40会议,会议共有80个城市的代表参加,并通过了《首尔宣言》:"我们的共同目标是,C40城市最大限度地减少温室气体排放量、适应不可避免的气候现象,加强对气候变化的灵活应对,提高恢复能力,将各城市打造为低碳城市",并要求C40城市履行"气候变化行动计划"(Climate Change Action Plan,CCAP)。目前,C40包括伦敦、纽约、东京、香港等在内的40个成员及其他相关城市。这些成员城市有着共同的特点,即经济发展水平较高,城市规模较大,对周边地区有较强的辐射带动能力。它们在低碳城市建设中都有各自明确的量化减排目标和行动计划。

(二)中国的积极跟进

自"低碳城市"概念提出以来,世界各国为了应对气候变化,实现低碳发展,积极完善法律、政策保障,出台了低碳发展的国家行动计划,大力推动低碳城市的建设。与此同时,学者对低碳城市的理论探索也越来越深入,为低碳城市建设提供理论指导与支持。很多城市也提出了低碳城市建设目标,我国保定、上海、杭州、南昌、珠海、北京、厦门、吉林等十几个城市提出或已经开始进行低碳城市建设,国家也确定了三批低碳试点城市,宁波在第二批试点城市中榜上有名。

(三)宁波的低碳城市建设进展

宁波市政府于 2013 年 4 月发布了《宁波市低碳城市试点工作实施方案》,规定了万元生产总值能耗比、万元生产总值碳排放比等任务指标,围绕低碳产业、低碳能源、能效提升、碳汇水平、支撑能力建设等重点领域来打造"低碳宁波"。在这之前,宁波已经开展了一系列低碳化工作,2010 年成立由市长任组长、38 个职能部门参加的市应对气候变化和节能减排工作领导小组;相继出台了《宁波市节约能源条例》《宁波市固定资产投资项目节能评估和审查管理办法》《宁波市建设低碳交通运输体系试点实施方案》《宁波市农村绿化条例》《宁波市森林抚育补贴项目实施办法(试行)》《关于严禁四明山区域毁林开垦切实加强森林资源保护的决定》《关于严禁四明山区域毁林开垦切实加强森林资源保护的决定的实施意见》《宁波市加快黄标车淘汰工作实施方案》《宁波市大气复合污染防治实施方案》等低碳化规定;在相关规划和政府工作报告中,也涉及低碳生态建设内容;先后开展了宁波市应对气候变化规划研究、市域绿道网规划研究等,与世行等国际机构开展了"宁波应对气候变化防灾减灾研究"等项目合作;每年开展义务植树活动,启动了道路"三化"整治工程,建设杭州湾国家湿地公园;并获得了国家森林城市、国家园林城市、国家环保模范城市、国家循环经济试点城市称号。之后,宁波市出台了《宁波市低碳城市试点工作实施方案任务分解》《宁波市低碳城市试点工作实施方案》《宁波温室气体排放清单编制工作实施方案》等文件,落实低碳试点城市建设任务。但值得注意的是,《宁波市低碳城市试点工作实施方案》量化指标不多,缺少总目标指标,也没有说明指标之间的逻辑关系。宁波的相关产业发展规划、区域发展规划、行业发展规划等有一些节能减排方面的描述或指标,但相对独立,缺少系统性,并且与低碳总体目标难以相对应和匹配。由于地方的低碳规划指标很多是被动地适应上级节能减排任务要求,所以先进性不足。我们要进一步分析为什么选择这些指标,指标设置是否合理。

建设低碳试点城市,需要回答一系列问题:如何处理好城市低碳与发展的关系? 宁波城市的碳源结构怎样? 要将宁波建成什么样的低碳城市(建设目标、任务、评价标准)? 低碳城市建设的模式、路径和策略是什么样的? 建设困难在哪里及如何克服? 政府该制定什么政策来减排? 民间如何参与? ⋯⋯我们基于全球气候变暖等国际国内背景,结合宁波低碳城市建设的现实基础,试图回答上述问题。

第二节　低碳城市建设研究综述

虽然低碳城市研究开展的时间不长,但国内外研究低碳城市的机构和学者众多,成果也比较丰富。国内外对低碳城市的研究主要集中在三个方面:碳排放源与碳汇能力研究、低碳城市内涵研究、低碳城市建设路径研究。目前,关于低碳城市研究的系统性欠缺,在理论论述、模型指标量化方面针对性不足,缺乏对结合不同城市特色的建设模式的研究,相应的实证分析很少,对低碳城市建设实践探索中不同路径的统合性较差。

一、国外的相关研究

国外学者对低碳城市的理论内涵和建设模式进行了积极而有益的探索,取得了一系列研究成果。从 1992 年通过《联合国气候变化框架公约》,到 2005 年的《京都议定书》,再到 2009 年《哥本哈根协议》的达成和 2010 年坎昆会议取得的成果,虽然关于气候变化及其应对行动的国际争议一直不断,但主流科学研究正在不断地集中到国际范围的气候行动框架下来,对低碳城市建设的研究热情空前高涨。

(一)碳排放源与碳汇能力等基础性研究

世界银行研究认为,温室气体主要来自交通、建筑、工业三个领域并与森林减少相关,其中,交通占 13.5%,建筑领域中的电力及供暖占 15.3%,工业占 34.3%,与森林减少相关占 18.2%。美国布鲁金斯学会(Brookings Institution)研究认为碳排放的来源分为产业、居民生活和交通三个领域,建筑物产生的二氧化碳约占 39%,交通工具排放的二氧化碳约占 33%,工业排放的二氧化碳约占 28%。美国的爱德华·格雷瑟(Edward L. Glaeser)比较系统地研究了城市二氧化碳的排放量计算方法及应用分析,选取10个美国典型大城市的采暖、交通及生活能耗进行了实证分析,并通过碳排放经济折算,提出了实现城市低碳化发展的政策建议。英国学者克里斯·古道尔(Chris Goodall)通过对英国家庭生活中电能、石油、天然气等能源消耗的统计,把国民的生活支出及各种物质消耗定量转化为二氧化碳排放量,以数据形式说明英国提倡低碳化生活的迫切需求,进而提出国民生活的低碳标准。日本学者柳下正治通过研究日本家庭、运输部门及工业部门的碳排放比重,从产业分布、建筑建造、低碳交通及新节能技术应用等方面提出减小城市碳排放量的措施。其他学者也从本国的实际情况出发,从城市碳排放构成要素角度系统分析了不同城市的碳排放构成,从经济发展与能耗之间的关系分析城市生产、交通、家庭生活的碳排放趋势。

(二)低碳城市发展模式研究与实践探索

在城市低碳发展研究过程和实践探索中,一些共识日渐达成:提倡城市空间高密度紧凑发展,避免低密度蔓延式发展;通过财政税收的杠杆作用,促进节能和新能源的开发利用;通过行业标准和城市规划的干预,实现城市整体碳排放量的降低。但是,在能耗与城市密度的关系、综合碳排放平衡的城市密度(城市结构、功能布局、产业结构)研究上,还没有具体的研究方法及量化指标。格雷瑟(Glaser)和卡恩(Kahn)对碳排放量与城市规模、土地开发密度的关系进行了实证研究,认为对城市土地利用的限制越严格,居民生活的碳排放量水平越低;高密度地区的人均碳排放量要比低密度地区低;随着城市规模的增大,新增人口的人均碳排放量要高于存量人口。杰尼·克劳福德(Jenny Crawford)和维尔·弗兰奇(Will French)探讨了英国的空间规划与低碳目标之间的关系,认为英国的规划系统对新技术的适应度和准备度是实现低碳未来的关键。

英国政府认为,在低碳城市规划和建设中,不同城市空间需有相应的规划以应对和侧重,并针对城镇中心、边缘中心、内城区、工业区、郊区县市、大型的新城市伸展区和聚集区、农村地区等七个空间进行详细阐述。英国是低碳城市研究和实践的先行者,在1995年就颁布实施了《家庭节能法》,2006年出台的建筑节能新标准规定新增建筑必须安装节能节水设施,计划实现所有新建房屋二氧化碳零排放,按照二氧化碳排放量及浓度征收二氧化碳税,按用电量征收气候变化税,对节能绿色建筑给予税收优惠。英国政府在全球范围内首推低碳城市项目,在布里斯托、利兹和曼彻斯特三个示范城市制定了低碳城市规划。

2004 年，日本政府与学者开始对低碳社会模式与建设途径进行研究，分别于 2007 年、2008 年颁布了《日本低碳社会模式及其可行性研究》和《低碳社会规划行动方案》，提出减少碳排放，提倡节俭精神，与大自然和谐共处，计划到 2050 年二氧化碳排放水平降低 70％（与 1990 年排放水平相比），并设计了可供选择的低碳社会模式。日本名古屋大学提出低碳城市评价指标体系，包括低碳生产、低碳能源、低碳建筑、低碳交通、低碳消费、低碳生活方式、低碳社会等多个方面。

芬兰是世界上首个根据能源中的碳含量征收能源税的国家，以能源税收入支持新能源开发，并通过落实建筑物隔热标准降低能源消耗。德国、法国等西方发达国家多通过鼓励使用新能源汽车及建设轨道交通体系来实现交通低碳化。美国政府通过市场化手段、新能源技术推荐和行业标准控制实现建筑节能。

二、国内相关研究

2008 年年初，国家建设部与世界自然基金会（WWF）在上海和保定两市联合推出"低碳城市"试点，之后"低碳城市"建设和研究迅速"走红"，成为中国城市建设规划追求的热点。

（一）低碳城市相关基础理论研究

韩文科等应用 IAM[①] 分析了各种技术变化和政策的实施对我国未来能源结构的影响，预测了我国未来能源结构的变动趋势。[②] 张明等研究认为1991 年以来我国经济发展与主要部门的二氧化碳排放有极大的正向效应，能源强度的降低对二氧化碳排放的增长抑制作用明显。[③] 韦保仁就中国城市化对能源需求和二氧化碳排放量的影响，以及 NICE[④] 模型在中国的应用

---

① 即 Integrated Assessment Model，集成评估模型，是分析全球应对气候变化形势和制定应对气候变化政策的基础科学工作。

② 韩文科. 中国能源消费结构变化趋势及调整对策[M]. 北京：中国计划出版社，2007.

③ 张明，李华楠，穆海林. 我国能源相关二氧化碳排放的影响因素贡献度分析[J]. 统计与决策，2011(15)：85-88.

④ 即 National Integrated CO_2 Emission 模型。

进行了研究,特别是在钢铁、建材、造纸、废水处理等行业的应用。[①] 庄贵阳
对低碳经济的概念和理论基础进行了阐述,并对我国低碳经济发展的途径
与潜力展开了前瞻性分析。[②] 魏一鸣等从能源利用与二氧化碳排放的角度
入手,探索了我国不同经济发展水平下二氧化碳排放的影响因素及碳密集
部门二氧化碳排放的演进特征,并提出了我国低碳发展的政策建议。[③] 胡初
枝等认为,我国不同行业碳排放具有明显的行业差异性。[④] 顾朝林等认为目
前二氧化碳排放主要来自火力发电、交通运输、煅烧水泥、冶炼金属及取暖
做饭等方面。[⑤] 王锋就我国碳排放增长的驱动因素及能源结构调整、经济结
构调整、能源提价、碳税四项政策措施对二氧化碳减排或宏观经济的影响进
行了研究。[⑥] 谭娟、宗刚等对我国低碳发展空间格局进行了研究,认为只有
形成低碳发展的区域、城市、乡村等空间格局,才能充分实现低碳发展。[⑦]关
于低碳城市意义方面,夏堃堡称"低碳经济是实现城市可持续发展的必由之
路"[⑧];林辉认为建设低碳社会和低碳城市正是对坚持科学发展观、构建和
谐社会的具体实践,具有全民参与性和持续性;怀铁铮就低碳发展对中国的
意义进行了研究,认为低碳化是中国的出路。[⑨]

　　关于低碳城市的概念,夏堃堡认为,低碳城市就是在城市实行低碳经
济,包括低碳生产和低碳消费,建立资源节约型、环境友好型社会,建设良性
的可持续的能源生态体系。付允、汪云林等认为低碳城市就是通过在城市
发展低碳经济,创新低碳技术,改变生活方式,最大限度地减少城市的温室

①　韦保仁. 中国能源需求与二氧化碳排放的情景分析[M]. 北京:中国环境科学出版
社,2007.

②　庄贵阳. 中国经济低碳发展的途径与潜力分析[C]. 全国优秀青年气象科技工作者
学术研讨会论文集. 2006.

③　魏一鸣,刘兰翠,范英,等. 中国能源报告 2008:碳排放研究[R]. 中国科学院科技
政策与管理科学研究所,2008.

④　胡初枝,黄贤金,钟太洋,等. 中国碳排放特征及其动态演进分析[J]. 中国人口·
资源与环境,2008,018(003):38-42.

⑤　顾朝林,袁晓辉. 中国城市温室气体排放清单编制和方法概述[J]. 城市环境与城市
生态,2011,24(1):1-4.

⑥　王锋. 中国碳排放增长的驱动因素及减排政策评价[M]. 北京:经济科学出版社,
2011.

⑦　谭娟,宗刚. 我国低碳发展空间格局研究[M]. 北京:知识产权出版社,2014.

⑧　夏堃堡. 发展低碳经济实现城市可持续发展[J]. 环境保护,2008(03):33-35.

⑨　怀铁铮. 低碳化:中国的出路与对策[M]. 北京:人民出版社,2013.

气体排放,彻底摆脱以往大量生产、大量消费和大量废弃的社会经济运行模式。李克欣认为,低碳城市是指在经济、社会、文化等领域全面进步,人民生活水平不断提高的前提下,减低二氧化碳排放量,建设可持续发展的宜居城市。刘志林等认为低碳城市就是通过转变经济发展模式、消费理念和生活方式,在保证生活质量不断提高的前提下,确立有助于减少碳排放的城市建设模式和社会发展方式。

在低碳城市特征和评价方式方面,2009 年《中国可持续发展战略报告》绿皮书中将低碳城市的特征概括为经济性、安全性、系统性、动态性、区域性;2010 年中国社科院公布了评估低碳城市的新标准体系,具体分为低碳生产力、低碳消费、低碳资源和低碳政策等 4 大类共 12 个相对指标。另外,华东理工大学将低碳城市建设及其评价指标体系分为能源利用、产业经济、农业发展、科学技术、建筑、交通、消费方式、政策法规等 8 个方面。浙江财经大学提出的低碳城市评价指标体系分为低碳经济、低碳社会、低碳生活理念、低碳能源、低碳环境和低碳政策等 6 大块,共 38 个指标,并以杭州为例进行了实证分析。全国低碳经济媒体联盟组织从 3 个层面、6 个板块、12 个维度确定了低碳城市的评价指标体系,包括城市低碳发展规划指标、媒体传播指标、新能源与可再生能源、低碳产品应用率、城市绿地覆盖率指标、低碳出行指标、城市低碳建筑指标、城市空气质量指标、城市直接减碳指标、公众满意度和支持率、一票否决指标等。杨喆研究了低碳城市建设的评价指数和标准,汇总了国内外一些有代表性的、与低碳城市建设相关的评价指标体系。[①]

(二)低碳城市建设模式和路径研究

胡鞍钢认为,在中国从高碳经济向低碳经济转变的过程中,低碳城市是一个重要的方面,低碳城市建设包含加大利用低碳能源、提高燃气普及率、提高城市绿化率、提高废弃物处理率等方面的工作。[②]吴晓青提出要着力做好加快研究制定国家低碳经济发展战略等五方面工作,以积极应对气候变化这一全球性环境问题。[③]付允、汪云林等认为要彻底摆脱以往大量生产、大量消费和大量废弃的社会经济运行模式,建设结构优化、循环利用、节能

---

① 杨喆. 低碳城市建设手册[M]. 北京:经济管理出版社,2013.

② 胡鞍钢. 低碳经济方兴未艾:"绿猫"模式的新内涵低碳经济[J]. 世界环境,2008
(2):26-28.

③ 吴晓青. 关于中国发展低碳经济的若干建议[J]. 环境保护,2008(5):22-23.

高效的经济体系,形成健康、节约、低碳的生活方式和消费模式,最终实现城市的清洁发展、高效发展、低碳发展和可持续发展。①《中国可持续发展战略报告》提出要通过实现工业向服务业的转变和重化工业化向高加工度化的转变以减少能源消费,预先做好城市基础设施的总体规划,保证城市基础设施设计的低碳化,改变以往高消费、高浪费的生活方式,制定合理、正确的制度和政策。仇保兴认为低碳城市建设是低碳机动化城市交通模式、绿色建筑、低冲击开发模式与生态城市规划建设的四重奏,应该从绿色建筑和低碳生态城市两个层次同时入手。②顾朝林、谭纵波、刘宛认为低碳城市规划将成为碳减排的关键。③潘海啸等从减少碳排放的角度,分析了我国城市空间规划中存在的普遍问题,从城市公共交通、土地利用、密度控制、功能混合等角度提出低碳城市规划的对策建议。④

在发展模式方面,刘志林、戴亦欣等认为,低碳城市的发展模式应当立足于新技术的开发与应用、生活方式调整、作为技术集成与价值观博弈平台的城市规划。⑤林姚宇提出城市低碳发展的五个方面,即能源供应低碳化、产业转型和发展循环经济、进行紧凑式城市规划和城市生态网络规划、发展绿色交通和应用低碳技术、市民消费行为低碳化。⑥宁波本土也有一些机构和学者对低碳城市建设进行了研究,比如宁波市发展规划研究院、宁波市社科院等,一些高校研究人员也对低碳城市建设模式进行了探讨。

总之,从研究来看,我国关于低碳城市的研究仍处于文献综述和理论探索阶段,实证分析选用的数据面比较窄,在深度和广度上与国外的研究存在明显差距。从低碳城市建设来看,虽然国内城市低碳建设热情很高,但普遍具有碎片化、零散性、尝试性和盲从性等特点,城市决策者对低碳城市的内涵、建设路径缺乏准确把握,对可能遇到的困难缺少充分的准备,简单地把

---

① 付允,汪云林,李丁. 低碳城市的发展路径研究[J]. 科学对社会的影响,2008(2):5-10.

② 仇保兴.我国城市发展模式转型趋势——低碳生态城市[J]. 现代城市,2010(1):1-6.

③ 顾朝林,谭纵波,刘宛. 低碳城市规划:寻求低碳化发展[J]. 建设科技,2009(15):40-41.

④ 潘海啸,汤諹,吴锦瑜,等. 中国"低碳城市"的空间规划策略[J]. 城市规划学刊,2009(6):57-64.

⑤ 刘志林,戴亦欣,董长贵,等. 低碳城市理念与国际经验[J]. 城市发展研究,2009,16(6):1-7.

⑥ 林姚宇. 低碳城市规划设计的要素与策略研究[D]. 北京:北京大学,2010.

一些新能源项目或节能减排治污等同于低碳城市建设,对低碳城市的理解存在一些偏差。

第三节　宁波创建低碳城市的意义与作用

建设低碳城市,摒弃传统的先污染后治理的粗放型发展模式,提高能源利用效益,实现经济发展、生活水平提高与资源环境保护的多方共赢,既是生态文明建设的重要落脚点和重要内容,也是宁波城市发展的需要。

一、建设低碳城市是改善和保护环境的迫切要求

随着宁波市工业化、城市化进程加快,经济总量的不断增大,污染危害现象进一步加剧,环境质量不容乐观。

（一）空气质量不断下降

《2013年宁波市中心城区空气质量专题报告》显示,2013年宁波空气质量差于2012年,且下降趋势依旧,大气环境空气质量综合指数低于全省平均水平。空气优良率为75.3%,比2012年下降了5个百分点,其中Ⅰ级(优)72天,Ⅱ级(良)203天,而Ⅲ级及以下污染天数为90天。虽然大气中二氧化硫的年均浓度下降,但PM10、PM2.5和一氧化碳均呈不同幅度上升,年均浓度分别为$86\mu g/m^3$、$54\mu g/m^3$和$1mg/m^3$,分别比2012年上升了7.5%、10.2%和10.4%。一氧化碳浓度大幅上升说明机动车尾气对宁波市空气质量状况的影响持续上升。二氧化氮、PM10、PM2.5年均浓度分别为$44\mu g/m^3$、$86\mu g/m^3$、$54\mu g/m^3$,均超过国家二级标准上限值,分别超标0.1、0.2和0.5倍。灰霾天数138天,约占总天数的40%,比2012年(96天)增加了42天。臭氧超标17天,PM2.5日均值超标天数为72天,复合污染态势明显,需引起高度重视。

（二）部分地区水污染较为严重

《2013年宁波市环境质量报告》显示,与2012年相比,水环境有一定程度的改善,但地表水优良率较低,功能区达标率不高,平原河网水质较差,慈溪、鄞州等地河网污染较为严重,近岸海域污染严重,富营养化程度总体较高。2013年,宁波80个地表水市控监测断面中,优良率只有36.3%,劣五类断面比例为8.8%,功能区达标率只有58.8%,比2012年上升2.5个百分点。慈溪河网为重度污染,鄞州河网为中度污染,甬江水系、城区内河、北仑

河网、镇海河网、余姚河网、象山内河、东钱湖为轻度污染，只有宁海内河、奉化内河水质良好。目前影响内河水环境的主要污染指标为总磷、氨氮、石油类。全市重点监测集中式饮用水 35 个水源地中有 3‰未达标，80 项挥发性、半挥发性有机污染物及农药类等毒理指标都在安全标准值范围内。湖库型水源地的营养状态总体以中营养为主，大池墩水库、陆埠水库、寺前王水库、凤浦湖水库、英雄水库、梅溪水库等部分水源地的总磷、总氮等营养盐类含量较高，存在一定的水华风险①。近岸海域污染严重，富营养化程度总体较高，水质差，8 个监控区域均为劣四类水质，主要污染指标为无机氮和活性磷酸盐。其中，杭州湾南岸、镇海—北仑—大樾、峙头洋、梅山保税港、象山外干门等近岸海域水质富营养化程度高于往年，特别是杭州湾南岸区域的富营养化程度上升明显。

（三）声环境不断恶化

随着宁波市车辆保有量的持续增加，道路交通噪声污染进一步加重。2013 年，宁波市区昼间区域环境噪声均值为 58.6 分贝，属轻度污染；夜间区域环境噪声均值为 49.5 分贝，属轻度污染。余姚、慈溪、奉化、宁海和象山的昼间区域环境噪声均值分别为 54.4、54.8、55、54.1 和 56.9 分贝，象山为轻度污染。在道路交通噪声方面，宁波市区昼间道路交通噪声均值为 68.4 分贝，声质量属较好；夜间均值为 60.6 分贝，声质量属轻度污染；宁海县、象山县、余姚市、慈溪市和奉化市的道路交通噪声分别为 67.2、67.4、67.5、68.5 和 69.4 分贝，虽然声质量属较好，但也接近国家的 4 类标准 70 分贝。

二、建设低碳城市是宁波实现可持续发展的需要

（一）低碳城市建设是破解资源约束的关键路径

与城市发展态势相比，宁波的资源不足，化石能源极为匮乏，对外依赖度较高，可开发的土地存量少。随着化石能源负载加重，能源安全和稳定供应问题越发凸现出来，宁波将率先面临化石能源枯竭的挑战。这种"先天不足"在客观上要求我们建设低碳城市，大力开发可再生能源和替代性新能源，使经济社会发展逐步摆脱对化石能源的过度依赖，确保城市的可持续发展。在资源能源消耗方面，宁波煤电、石化、钢铁等高能耗高排放企业规模大，在非化石能源占一次能源消费比重、人均能源消费量、万元 GDP 能耗、第三产业增加值占 GDP 比重、城镇人均公绿面积等指标上，与深圳、杭州、

---

① 水华是指淡水水体中藻类大量繁殖的一种自然生态现象，说明水体富营养化。

厦门等低碳试点城市差距明显,具有很大的改进空间。应通过加快低碳城市建设,节约能源,提升能源资源的综合利用效率。

(二)低碳城市建设是宁波发展新的增长点

低碳发展不仅不会减缓经济增长速度,相反会因为环境的改善而促进经济实现新的发展。首先体现在增强城市的吸引力。当前生态环境、宜居程度等因素越来越成为人们投资、工作与生活的重要考量标准,低碳城市建设有利于改善宁波的生态环境,构建资源节约型、环境友好型社会,提高宁波的知名度、美誉度和城市地位,从而吸引更多的资源集聚,为宁波的再发展提供更多的项目、资金、技术、人才等资源。其次体现在培育新的经济增长点。通过低碳城市建设,将低碳发展理念融入经济发展、城市建设和人民生活之中,发展低碳经济,倡导低碳生活,构建低碳社会,需要以低碳技术、低碳装备、低碳人才、低碳产品为支撑,打造新的经济增长点,进而带动区域产业的转型升级。在未来经济发展中,低碳的消费产品、低碳产品和装备、低碳零碳能源等,都具有极大的市场需求和发展空间,将是宁波新的可持续增长点。① 再次体现在"低碳"潜力巨大。按照国际碳生产力指标估算,宁波的碳生产力仅为世界经济合作与发展组织国家平均水平的20%左右,属于高碳区间,人均碳排放量、人均零碳能源消耗量等指标与发达国家平均水平差距较大,因而在低碳方面可挖掘的潜力巨大。同时,低碳发展受到国际机构和我国各级政府的重视,得到从外到内、自上而下的推动,宁波建设低碳城市不仅在社会环境和政策方面受益,在财政、税收、金融等方面也将受益许多。

三、建设低碳城市是提高宁波国际竞争力的重要抓手

宁波城市的未来地位、产业发展空间、企业竞争和盈利能力,越来越取决于低碳技术创新能力、低碳产业产值占比、低碳产品出口与对外服务总额等。

(一)建设低碳城市是积极承担环境保护责任的表现

在2009年哥本哈根气候变化大会前夕,中国向世界做出了负责任的承诺:到2020年,我国单位国内生产总值二氧化碳排放比2005年下降40%到45%。这表明我国是一个负责任的大国,该减排目标也远高于美国提出的17%的减排承诺。这一目标作为约束性指标,被纳入我国的国民经济和社会发展中长期规划,同时相应的国内统计、监测、考核办法等也一并推出。

---

① 林崇建,钱京根.宁波:加快建设"低碳城市"[N].宁波日报,2012-07-10(A10).

这一政策由中央政府制定,由各省市的政府部门贯彻实施,加强了对区域碳排放的约束力度。宁波建设低碳城市既是完成国家节能降耗指标任务的要求,也是城市主动承担环境保护责任的表现。

(二)建设低碳城市是突破国际碳壁垒的重要举措

碳壁垒包括碳足迹和碳关税。碳关税主要是指对高耗能产品进口征收特别的二氧化碳排放关税,碳足迹(又称碳标签)是指把商品在生产过程中的温室气体排放量于产品标签上用量化的指数标示出来,两者都是一种新的绿色贸易壁垒。当今,越来越多的国家引入了碳关税政策,通过碳关税、碳足迹、排放总量控制和配额交易制度等方式控制碳排放。碳关税最早由法国前总统希拉克提出,用意是希望欧盟针对未遵守《京都协定书》的国家课征商品进口税。2012年起,欧盟对所有飞经欧洲的飞机收取高昂的碳排放费用。目前主要有美国、法国、瑞典、丹麦、意大利、加拿大等国家征收碳关税。如果这些国家利用碳壁垒将国际贸易与气候变化挂钩,将会对世界贸易竞争格局造成很大的冲击,对我国的出口贸易来说亦将是一次严峻的挑战。宁波作为一个出口大市,外贸依存度高,服装、塑料制品等主要出口商品属于低附加值的劳动密集型产品,这些出口产品容易面临碳关税,而碳壁垒将大幅增加出口成本,这对宁波的外贸是一次严峻的考验。宁波要通过低碳城市建设,着力推动劳动密集型产业向低碳产业转型,提高能源利用效率,节能减排,实现出口产品的低碳化,从根本上规避国际上的低碳贸易壁垒。

第四节　宁波创建低碳城市的现实基础

宁波创建国家低碳城市具有一定的基础和广阔的前景。

一、经济社会基础好

(一)经济保障能力提升

大气污染治理需要高投入,即需要一定的经济实力作保障。2014年宁波 GDP 达 7602.51 亿元,地方财政收入达 860.6 亿元,为治理环境污染、创建低碳城市提供了良好的经济基础。2010—2014 年市级环保专项资金使用情况如表 1-1 所示。

表 1-1　2010—2014 年宁波市级环保专项资金情况统计

年份	市级环保专项资金（单位：万元）	主要项目及资金安排
2010	5000	(1)市环保局机动车排气污染监控中心建设及运行管理维护项目550万元；(2)市潘火路边空气质量自动监测站建设120万元；(3)市大气背景监测站建设408万元；(4)大榭万华热电有限公司3台循环流化床炉外脱硫技改项目330万元；(5)市环境监测中心空气中挥发性有机物自动监测系统建设项目280万元；(6)市环境监测中心大气颗粒物源解析50万元；(7)市环境监测中心机动车尾气污染对大气环境影响研究10万元；(8)北仑区大气环境监测监控系统建设20万元；(9)大地化工环保公司危险废物焚烧烟气催化去除二机英技改项目50万元；等等
2011	6100	(1)市环境监测中心环境空气质量监测能力提升项目160万元；(2)市环保局机动车排气污染监控中心二期建设及运行管理维护项目170万元；(3)市大气背景监测站建设270万元；(4)市环境科学学会机动车排放尾气健康风险评估15万元；(5)市环科院清洁空气行动实施方案20万元；(6)市环境监测中心大气复合型污染立体监测网络建设590万元；(7)市环保局脱硫脱硝设施施工况及辐射在线监控系统建设85万元；(8)机动车尾气污染防治规划20万元；(9)油气回收治理奖励685.8万元；(10)淘汰燃煤锅炉、建设"禁燃区"1659.8万元；等等
2012	7530	(1)油气回收治理奖励414.4万元；(2)市大气背景监测站建设500万元；(3)国家环境空气监测网建设390万元；(4)机动车排气污染监控系统运行管理维护及防治宣传费用110万元；(5)化工集中区域大气环境联防联控提升项目80万元；(6)临港工业废气污染整治后评估10万元；(7)宁波市大气复合型污染成因及对策研究200万元；(8)海曙区干洗行业、江东区建筑施工扬尘、江北区汽车涂装废气等污染专项治理224万元；(9)淘汰燃煤锅炉、建设"禁燃区"435万元；(10)大气环境遥感数据接收与处理系统35万元；(11)补助县(市)区大气复合污染物立体监测网络工程项目215万元；(12)补助县(市)区机动车排气检测站建设工作90万元；(13)温室气体清单编制、大气污染预警关键技术研究等60万元；(14)镇海北仑化工等重污染行业专项治理584万元；等等
2013	8200	(1)化工、铸造、再生有色金属熔炼、造纸、废塑料加工、金属表面酸洗、化纤及农副产品加工等八大行业专项整治4600万元；(2)市大气复合型污染成因及对策研究100万元；(3)机动车排气污染防治项目系统546万元；(4)淘汰燃油锅炉补助12万元；(5)市环境监测中心环境空气质量数值预报模式、江北等大气环境自动监测子站建设180万元；等等

续 表

年份	市级环保专项资金（单位:万元）	主要项目及资金安排
2014（截至 6 月）	14550	(1)化工、铸造、再生有色金属熔炼、造纸、废塑料加工、金属表面酸洗、化纤及农副产品加工等八大行业专项整治 5400 万元;(2)淘汰黄标车奖励补贴及黄标车限行专项经费等 6120 万元;(3)热电企业脱硝工程及刷卡排污工程资金补助 630 万元;(4)市大气复合型污染成因及对策研究 100 万元;(5)市环境空气质量预测预警系统建设项目 400 万元;(6)市环境监测中心及县(市、区)空气站数据联网经费、大气环境自动监测子站建设、大气污染源采样设备更新等 132.8 万元;等等
合计	41380	

(二)产业结构逐步优化

宁波市通过加快构筑现代工业体系,大力发展新材料及先进制造业,着力推进现代物流等现代服务业,产业结构持续优化,相对低排放的第三产业占比明显提升。2013 年服务业增加值占地区生产总值比重提高到 43.5%,战略性新兴产业、高新技术产业产值占规模以上工业总产值比重分别达到 25.5%和 30%,产业转型升级的加快和结构的不断优化,夯实了大气污染治理的产业基础。

(三)社会低碳意识增强

部分企业与居民的大气保护意识觉醒。一些企业发起成立碳汇专项基金,自发开展 ISO 14064 认证,实施"产品碳足迹"计划和碳审核。一些居民关心生态环境,自觉参与环保活动,购买使用节能产品,选择公共绿色交通出行。媒体对生态环境和污染防治的宣传报道越来越多。

二、科技创新实力不断增强

宁波市创新指数快速提升,其中创新能力与过程指数上升幅度最大,创新产出指数有较大幅度上升,创新综合指数呈现出良好的回升势头。2011 年宁波市创新指数为 366.47,比 2006 年上升了 266.47%。宁波市政府发展研究中心人才研究所发布的《2013 年宁波高层次人才建设状况》报告显示,到 2013 年年底,宁波市人才总量超过 145 万人,近 10 年人才年均增量超过 14%。其中,博士人才 3627 人,硕士人才 30111 人;正高职称人才 3262 人,副高职称人才 4.7 万人;高技能人才 21 万人;"3315"计划人才 212 人、团队

57 个；享国务院特殊津贴 256 人；国家级、省级、市级突出贡献专家 275 人；2013 年海外引进人才 4400 人。目前，全市拥有普通高等院校 15 所，在校大学生 17 万多人。科技研究和服务机构数稳步增长，2011 年有农林、材料、智慧信息化等领域具有法人资格的专业研发机构达 4700 多家，是 2006 年（770家）的 6 倍多；拥有一批重点实验室、工程技术（研究）中心、企业技术中心和产业技术创新联盟。截至 2012 年年底，全市已有国家认定企业技术中心 8家、省级高新技术企业研究开发中心 212 家、省级企业技术中心 69 家、市级企业工程（技术）中心 457 家，建成产业技术创新战略联盟 11 家（其中国家级 1 家、省级 1 家）、科技部国际科技合作基地 6 家，可为宁波的低碳城市建设提供强有力的人才和科技支撑。

三、低碳能源资源较为丰富

宁波年日照时间长，沿海沿湾平原低丘地区风力资源丰富，潮汐资源得天独厚，风能、太阳能、水力潮汐能源具有巨大的发展潜力和广阔的开发利用前景，为宁波的能源结构调整和城市低碳发展提供基础。另外，宁波市的生物质能源资源也较为丰富，如森林资源、农作物秸秆、禽畜粪便、生活垃圾等，农业沼气、垃圾直燃和填埋气发电项目、生物质液体燃料能源等产业的发展前景和投资前景亦十分广阔。

四、低碳产业呈现出较好的发展势头

宁波市委、市政府高度重视发展节能环保和低碳产业，支持太阳能、生物质能、风能、潮汐能等新能源开发及产业化，加快低碳和新能源装备、新能源汽车、软件与服务外包、节能环保、新材料、现代服务等产业扶持和基地建设，促进低碳产业集群发展，为宁波的低碳城市建设提供了一定的产业基础。近年来，宁波一批专业从事太阳能、风能、地热等新能源开发利用的企业脱颖而出，新能源年产值达 200 多亿元，涌现出宁波杉杉尤利卡太阳能有限公司、风神科技有限公司、东方日升新能源股份有限公司等一批优秀的新能源企业。值得一提的是，宁波的光伏产业经过多年发展，已形成较强的技术能力、产业规模和一批有较强竞争力的企业，在经历了前两年的国际市场严冬之后，出口市场开始回暖。据宁波海关统计，2013 年，宁波口岸对韩国出口太阳能电池 40.5 万个，出口印度 39.4 万个，出口南非 35.5 万个，2014年 1—2 月，宁波口岸出口太阳能电池 205.2 万个，价值 9.5 亿元人民币，分别比去年同期增长 57.8% 和 8.8%。伴随着光伏发电的推广和政策利好，其在国内市场表现抢眼。截至 2014 年 12 月底，全市光伏发电装机容量达到 110.37 兆瓦,其中已并网光伏发电装机容量 61.51 兆瓦。

五、碳平衡能力持续增强

绿色植物不仅给人以美感,打造舒适的环境,而且还能吸收空气中的二氧化碳,释放氧气,起到净化空气的作用。2011 年,宁波市按照省委、省政府提出的平原绿化"1818"行动,提出了平原绿化"2018"目标,即到 2015 年,全市新增平原绿化面积 20 万亩,平原林木覆盖率达到 18%。2011—2013 年,全市完成绿化造林 15.5 亩,建设沿海基干林带 120 公里,造林 1.25 万亩,建设平原林带 15.9 万亩,完成"四边"绿化通道 1646 公里,绿化面积 3.8 万亩,圆满完成"四边"绿化三年行动计划,绿化造林成效显著,促进森林覆盖率、森林蓄积量的双增长,空气自净能力进一步提高。截至 2017 年,全市林地面积 688.8 万亩,森林面积 650.6 万亩,森林覆盖率 50.35%,平原林木覆盖率 18.8%,城市建成区绿化覆盖率 38.28%,绿地率 35.01%,人均公绿面积 10.58 平方米。全市森林生态功能显著增强,静态储存二氧化碳 2196 万吨,年吸取二氧化碳 400 万吨,释放氧气 390 万吨。

六、低碳建设成效显著

宁波非常重视低碳城市建设工作,2010 年成立了由市长任组长、38 个职能部门参加的市应对气候变化和节能减排工作领导小组,2014 年成立了建设绿色循环低碳交通运输城市领导小组。在法律、经济等方面采取了强有力的措施,相继出台了《宁波市节能"十二五"专项规划》《宁波市建设低碳交通运输体系试点实施方案》《宁波市加快黄标车淘汰工作实施方案》《宁波市低碳城市试点工作实施方案》《宁波市大气复合污染防治实施方案》等政策,使宁波的环境质量在经济取得持续高速发展的同时得以保持基本稳定。2010 年在"禁燃区"建设三年计划上,市委、市政府安排了 1.5 亿元财政资金用于淘汰、改造宁波绕城高速公路以内和镇海、北仑部分区域内的除热电联产外的所有燃煤锅炉,补贴锅炉改用清洁能源。以上措施取得了明显的成效,宁波先后获得了"国家森林城市""国家园林城市""国家环保模范城市""国家循环经济试点城市""第二批低碳试点城市"称号。节能减排任务顺利完成。2014 年,全市单位 GDP 能耗下降 5.8%,"十二五"前四年累计下降 16.7%,其中规模以上工业增加值能耗同比下降 8.1%,"十二五"期间前四年累计下降 20.1%;能源消费总量为 4188 万吨标准煤,增速有所下降;全社会用电量 576.7 亿千瓦时,同比增长 3.11%。在机动车尾气污染治理领域,采取信息化、使用清洁能源、淘汰高能耗汽车、监控机动车尾气等一系列措施,公交实现油改气 1669 辆,出租车油改气工作基本完成,黄标车和无标车在 2015 年年底已全部淘汰。

参考文献

[1] Edward L G, Matthew E K. The greenness of cities: Carbon dioxide emissions and urban development[J]. Journal of Urban Economics, 2010(67): 404-418.

[2] Goodall C. How to live a low-carbon life: The individual's guide to stopping climate change[M]. London: Stylus Publishing, 2007.

[3] Hajer M. The politics of environmental discourse : Ecological modernization and the policy process[M]. New York: Oxford University Press, 1995.

[4] 付允, 汪云林, 李丁. 低碳城市的发展路径研究[J]. 科学对社会的影响, 2008 (2):5-10.

[5] 顾朝林, 等. 气候变化与低碳城市规划[M]. 南京:东南大学出版社, 2009.

[6] 夏堃堡. 发展低碳经济,实现城市可持续发展[J]. 环境保护, 2008(3): 33-35.

[7] 陈飞, 诸大建. 低碳城市研究的内涵、模型与目标策略确定[J]. 城市规划学刊, 2009(4):7-13.

[8] 谭娟, 宗刚. 我国低碳发展空间格局研究[M]. 北京:知识产权出版社, 2013.

[9] 王峰. 小红果碳排放增长的驱动因素及减排政策评价[M]. 北京:经济科学出版社, 2013.

[10] 怀铁铮. 低碳化:中国的出路与对策[M]. 北京:人民出版社, 2013.

[11] 杨喆. 低碳城市建设手册[M]. 北京:经济管理出版社, 2013.

[12] 李江涛. 迈向低碳——新型城市化的绿色愿景[M]. 广州:广州出版社, 2013.

第二章 国内外低碳城市建设概况

城市是社会生产力发展到一定历史阶段的产物,是人类文明进步的标志。随着人类科技的不断进步、人类改造自然能力的逐步提升,城市化综合反映了一个国家或地区的经济发展程度和现代化水平。全球工业文明经历了三百余年的高速发展后,当前,正面临资源环境和气候变化的巨大压力。传统粗放的城市发展模式已越来越难以适应新的发展需求,城市发展模式面临质量、效率和动力转型的抉择。从发展的功能维度看,顺应现代城市发展的新理念、新趋势,低碳城市正逐步成为世界各国大都市建设发展的共同目标。低碳城市强调形成绿色低碳的生产生活方式,重视经济与社会发展过程中人与自然的和谐相处。

改革开放以来,中国经历了快速的城市化发展过程。在稳步推进城市化进程中,如何保持经济高质量发展,有效解决发展过程中产生的各种问题,实现可持续发展,成为理论和实践层面关注的焦点。近年来,低碳城市的理论拓展和现实实践都取得了显著的成效。低碳城市不仅有助于破解中国城市发展中的瓶颈问题,而且可以在能源、产业、建筑、交通、生活、生态等领域培育新的经济增长点。因此,无论从现实还是未来的维度看,低碳城市建设都将成为中国城市发展的重要导向和路径选择。

第一节 中国低碳城市建设概况

中国正处在快速城市化的发展阶段,一方面,受到资源与环境承载能力的约束；另一方面，为实现我国的发展目标，兑现我国对世界的庄严承诺，中国必须走资源消耗小、环境污染少、综合效率高的绿色、低碳城市化发展之路。

一、低碳城市试点总体概况

2009年11月，国务院提出2020年控制温室气体排放行动计划。在当年12月丹麦哥本哈根世界气候大会上，时任国务院总理温家宝在讲话中明确指出，中国是最早实施《应对气候变化国家方案》的发展中国家，也是近年来节能减排力度最大的国家。为了更好地应对全球气候变化，2010年7月，国家发改委在制度设计方面积极部署，发布了《关于开展低碳省区和低碳城市试点工作的通知》，在大力推进城市化发展的国家战略背景下，进一步落实减排目标，在全国范围内提出第一批低碳试点区域，包括5个省份和8个城市，具体为广东、辽宁、湖北、陕西、云南，以及天津、重庆、深圳、厦门、杭州、南昌、贵阳、保定。通过试点，旨在总结工作得失，形成可复制、可推广的经验，实现对不同地区和行业的分类指导，进而更好地推动落实我国控制温室气体排放行动目标。试点区域主要承担以下五个方面的任务：一是编制低碳发展规划；二是制定支持低碳绿色发展的配套政策；三是加快建立以低碳排放为特征的产业体系；四是建立温室气体排放数据统计和管理体系；五是积极倡导低碳绿色生活方式和消费方式。

2011年12月，国务院印发《"十二五"控制温室气体排放工作方案》，明确提出通过低碳试验试点，形成一批各具特色的低碳省区与城市，建设一批具有典型示范意义的低碳园区和低碳社区，推广一批具有良好减排效果的低碳技术和产品，全面提升控制温室气体排放能力。具体内容有：

（一）扎实推进低碳省区和城市试点

根据该工作方案，国家发改委遴选第二批低碳试点城市及省区，具体包括北京市、上海市、海南省、石家庄市、秦皇岛市、晋城市、呼伦贝尔市、吉林市、大兴安岭地区、苏州市、淮安市、镇江市、宁波市、温州市、池州市、南平市、景德镇市、赣州市、青岛市、济源市、武汉市、广州市、桂林市、广元市、遵义市、昆明市、延安市、金昌市、乌鲁木齐市。要求各试点地区编制低碳发展规划，积极探索具有本地区特色的低碳发展模式，率先形成有利于低碳发展的政策体系和体制机制，加快建立以低碳为特征的工业、建筑、交通体系，践行低碳消费理念，成为低碳发展的先导示范区。之后将逐步扩大试点范围，鼓励全国资源节约型和环境友好型社会建设综合配套改革试验区等开展低碳试点。

(二)开展低碳产业试验园区试点

依托现有高新技术开发区、经济技术开发区等产业园区，建设以低碳、清洁、循环为特征，以低碳能源、物流、建筑为支撑的低碳园区。采用合理用能技术、能源资源梯级利用技术、可再生能源技术和资源综合利用技术，优化产业链和生产组织模式，加快改造传统产业，集聚低碳型战略性新兴产业，培育低碳产业集群。

(三)开展低碳社区试点

结合国家保障性住房建设和城市房地产开发，按照绿色、便捷、节能、低碳的要求，开展低碳社区建设。在社区规划设计、建材选择、供暖供冷供电供热水系统、照明、交通、建筑施工等方面，实现绿色低碳化。大力推广使用节能低碳建材，推广绿色低碳建筑，加快建筑节能低碳整装配套技术、低碳建造和施工关键技术及节能低碳建材成套应用技术的研发应用，鼓励建立节能低碳、可再生能源利用最大化的社区能源与交通保障系统，积极利用地热地温、工业余热，积极探索土地节约利用、水资源和本地资源综合利用的方式，推进雨水收集和综合利用。开展低碳家庭创建活动，制定节电节水、垃圾分类等低碳行为规范，引导社区居民普遍接受绿色低碳的生活方式和消费模式。

(四)开展低碳商业、低碳产品试点

针对商场、宾馆、餐饮机构、旅游景区等商业设施，通过改进营销理念和模式，加强节能、可再生能源等新技术和产品的应用，加强资源节约和综合利用，加强运营管理，加强对顾客消费行为的引导，显著减少试点商业机构的二氧化碳排放。研究产品"碳足迹"计算方法，建立低碳产品标准、标识和认证制度，制定低碳产品认证和标识管理办法，开展相应试点，引导低碳消费。

(五)加大对试验试点工作的支持力度

加强对试验试点工作的统筹协调和指导，建立部门协作机制，研究制定支持试点的财税、金融、投资、价格、产业等方面的配套政策，形成支持试验试点的整体合力。研究提出低碳城市、园区、社区和商业等试点建设规范和评价标准。加快出台试验试点评价考核办法，对试验试点目标任务完成情况进行跟踪评估。开展试验试点经验交流，推进相关国际合作。

二、国内典型城市低碳建设举措

目前,中国低碳城市建设正处于局部试验和区域实践推广的发展阶段。过去几年,在政府和社会各界的积极努力下,中国低碳城市实践工作取得了初步成果,地方政府的积极性高,低碳建设路径多样,但也存在着尚待完善的地方。

(一)北京市低碳城市建设概况

北京市借助"绿色奥运"之机选择了绿色发展、低碳城市建设之路。通过积极构建绿色系统,建设宜居绿色北京,重点围绕能源、建筑、大气、固弃物、交通、水、生态等领域实施绿色工程。这些工程基本覆盖了生产、消费与环境等方面。

2008年以来,北京市通过一系列举措,实现了首钢压产搬迁,关停了北京焦化厂、北京化二股份公司、北京有机化工厂等一批高污染、高耗能、高耗水的企业,有效推动小造纸、小印染、小铸造等7个行业的100多家企业逐步退出。据统计,北京市对主动退出并通过验收且符合奖励标准的42家企业给予财政奖励,奖励资金共计4930万元。2009年5月18日,北京市政府公布《加快发展循环经济,建设资源节约型、环境友好型城市2009年行动计划》,完善包括政策引导机制、评价考核机制、监督监测机制、标准准入机制、市场服务机制、宣传动员机制等在内的六大机制。2010年,北京市政府进一步完善城市功能考核评价体系,将交通节能灯、环境保护等相关指标全部纳入节能减排的考核评价目标,通过打造十大工程建设低碳北京。

低碳金融发展方面,北京以碳金融市场建设为核心,在发展定位上,谋划建设全球重要的碳资产集聚中心。在国内碳交易和低碳金融发展领域,北京环境交易所居于国内领先地位。北京环境交易所不但完成了全国第一笔企业自愿减排交易,还与纽约证券交易所集团子公司BLUENEXT交易所合作共同开发了熊猫标准,该标准是中国第一个自愿碳减排标准。2010年6月,北京环境交易所联合清洁技术投资基金,推出了中国首个低碳指数。这一系列在低碳金融领域的改革举措,对中国低碳产业定价机制的建设发展具有积极意义。

(二)天津市低碳城市建设概况

2010年7月,天津市被国务院遴选为国家首批低碳试点城市。由此,天津市积极谋划产业低碳化发展。在制度顶层设计方面,编制了《天津市应对气候变化和低碳经济发展"十二五"规划》,不断优化能源结构,提高能源利用效率,培育低碳生活方式。按照国家发展改革委员会 2012 年 3 月批准的《天津市低碳城市试点工作实施方案》要求,天津市构建以低碳为特征的消费模式和产业体系,大力促进低碳发展的能力支撑体系建设,通过统计、核算、考核体系的建立完善,积极探索低碳城市发展之路。

天津着力构建高端产业、自主创新、生态宜居三个"高地"。通过大力推进产业结构优化升级、大力发展战略性新兴产业和低耗能产业等相关的政策举措,逐步形成了新能源、新材料、航空航天、生物技术和现代医药等优势支柱产业;加快推进产业集聚,形成了一批千亿级产业集聚区,完善循环经济产业链。天津在国内率先建立了低碳发展综合性研究机构——低碳发展研究中心,在滨海新区建立了节能环保技术超市及低碳成果展示中心。2013 年 12 月 26 日,天津市正式启动了碳排放权交易,采用市场化机制降低碳减排成本。

中新天津生态城是世界上第一个国家间合作开发建设的生态城,是中国和新加坡两国政府为应对全球气候变化、发展低碳经济合作的旗舰项目。该项目通过借鉴新加坡等先进国家和地区的成功经验,围绕社会和谐进步、生态环境健康、经济蓬勃高效和区域协调融合等方面,确定了 4 项引导性指标和 22 项城市低碳控制指标。在生态城区内推行绿色建筑标准体系,通过制定绿色建筑的设计标准,鼓励节能环保型新技术、新材料、新工艺、新设备的应用以减少建筑热损失;通过分质供水,建立城市直饮水系统,中水回收、雨水收集、海水淡化所占的比例超过 50%。在主导产业定位方面,生态城紧紧围绕绿色产业,依托智慧创新驱动和都市消费驱动,全力发展文化创意、"互联网+高科技"、精英配套、冷链物流、滨海旅游等五个主导产业。其中,文化创意产业包括影视动漫、广告传媒、图书出版等;"互联网+高科技"产业包括互联网+电子信息、生命科学、智能硬件、科技服务业等;精英配套产业包括以金融业为代表的生产配套产业,以及以教育培训、商业地产、住宅地产为代表的生活配套产业;冷链物流产业包括食品物流、冷链仓储、贸易集散等;滨海旅游产业包括海洋文化、主题游乐、时尚运动、健康休闲等。截至 2015 年,中新天津生态城 8 平方千米起步区已成为成熟社区,入住人口超过 3 万人,累计注册企业超过 2800 家,注册资金超过 1200 亿元。一个资源节约型、环境友好型的生态城市初步展现,并在国内外形成了良好的示范效应。

(三)深圳市低碳城市建设概况

自 2001 年始,深圳市加强制度法规建设,推动形成较为完备的与低碳发展相关的法规体系,制定了《深圳经济特区循环经济促进条例》等一系列促进节能减排、发展循环经济的政策措施。面对资源环境的压力和高质量发展的要求,2010年,深圳市率先提出要实现从"深圳速度"向"深圳质量"的转型。在这之后,连续几年的深圳市政府工作报告一再强调要坚持走低碳经济发展之路。自2012年起,深圳市创新性地在市政府层面设立环境形势分析会制度,并将其提至与经济形势分析会同等重要的位置;每年召开环境形势分析会,出台大气质量提升计划、水环境治理40条、固体废物污染防治行动计划、环境基础设施提升改造工作方案等系列举措。

低碳经济的核心是能源技术创新和制度创新。2010年7月,国家发展改革委员会将深圳等8个城市列为国家低碳发展试点城市。一个月后,深圳市首个低碳总部基地宣告成立,基地的发展定位于打造具有低碳理念、低碳目标和低碳产业的企业集聚地,努力汇聚国际知名低碳组织、碳基金、新能源企业、低碳专业服务机构及低碳技术交易中心。在深圳市的产业规划版图中,现代产业体系日臻完善,高新技术产业、金融产业、物流产业和文化产业比重逐年走高。深圳加快产业升级步伐,逐渐淘汰落后工艺、技术,采取各种方式使高能耗、高污染行业逐步退出。截至2015年,深圳市已累计淘汰、转型低端落后企业超过1.6万家。现在,深圳市已形成了以华为、中兴、腾讯等知名企业为代表的高新技术产业集群。与市民参与相呼应,深圳市政府公务管理层的低碳行动也日益成为社会的风向标。深圳市建立了涵盖深圳市政府机关、事业单位和社会团体等单位的公共机构节能工作联席会议制度,每年明确提出该市公共机构必须完成的年度节能目标任务。

深圳市的低碳发展模式和发展创新走在全国前列。2012年启动建设的深圳国际低碳城是目前深圳节能环保、生态低碳的绿色建筑群。这一规划总面积为53.14平方千米的项目,正被积极打造为国际低碳技术集成应用示范中心、低碳产业与人才聚集中心。现有园区体现了节能环保的理念:实现了新建建筑100%绿色化、公共交通100%清洁化、污水利用100%可再生化、废物处理100%可回收化、能源使用100%低碳化。按照规划,到2020年,低碳城的GDP将接近400亿元,万元GDP碳排放强度小于0.32吨/万元,人均碳排放强度低于5吨/人,低碳发展能力达到国际先进水平。

(四)杭州市低碳城市建设概况

2008年,杭州率先在全国提出建设低碳城市的战略目标,杭州市初步建立了温室气体排放统计核算体系,提出2020年碳排放达峰目标;形成了与低碳发展互为支撑的政策体系,涵盖了应对气候变化、生态文明建设、"美丽杭州"建设、循环经济发展、节能减排示范、大气污染防治等多个方面;采取了更为严格的工业节能措施;努力构建低碳建筑和交通体系;在居民生活领域推行垃圾总量控制和分类处理。根据《杭州市应对气候变化规划(2013—2020)》,杭州通过重点工程的形式,在节能减碳、可再生能源发展、生态保护和碳汇建设、低碳技术示范和产业化、低碳试点示范、基础能力提升和适应气候变化等七大领域开展低碳和节能工作,包括 235 个项目,总投资将达4422 亿元。

为进一步推进低碳经济发展,杭州市近年来重点推动产业结构转型升级,淘汰落后产能和重污染、高能耗企业。"十二五"期间,在产业结构优化提升方面,杭州市产业加速向低碳方向集聚,建立落后产能企业退出机制,先后淘汰落后产能企业 1500 余家,2014 年第三产业占比达到 55.1%;制定严格的产业准入政策,坚决遏制产能严重过剩行业的盲目扩张;大力推进循环经济和清洁生产,积极开展绿色企业创建和清洁生产审核工作。

在城市能源结构优化发展方面,杭州市从严把关涉煤新项目准入,严格控制煤炭消费总量。2015 年杭州市煤炭消费总量比 2012 年下降 6%以上;推进煤炭清洁化利用,洁净煤使用率达到 80%以上;加大可再生能源比重,逐步提高接受外输电比例,全市可再生能源占全市能源消费总量的 4%左右,全市接受外输电比例提高到 80%左右;主城区全面建成无燃煤区,深度治理一些企业的燃煤机组。

在低碳技术推广方面,杭州市积极打造绿色宜居的低碳建筑,使节能技术渐入生活。杭州市开展"阳光屋顶示范工程",推广光伏发电应用;实施城市"绿屋顶"计划,提高立体绿化浓度;对全市各类建筑进行"绿色评级"。2014 年,杭州市新建民用建筑全部达到国家一星设计标准要求。2015 年 4月,杭州市为节能和绿色建筑创建提供了法律保障,出台《杭州市民用建筑节能条例》。杭州低碳科技馆是全国首个以低碳为主题的科技馆,它既是绿色低碳发展的科普基地,更是具有示范意义的低碳建筑——整个科技馆采用太阳能发电、雨水利用、地源热泵系统等节能技术。杭州市积极践行"紧凑型城市"发展理念,加强土地的节约集约化利用,减少城市扩张带来的资源浪费;实施垃圾清洁直运,城镇生活垃圾无害化处理率达到 100%;打造低碳社区,在市内 40 多个社区开展低碳社区试点,以点带面推动全市的低碳社区创建。

三、国内低碳城市建设存在的普遍问题

建设低碳城市是我国在推进新型城市化过程中考虑资源环境承载能力的必然战略选择,但目前低碳城市建设在我国仍处于探索阶段。结合已经开展的实践,我国低碳城市建设过程中主要存在以下问题。

不少城市面临着保持较高经济增长速度和低碳转型的选择困境。经济增速仍然是各级政府关注的核心指标,特别是面对世界经济增长速度缓慢,国内经济增速下行的复杂形势,不少地方政府承受了巨大压力。低碳转型涉及面广且影响深远,难以在短期内看到成效,甚至会导致 GDP 增速有所放缓。侧重经济发展的绩效考核制度阻碍了重工业、能源型城市低碳工作的开展,地方政府在实际工作中难以将城市低碳转型作为工作的重心。我国现阶段的减排行动主要由国家发改委系统推动,尚缺少对城市层面减排的关注。目前,没有区域层面,城市群层面和大、中、小城市层面相互配套协同的减排体系架构,无法为地方低碳建设提供系统指导。同时,跨区域清洁能源输送规划建设滞后,没有形成优势互补、供需协同的低碳能源利用结构和体系,制约了低碳城市建设。

现有统计制度难以为碳排放管理和考核提供支撑。现有的统计制度覆盖面有限,市、区、县缺乏能源平衡统计和分析。尽管中小企业用能占比巨大,但尚未纳入现有的统计体系中。从统计方法来看,目前的煤炭使用统计只涉及规模以上企业,其他企业的数据则是根据用电量估算。城市碳排放管理需要改进和完善现有统计制度。

行政命令手段依然是地方政府推进碳减排和能源控制的主要方式。当前城市对碳排放和能源消费管理的模式依然依托于从市到区、县的节能目标责任制指标分解。而到区、县级,由于缺少数据支持,缺少政策抓手,政策落地困难。尽管不少城市都设立了节能减排专项资金,但是由于政策实施单位对节能技术缺乏了解,节能改造项目奖励资金发放困难。

亟须构建市场化的绿色融资渠道,培育低碳产业链。当前的节能减碳资金以财政资金为主,融资机制单一,无法满足城市节能减碳的融资需求。由于缺少合理的机制和制度设计,金融机构仍缺乏进入的通道,需要城市在对市场规则的利用及商业模式的开发方面进行创新。另外许多城市的节能服务业规模较小,与碳资产管理相关的服务机构很少。地方政府应该抓住国家碳减排倒逼机制的机遇,把示范项目实施与咨询服务机构培育引进、后续产业链延伸充分结合起来,加快培育低碳产业链,推动新兴产业的发展。

建筑和交通领域成为城市低碳转型的重点和难点。许多城市都将建筑和交通视为低碳发展的重点领域,目前的政策措施依然以末端治理为主。以建筑领域为例,不少城市在建筑能耗的监测方面开展工作,但是面临既有建筑的能源消费水平缺乏评价标准,对高耗能建筑进行节能改造缺乏法律依据和市场机制等问题,实施中存在困难。

当前,中国低碳城市试点建设在探索中取得了一定的成绩,遇到的问题也具有一定的普遍性。其中一些问题的解决已经超出地方政府的能力范畴,有赖于自上而下的政绩考核制度的改进、能源体制改革、碳市场的推进和统计制度的完善。

第二节　世界典型国家的低碳政策与举措

21 世纪以来,人类生产方式和生活方式造成的能源短缺和全球变暖问题引起了全球的广泛关注,低碳发展逐渐成为人类关注的核心议题,国际组织、各国政府纷纷出台各种政策文件和行动方案以促进低碳发展。

一、英国的低碳政策与举措

2003 年,英国政府发表题为"我们未来的能源:创建低碳经济"的能源白皮书,引起国际社会的广泛关注。在能源白皮书中,英国政府提出低碳经济的本质是通过更少的自然资源消耗和环境污染获得更多的经济产出;低碳经济的目标是创造实现更高的生活标准和更好的生活质量;在推进低碳经济的过程中,可以为发展、应用和输出先进技术创造新的商机和更多的就业机会。同时,英国政府为低碳经济发展确定了具有法律约束力的减排目标,从根本上把英国变成一个低碳经济国家,引领世界潮流。据此,英国制定了一系列行动计划。主要内容包括:(1)在城市里发展一系列预期取得明显经济效益的碳减排项目,如区域范围内的低碳交通规划、垃圾处理战略及低碳意识提升,政府集中项目采购,等等;(2)制定关于低碳实践的交流和宣传策略;(3)明确低碳住房规划,包括社会住房的翻修工程,通过规划和商业能源服务影响新开发项目,等等。2009 年 7 月,英国政府发布与低碳经济发展配套的《低碳转型计划》。该计划核心内容是以 2008 年为基准年,到 2020 年减排温室气体 18%,其中,电力和重工业部门计划减排温室气体 22%,届时,40% 的电力将源自风能、核能和其他低碳能源,其中 3/4 的电力供应源自可再生能源。同时,对温室气体排放目标进行控制和管理,包括碳预算制度、报告制度和排放交易制度。在具体目标设置上,以 1990 年为基准,计划到 2020 年碳排放量减少 34%,到 2050 年碳排放量减少 80%。

英国是全球范围内引领低碳交通体系建设潮流的国家之一。英国政府通过制定一系列宏观战略,明确全面框架,鼓励低碳交通技术的创新和研发。2002 年 7 月,英国发布《未来机动车发展战略》;2007 年 5 月,英国发布低碳交通创新战略,制定了在道路、航空、铁路、海运等交通领域推广低碳技术的具体方案;2009 年,英国发布《低碳交通:更加绿色的未来》,旨在为低碳交通发展制定总体战略规划,强调优化交通运输的发展方式,提高交通运输的能源效率和改善交通运输的用能结构,并且设置具体能效及碳排放标准,包括车辆碳排放标准、船舶能源效率设计指数等。

为了进一步推动低碳转型发展的步伐,英国政府在金融领域尝试改革创新,设立了碳信托基金会为低碳经济发展提供支持。碳信托基金会与能源节约基金会(EST)加强合作,携手推动了英国的低碳城市项目(LCCP)。英国的低碳城市项目成功的关键在于主要的公共部门主体与城市碳排放主要影响者力量的整合。公共部门主要是地方政府、大学等,其他城市碳排放的主要影响者包括住房协会、大型商业体、社区、志愿者组织等。英国政府制定、实施和评估各种措施,都把碳排放减少量作为长期衡量指标,在宏观和微观经济政策、能源产业政策、市场管理政策、社会保障政策等方面加以配套,强调技术、政策和公共治理相结合。

二、日本的低碳政策与举措

日本是《京都议定书》的诞生地,低碳发展战略启动较早。作为一个经济大国、资源小国,日本的能源极度匮乏,能源供应高度依赖进口,进口率高达 95%。同时,作为一个岛国,日本受全球气候变化影响远大于一般内陆国家,全球气候变暖可能给日本的国土、农业、渔业、环境和国民健康带来深刻影响。在此背景下,长期以来,日本十分重视低碳发展,秉持节能和资源综合利用优先战略。在当前的全球节能与新能源开发领域,日本占据领先地位。在海洋能、地热、太阳能、垃圾利用、风能、燃料电池等新能源领域,日本都处于世界顶尖水平。日本低碳发展的理念主要体现在法律规范上,并根植于民众心中。在低碳发展方面,日本注重节约、高效和多目标协同。在能源资源和气候环境政策制定方面,日本经济产业贸易省和环境省发挥着主导作用。日本特别强调气候变化政策与产业政策、环境政策的协同,注重精细化管理和分阶段渐进式政策推进的协同,注重中央和地方权责的划分与协同。

1998年,面对全球气候变化压力,日本颁布了《全球气候变暖对策促进法》。2004年,日本环境省启动了"面向2050年的日本低碳社会情景"研究项目,提出了面向未来的日本碳减排目标和低碳社会愿景,明确需采取的减排措施,从技术可能性和经济影响的层面提出了低碳社会建设路线图及时间表,同时确定了低碳发展对环境的影响、低碳社会愿景对政策评估指标的影响等。2007年,日本开始推行碳税。2008年,日本实施了《实现低碳社会行动计划》。同年5月,日本环境省发布了《面向低碳社会的12大行动》,针对工业、交通、住宅、能源转换等领域提出了减排目标,并制定了应采取的技术和制度措施。同年6月,时任日本首相福田康夫提出了"福田蓝图"——新的防止全球气候变暖的政策,这标志着日本低碳战略正式形成。2009年,日本提出以1990年为基准年份,到2020年温室气体排放总量减少25%的减排目标。2011年福岛核事故发生,日本政府明确提出日本能源需求要减少对核能的依赖,要寻求可靠和稳定的能源来源,提升可再生能源发展的战略地位,强调科学合理的能源组合由核能、可再生能源和化石燃料组成。2012年,日本正式实施全球变暖对策税和购电法政策。

在气候变化管理事务上,日本环境省负责政策、法规、计划的制定和监督执行,是气候变化政策的主管部门,由其指导、协调和推动地方政府环境保护工作。作为独立法人,地方政府或地方公共团体保持相对独立性。地方政府对本地具体环境事务具有较大管理自主权,可以按照国家计划,结合本地实际制定适合本地区的灵活的具体措施和执行方案。

近年来,尽管日本经济增长缓慢,但是日本的节能和资源综合利用卓有成效,日本已经基本实现了经济增长与能源消费、电力消费脱钩。2013年日本单位GDP能耗和碳排放仅为中国的1/7。在《联合国气候变化框架公约》的缔约方中,日本人均碳排放峰值水平仅为9.7吨/人,低于美国的22吨/人、德国的14吨/人和英国的11吨/人。

日本努力构建低碳发展的微观基础,强调低碳发展的社会参与性,充分调动社会各方面的积极性,强调全社会共同参与的协同治理机制,争取国民对低碳发展广泛理解、支持和参与;积极引导国民的日常消费行为,形成社会低碳发展主流意识,不断提升低碳活动的社会影响力。日本率先在家电、住房、汽车、办公等领域开展节能"领跑者计划",在消费领域实施"碳足迹"制度,通过产品全生命周期碳排放的可视化,让消费者看得见商品中的温室气体排放量,为消费者选择低碳产品和服务提供依据。日本还积极推行"环保积分制",对购买符合低碳标准产品的消费者返还环保积分,这些所获积分可用于兑换消费券。在能源资源节约和循环利用方面,日本实行了精细化的分类管理,强调碳排放的源头治理。特别在垃圾分类方面,日本的工业和家庭垃圾分类极为细致,以大型垃圾、可资源化垃圾、可燃垃圾、不可燃垃圾等大类为基础又逐步细分,如一个矿泉水瓶分为包装膜类、瓶盖类、瓶管类等,并对垃圾丢弃的时间和地点、包装袋样、污渍去除都做了极为细致的规定。这种精细化的规定造就了日本高水平的低碳管理。

三、美国的低碳政策与举措

美国是全球温室气体排放第二大国。美国世界资源研究所的统计数据显示,1850 年至 2005 年的 155 年中,世界人均碳排放历史累积为 173 吨,美国人均碳排放历史累积为 1105.4 吨。小布什当政时期,受美国能源企业影响,美国政府逃避减排责任,宣布退出《京都议定书》并反对设置全国性碳排放总量。但从历史实践来看,美国在发展低碳技术、增强低碳竞争能力方面从未中断过努力。奥巴马总统主政后,强调绿色能源新政,重视低碳政策和节能减排。2008 年全球金融危机以后,美国把发展低碳经济、开发新能源作为应对危机、重振美国经济的战略导向。

在新能源产业发展政策方面,美国十分重视立法和法案的作用,通过联邦能源立法、联邦环境政策、州立法和农业立法等形式,逐步确定了新能源相关产业的发展战略、发展目标、财政扶持力度、技术研发计划、市场融资工具等。自 20 世纪 70 年代中东石油危机发生以来,美国诞生了多部具有代表性和历史意义的综合性能源法案。如 1978 年 11 月,由卡特总统签署的《1978 年国家能源法案》;1980 年 6 月,由卡特总统签署的《1980 年能源安全法案》;1992 年 10 月,由老布什总统签署的《1992 年能源安全法案》;2005 年 8 月,由小布什总统签署的《2005 年能源政策法案》;等等。美国还设有专门性的单一能源法案,形成对综合性能源法案的有效补充。综合观察,美国在新能源产业相关立法方面表现出稳定性、连续性和强制性的特点。正是在立法内容及政策制定上非常翔实,从而使得美国新能源产业发展政策工具在实施上具有很强的操作性、务实性和有效性。例如,仅从补贴来看,就分为直接补贴、税收补贴、研发补贴、特殊优惠和贷款担保等多种形式。这些都充分表明美国在制定能源政策时充分考虑了产业发展特点和市场调控的作用。

2007年7月,美国参议院通过《低碳经济法案》,提出碳排放总量控制目标,要求到2020年,美国碳排放量减至2006年水平,到2030年,美国碳排放量减至1990年水平。奥巴马在执政期间,提出"绿色经济复兴计划",其核心内容是清洁能源政策。清洁能源政策的具体目标是:应对气候变化,减少对进口石油和天然气的依赖,增强美国的能源安全,培育新的经济增长点。在奥巴马的推动下,美国众议院通过了美国历史上首个限制温室气体排放的法案——《美国清洁能源与安全法案》(ACES)。

进入21世纪以来,随着气候变化问题的持续升温,气候问题逐渐演变成气候政治,成为国际政治领域的新热点,并推动形成新的国际格局。谁享有了气候变化、环境、能源和生态领域的话语权和主导权,谁就可能拥有国际政治领域的话语权和主导权。气候外交日益成为大国互动中的重要议题。因此,美国积极对全球低碳发展进行战略部署,通过绿色外交,积极参与有关谈判,策划"后京都框架",建立全球能源论坛,开创全球气候变化合作新时代。2009年7月,奥巴马在G8峰会上发表应对气候变化的声明,确立全球温室气体减半的长期减排目标。同期,美国商务部和能源部两位部长同时访华,探讨共同推进中美清洁能源技术领域的合作。

四、德国的低碳政策与举措

在低碳经济发展方面,德国一直走在世界前列。德国政府把低碳发展提升至国家可持续发展的战略高度,强调低碳发展的战略规划与宏观指导,出台了若干文件和措施,赋予低碳发展权威性与合法性,保障德国低碳发展顺利推进。德国政府将气候保护、减少温室气体排放等列入可持续发展战略中,并采用立法和强制执行的机制,制定并落实气候保护与节能减排的具体目标。德国政府关注低碳发展市场制度、法规修订、资金支持、企业引导、社会认知等方面的协同配套,强调政策措施的务实性。

制定气候保护高技术战略。自1977年以来,德国为实现气候保护战略目标,不断出台能源研究计划,以能源效率和可再生能源为重点,为德国"高技术战略"提供资金支持。在"高技术战略"框架下,2007年,德国联邦教育与研究部制定了较为详细的气候保护高技术战略。根据这项战略,在资金保障方面,未来10年,德国政府将为研发气候保护技术额外投入10亿欧元,德国工业界也提供相对等的配套资金用于开发气候保护技术。在重点领域方面,这项战略确定了4个领域:气候预测和气候保护的基础研究、气候变化后果、适应气候变化的方法,以及与气候保护措施相适应的政策机制研究。在研究方向上,这项战略确立了 4 个重点研究方向:太阳能开发应用技术、能源存储技术、新型电动汽车技术、二氧化碳分离与存储技术。

完善低碳法律体系。德国是欧洲国家中低碳经济建设法律框架最完善的国家之一。从 20 世纪 70 年代开始,德国政府就启动了一系列涉及环境政策的法案。1971 年,德国出台了第一个较为全面的《环境规划方案》;1972 年,德国修订并通过了《德国基本法》,赋予政府在环境政策领域更大的权力;2004 年,德国政府公布了《国家可持续发展战略报告》,专门制定了"燃料战略——替代燃料和创新的驱动方式"。德国"燃料战略"的核心是减少化石能源消耗,减少温室气体排放。"燃料战略"强调要实施一系列举措,包括优化传统发动机、合成生物燃料、开发混合动力技术和发展燃料电池。

提高能源使用效率。一是征收生态税,二是鼓励企业实行现代化能源管理,三是推广"热电联产"技术,四是实行建筑节能改造。同时,通过《可再生能源法》保证可再生能源在低碳发展中的地位,对可再生能源发电给予补贴,这在一定程度上弥补了可再生能源生产成本高的劣势,促进了可再生能源产业的快速发展。此外,德国政府还制定了《可再生能源供暖法》,鼓励在供暖领域使用可再生能源,计划到 2020 年,将可再生能源供暖的比例提高到 14%。

综合来看,德国低碳经济发展在制度建设和节能减排效果方面成效明显。在制度建设方面,碳减排市场制度建成且覆盖面持续扩大。在节能减排效果方面,1990 年以来,德国碳排放总量不断下降,其中制造业排放量降幅尤为显著。

五、澳大利亚的低碳政策与举措

澳大利亚是一个炎热干燥的国度,全球气温的持续上升和降水形势的变化会对澳大利亚产生严重影响。另外,澳大利亚作为一个以开放资源为基础的小型经济体,即使单纯基于经济层面的影响,也会特别关注全球温室气体排放的进展情况。在全球温室气体排放总量上,澳大利亚的温室气体排放量仅占 1.5%。澳大利亚无法单独应对并解决气候变化问题,为维护国家利益,澳大利亚呼吁全球团结合作以制定有效的政策,尤其强调发达国家和发展中国家的共同参与,通过共同行动大幅降低减排成本,进而减少温室气体排放总量。2008 年,澳大利亚发布《减少碳污染计划绿皮书》,提出减碳计划的三大目标:减少温室气体排放,立即采取措施适应不可避免的气候变化,推动全球实施减排措施。在组织框架层面,澳大利亚通过对相关部门资源进行整合,建立了气候变化政策部,试图加强政府与产业的互动与合作,构建低碳经济全方位、宽领域的发展环境。2008 年 9 月,澳大利亚提出并实施"全球碳捕集与储存计划",力图使澳大利亚在对清洁煤技术的投资方面居于全球领先地位。该计划的目标是建立一个全球碳捕集与储存中心,在全球范围内推广碳捕集与储存技术及相关知识。除此之外,澳大利亚正在努力构建全面的温室气体排放贸易机制。该机制将覆盖澳大利亚温室气体排放量的 75%,在其实施之初,澳大利亚政府就将通过市场化的方式拍卖大部分许可。澳大利亚期待该机制能够持续提供降低温室气体排放的内在动力。

同时,澳大利亚还积极减少碳污染机会,提高可再生能源在能源消费结构中的比重,对低碳技术的研发和使用给予财政支持,鼓励采用综合手段,以达到节能和使用清洁能源的目的。澳大利亚政府承诺,到 2020 年,温室气体排放量将在 2000 年的排放量的基础上削减 5%~15%,到 2050 年,温室气体排放量将在 2000 年的排放量的基础上削减 60%。

第三节　世界典型国家的低碳城市建设状况

近年来,随着低碳理念的发展,国外许多城市都已开展以建设低碳社会、传播低碳消费理念为基本目标的实践活动,其中出现了一些可供借鉴的低碳城市建设案例。

一、英国伦敦

伦敦市是低碳城市规划和实践的先行者。该市出台了世界上第一个城市碳预算政策。2004 年,伦敦市长办公室发布了《给清洁能源的绿灯:市长的能源战略》,拟定了降低能源消耗和碳排放的 2050 年目标,并促成了推动这些目标实现的相关合作伙伴关系的建立,如"能源伙伴"(以可再生能源与能源效率提高为主)、"氢能伙伴"(以燃料汽车为主),以及"气候变化伙伴"(以降低风险、提高气候变化适应能力为主,有机结合碳减排行动)等。2006 年,正式成立伦敦气候变化署(现已并入发展署),主要负责落实市长办公室在气候变化方面的政策和战略。在此后的《伦敦计划》修订中,将可持续发展、气候变化整合到伦敦市的中长期发展计划中。例如,提出采用可持续发展型设计和建筑,强调以碳为基础的节能型能源分层、倡导分散式能源的清洁生产,使用 20％当地可再生能源等,同时在垃圾回收、水资源管理等领域积极寻求解决方案。2007 年,伦敦市政府正式颁布《行动今日,保护明天:气候变化行动方案》,设定了城市减碳目标和具体实施计划,主要包括现有房屋储备、能源运输与废物处理、交通等三部分。此方案成为伦敦迈向低碳城市的重要标志。其发展目标是到 2025 年,实现碳排放量比 1990 年减少 60％,其中 35％通过伦敦的直接减排实现,25％通过英国政府实现。经过政策的多次演变和调整,2010 年,形成了大伦敦市应对气候变化的新战略——《气候变化减缓和能源战略》。

回顾伦敦低碳城市建设的总体发展历程,我们可以发现,其在发展低碳经济,倡导低碳生活,提高低碳技术,实践低碳规划,创新低碳发展服务、管理与制度等方面极具代表性。伦敦低碳行动一方面得益于有英国特色的气候变化税制度、碳基金、气候变化协议和排放贸易机制等国家政策在地方上的推广与应用;另一方面,地方政府在低碳治理上表现出出色的能力,将促进者、提供者与消费者融为一体,集中为各个领域提供低碳服务、管理与制度创新。在低碳发展建设过程中,侧重产业发展,以企业为主要政策实施对象,制定行业低碳标准,由政府进行监督管理,投入运作资金,提供优良服务。同时,政府积极引导企业、国际组织(WWF),使其在推动低碳技术广泛使用、低碳社区创新示范方面起到重要作用。

(一)绿色建筑标准与评估规范

正是因为伦敦市在建筑能效等方面的出色表现,英国政府授予其"低碳经济区"称号。在住宅建设方面,2007 年,英国皇家污染控制委员会提出"低碳城市"建设目标,其中一项重要内容是到 2016 年实现英国所有建筑物零排放。为了进一步降低新建筑物能耗,2007 年 4 月,英国政府正式颁布了可持续住宅标准,在节能环保规范方面对住宅设计和建设提出新要求。为贯彻落实低碳发展理念,伦敦市政府通过"绿色评级分"对所有房屋节能程度进行评估,设置从 A 级至 G 级 7 个级别,并颁发相应的节能等级证书。持有评级为 F 级或 G 级的住房的消费者,可从政府设立的"绿色家庭服务中心"获得免费或优惠服务,以获得在改进能源效率方面的帮助。此外,为了减少资源消耗,伦敦市政府大力实施"建筑能源有效利用工程",在建筑技术研发和革新技术应用方面加大投入,设计出节能型建筑;还通过应用商业模型,创立成本中立(cost neutral)的方法,以提高建筑物能源利用的效率。同时,伦敦市政府还严格执行绿色政府采购政策,鼓励采用低碳技术和服务,改善市政府建筑物的能源利用情况,引导公务员养成节能的习惯。

(二)低碳交通运行与管理制度

为了鼓励低碳交通的发展,2010 年,伦敦市政府提出建设"电动车之都"的目标,鼓励低碳出行,在市场上投放了 10 万辆电动汽车;同时推进城市充电网络基础设施建设,方便市民使用节能型的新能源汽车。在公共交通方面,伦敦市政府大力提倡巴士与地铁出行,还通过各种措施为居民提供新的公共交通选择。时任伦敦市市长利文斯通推出自行车出租服务计划,这项计划将投资 5 亿英镑,提高自行车和步行的便利化,把伦敦转变为以骑自行车和步行为市民主要出行方式的城市。在交通管理方面,城市施行的"拥挤定价"(congestion pricing)方案得到相当多的关注。自 2003 年起,市政府就开始对从 7:30 到 18:30 这一时段进入市中心的所有车辆收费,收到的款项全部用于公共交通建设。2008 年年初,伦敦市政府又公布"低排放区"(LEZ)政策,规定卡车和公交车只要微粒排放量达到一定标准,就能免费进入"低排放区",但对不能达到标准的车辆要进行管制,要求付费。

(三)低碳金融服务

随着低碳经济碳税体系与碳交易市场的建立,伦敦成为全球真正意义上的碳交易市场。伦敦政府通过国内外多种融资方式向新兴、高成长型的低碳企业提供发展低碳经济的通道,为机构投资者提供投资渠道,为从事早期风险投资的投资者提供退出通道,为低碳技术商业化提供碳金融等服务平台,提升伦敦低碳金融服务行业的盈利水平。伦敦目前拥有全球 CDM 购买排名前 20 的高质量企业,以及 80% 从事碳市场房屋经纪业务的公司。

(四)绿色家庭服务

伦敦市政府不仅重视以企业为单位的生产方式的低碳化,而且也重视以家庭为单位的全民生活方式的低碳化。市政府提出"绿色家庭计划",通过整合资源,加强房地产商、抵押贷款方、房东、居委会及建材零售商和批发商等各方的合作,推动市民节能减排行动的顺利实施。市政府通过多种渠道(如节能信托基金会能效咨询中心、私营组织和志愿者组织、官方网站的公众反馈意见箱等)为市民提供家庭节能咨询服务,要求新发展计划优先采用可再生能源。政府还为家庭提供二氧化碳计算器,为个人和家庭计算出家居生活、家用电器和个人旅行三方面的二氧化碳排放量,并根据不同情况提供减排建议。

二、日本东京

东京是日本的首都,是世界上人口最为密集的城市之一,但同时也是世界环境负担最低的城市之一。20世纪90年代,东京就已经启动对城市环境的总体治理,并持续不断完善城市环境政策与措施。随着日本"低碳社会"发展战略的确立,东京都政府切实开展地方性的低碳建设创新与实践。2007年6月,东京都政府通过了《东京气候变化战略——低碳东京十年计划的基本政策》,启动一系列重大减排政策与措施,以实现到2020年减排达到2000年排放量25%的战略目标。2008年,东京都政府重新制定了东京都环境基本计划。2010年9月,东京都政府公开发布《东京气候变化战略:进展与展望》,为未来5—10年的发展确定新的目标与措施。

综合分析东京低碳发展各项政策及行动,其低碳发展成效得益于在地方政府的指导下,以能耗问题为导向,创新开发各种低碳项目,建立相应的低碳管理机构及相应的监管制度,形成以项目治理为核心的低碳城市发展模式与建设路径。地方政府在低碳建设过程中,扮演了低碳管理者与促进者的角色,表现出较强的治理能力,这个建设过程呈现出自上而下的总体特征。地方政府针对城市重点减碳领域,设计绿色、低碳的创新项目,制定强制性或引导性的制度及方案,积极引导或鼓励企业、非营利性组织机构及公众参与。东京都政府不仅促进都市圈内各城市间的低碳建设与合作,同时还强调通过地方政府来开展广泛的国际合作。东京都政府在碳总量控制与碳排放交易体制上的创新,使东京在新国际竞争中占据有利地位,提升了城市的国际形象;通过增强市场调节功能,使得低碳产品、低碳技术、低碳服务市场化,充分调动企业的积极性,不断引导居民转变高碳消费习惯,推动低碳型消费方式和生活模式。

(一)碳排放总量控制与排放交易体系

东京是全球第一个建立与推行城市碳排放总量控制与排放交易体系(Cap-and-Trade)的地区。与2005年欧盟发布的GHG排放交易制度、2009年美国东北部十大州联合发布的地区温室气体排放动议相比,其主要特点是在地区范围内有针对性地涵盖高排放量级别的工商业机构(办公建筑和工厂),并从政策层面上对减排的具体目标做出强制性规定,进一步细化到各实施阶段,通过引入市场机制,设定排放权贸易。该交易体系共涉及1400个场所(1100个商业设施和300家工厂),以二氧化碳间接排放量(主要体现在电力和供暖方面)为控制和交易对象,具体包括:强制大型企业机构减少碳排放量,设定排放权贸易;要求中小型企业报告应对全球变暖的措施;增强对城市环境的规划;等等。在日本国内,这些措施与政策都是低碳政策创新的表现,其中部分甚至达到全球领先水平。

(二)低碳国际合作与共享政策

东京政府的低碳创新政策(主要是 Cap-and-Trade)吸引了国际上广泛的兴趣。东京都政府不断收到伦敦、巴黎、悉尼、首尔等市政府,以及欧盟、世界银行、各大研究机构的会议邀请。2010 年 4 月,东京碳排放总量控制与排放交易情况发布前,国际媒体就已有以"东京倡议,日本模式"和"碳排放总量控制与排放交易,东京震撼全国"为题的报道。东京气候变化战略(值得一提的是,它包括企业、政府及其他的利益相关者)的全球推广有助于推进全球对气候变化的应对措施,提升东京市的全球影响力及国际形象。

(三)"绿色建筑"计划

2002 年,东京都政府出台"绿色建筑"计划,要求对区内大型新建筑进行强制性环境绩效评估并在网上进行公布(政府网站上)。基于该计划,东京推动"绿色标识"管理,通过"绿色标识"评估建筑物环境效能。此外,政府采用"楼面开发利用奖金"政策,针对大型楼宇,从能源效率与环境措施的角度,通过设立高额奖金,选拔与表彰楼面开发使用的"顶级选手"(强调更有效的绿色建筑技术)。这种市场竞争机制引导下的减排效果比日本《能源利用法案》中的强制措施更有效地推进了楼宇能源的高效使用,同时创建出更多的绿色空间。东京"绿色建筑"计划中,2/3 的目标建筑的热性能远远超过《能源利用法案》中的标准,而且建筑的保温性能也有稳步提升。

(四)商业低碳合作项目

《东京气候变化战略》政策在实施过程中,不断刺激出对高节能产品和可再生能源的需求。东京都政府召集设备制造商、建筑商、能源合同商、金融机构等共同推进在扩展太阳能使用方面的合作,并发布安装太阳能补贴的新方案。通过与各商业实体的合作,结合各市区不同的补贴政策,东京在太阳能发电装置安装方面,与日本全国相比,已经超过了 4 倍。同时,东京都政府确立了太阳能加热设备、保温性能认证方案,绿色加热认证体系等。为推进太阳能使用,设备承包商创建了太阳能使用与促进论坛,推进了新的商业模式的开发。

(五)政府低碳合作项目

在推进各项举措实行的过程中,东京都政府的政策措施框架也逐步明确,其中包括东京大都市圈各市区共同合作计划、建立应对气候变化行动的东京都中心等。2009 年,为有效推进气候变化战略,设立了新东京都政府市政资助计划,促进东京与东京大都市圈内所有地区的广泛合作,并引领市区创新地方性举措。该计划包括各种项目建议书,覆盖区或市领先工程项目。东京都政府提供对这一项目内总共 36 个组织机构的财政支持。2008 年 4 月 1 日,东京又设立了应对气候变化行动的专门机构——东京都中心,以作为支持市民、中小型企业应对气候变化战略的基础性机构。

三、美国波特兰

波特兰是美国俄勒冈州的最大城市,位于俄勒冈州威拉米特河汇入哥伦比亚河的入河口以南。它被美国联邦环保署评为"清洁能源之都",在美国气候保护工作中一直保持领先地位。早在 1993 年,波特兰就开始在减少温室气体排放方面展开行动,成为全美第一个实行《全球变暖战略计划》的地区。2001 年,马尔特诺马县与波特兰市共同采纳修订计划;2009 年,再次制定《2009 气候变化行动计划》,罗列近百项行动措施,总体目标为到 2030 年,碳减排量达到 1990 年碳排放量的 40%,到 2050 年,碳减排量达到 1990 年的 80%。

综合分析波特兰的低碳发展行动,其成功得益于长期完善的土地规划和保护自然环境的优良传统,以及多元化的低碳治理主体共同展开的全方位系统化(经济—自然—社会)的综合治理型发展模式。地方政府、企业、公民三方主体相互影响,平等自愿合作,为城市温室气体排放核算、产业结构调整与绿色经济转型奠定了坚实的基础。地区气候行动计划制定也充分体现了全民分享的民主原则,表现出明显的自下而上的治理特征。地方政府作为低碳政策提供者与低碳消费者,有着强烈的环保和低碳意识的市民阶层则推动政府为适应改变做出回应,并就低碳交通、建筑、能源及发展进行选择。企业则是生产绿色产品、提供绿色技术、建设绿色经济的核心。同时,由于低碳行动起步早,较好的制度框架与发展基础使得城市低碳行动得以全面推行。

(一)低碳建筑与能源

2005 年,波特兰建筑物的碳排放量占到总的碳排放量的 40% 以上。为实现建筑物减排,政府采用提高节能效率与使用本地可再生能源的方式,通过为居民与企业提供低息融资、允许他们参与州建筑相关立法等激励方式,确保建筑物碳排放量降低。2009 年,波特兰推出市、县、州能源信托,西北天然气公司,波特兰电力总公司及太平洋电力公司的合作项目——清洁能源计划,使市民从中获得可用于提高建筑能源效率的低息贷款,进而实现节约能源、创造就业机会、增进社会平等的目标。

(二)低碳交通与城市形态

波特兰的城市形态与交通规划中真正体现了服务于人而不是车的思想。在与城市形态和交通的相关政策出台之后,交通运输碳排放量相对于1990年基本没有增加。政府采用减少人和货物的车辆运输里程数、提高货物运输效率、减少车辆使用的方式来推动地区交通碳排放减量。同时通过城市紧凑型增长,调整土地利用规划,联合企业投资建设绿色交通基础设施,扩大建设轻轨系统、公共交通及自行车系统,有效改善了城市空气质量,提升了地区居民健康的整体水平。

(三)城市自然生态系统的开发及利用

波特兰市政府高度重视自然生态系统开发在低碳发展中的重要作用,充分开发利用其碳汇功能。波特兰城市绿地占全市面积的26%,每年从大气中吸附8.8万吨二氧化碳,相当于该地碳排放总量的1%。在2009年的行动计划中,市政府从扩展绿地与增加绿荫面积、保护湿地、改善流域环境等措施着手,强化自然生态系统利用与气候变化之间的联系,并就全市对气候变化的应对度做出综合评估。同时,市政府还综合考量未来数十年的多样化挑战和机遇的复杂性,制定灵活可行的制度,以帮助本市实现环境保护及社区健康、经济发展的平等与互惠、城市可居住性的提升等远景目标。

(四)低碳食品与本地农产品供应

波特兰市政府将食品系统纳入碳减排的对象之一,将食品选择纳入公共参与运动,促进居民通过选择本地产食品和低碳食品来减少食品选择对气候变化的影响,改善个人、环境和经济的健康水平,同时刺激本地经济,帮助保存农业基地,降低食品运输过程中的碳排放。

四、丹麦哥本哈根

丹麦在能源利用效率方面堪称世界一流,而丹麦的首都哥本哈根更是发展低碳经济的典范。哥本哈根以其独特的自行车文化和二氧化碳减排方面的突出成效频频入选全球健康城市榜单。2012年,哥本哈根提出碳中和的目标,计划到2025年,建立世界上第一个碳中和的首都城市。

在承认经济与碳排放固有的相互关系的前提下,哥本哈根市政府力图实现碳中和,例如,降低能源消耗,允许更高的能源负荷,以满足当地的能源需求和供应,汽车电气化可以减少交通碳排放,并对能源存储提供支持,土地利用和基础设施发展计划可以方便出行,这些计划组成了哥本哈根建设低碳城市、实现低碳经济目标的关键部分。为了实现碳中和目标,哥本哈根市政府计划到 2020 年,减少 40% 的碳排放量(以 1990 年的碳排放量为基准),到 2035 年,实现所有的电力和热能输出均不再使用化石能源。为此,哥本哈根制定了一个碳中和路线图,计划在现有减排基础上实现额外减排。2011 年,哥本哈根碳排放量为 190 万吨,计划到 2025 年,减少到 120 万吨。而 2012 年通过的《气候规划》则进一步引入了新的措施和目标,即净碳排放量减少到零,并将碳排放减少分配到各个部门。其中,74% 为能源生产部门,7% 为能源消耗部门,11% 为交通部门,2% 为市政部门,还有 6% 通过新举措实现。

(一)降低建筑能源消耗

降低建筑能源消耗在哥本哈根低碳城市建设策略中有着举足轻重的地位。建筑超越交通和工业,是哥本哈根能耗的"第一大户"。哥本哈根在建筑能耗降低上采取了一系列举措。20 世纪 70 年代中后期,丹麦颁布了《供电法案》《供热法案》,80 年代推出《住房节能法案》,2000 年又推出《能源节约法》,要求到 2025 年,能耗水平保持在当下的状态。为降低建筑对能源的需求,哥本哈根市政府通过选择合理的建筑朝向和遮阳方式等加强建筑保温,合理设计建筑结构,充分利用自然通风,实现建筑降温,充分利用建筑热回收系统,通过地下水、室外空气和海水对建筑进行降温,以及增强建筑的透光性,解决建筑的照明需求,等等。除了被动式节能方法以外,哥本哈根市政府还采取减少化石燃料使用的主动式节能方法,如发展分布式能源技术,大量采用沼气、热泵、太阳能等可再生能源进行集中供热,鼓励市民使用节能电器。通过上述措施,哥本哈根建筑能耗明显下降。20 世纪 80 年代以来,家庭用户建筑能耗水平下降了 30% 以上。

(二)倡导低碳出行方式

哥本哈根以绿色出行闻名于世,哥本哈根的绿色交通工具包括电动车、氢动力车等,更为著名的是自行车;哥本哈根也是国际自行车联盟推选的世界首个"自行车之城",其自行车拥有量超过城市总人口,36% 的市民依靠自行车通勤。尽管哥本哈根是欧洲人均收入最高的城市之一,但 2010 年,哥本哈根居民的小汽车拥有率仅为 22.3%,丹麦全国约为 38.6%,而周围邻国的平均水平约为 49.5%。哥本哈根的"自行车传统"一度受到汽车普及大潮的挑战,但自 1970 年以来,哥本哈根市政府通过推出一系列促进自行车交通的政策,成功实现了自行车数量的"V 型"增长。哥本哈根自行车复兴策略主要包括以下几个方面:一是制定积极的自行车交通政策。1980 年,哥本哈根市政府通过了第一个自行车网络规划;1997 年,出台了《交通与环境规划》,明确了抑制小汽车数量增长,大力发展自行车和公共交通的总体目标;2000 年,又分别出台了《城市交通改善计划》《自行车优先计划》等。2007年,政府在《生态都市》远景纲领中,正式提出将哥本哈根建成"世界最佳自行车城市",而《气候规划》则将发展自行车作为交通领域碳减排的重点。同时,哥本哈根市政府还给予了大量财政支持,用于自行车基础设施建设。二是坚持城市 TOD 紧凑开发与有机更新。哥本哈根很早就开始坚定走公交引导开发(TOD)和紧凑发展的路径。1947 年,哥本哈根市政府提出了著名的"五指规划",规定城市的开发沿着几条放射形走廊集中进行,公共交通也沿走廊布设,公共建筑、住宅区集中在轨道交通车站周围,该规划理念被沿用至今。同时,哥本哈根市政府还十分重视城市旧城的有机更新,注重公共空间的再开发与利用。三是限制小汽车发展。哥本哈根市政府早在二战时期便出台了汽车进口禁令,近年来则通过税收来限制小汽车的购买,如私人小汽车税款高达购车费用的 3 倍。另外,哥本哈根市政府坚持每年减少 2%～3% 的停车位,并将提高停车费与减少车位统筹考虑,使得城市中心区停车空位率保持在 10% 左右,这样也减弱了政策实施的阻力。

（三）推进低碳技术的研发和推广

低碳技术创新是提高能源效率,促进低碳经济发展的动力和关键,丹麦十分重视新能源的研发推广及能效的提高。以风能技术为例。1976—1995年,丹麦投入了 1 亿美元用于风能发电的研究,其风电技术处于世界领先地位,丹麦也被誉为"风电王国",风能行业成了丹麦第二大出口产业。依托丹麦的新能源技术,哥本哈根市政府不遗余力地进行低碳技术研发推广及其商业化。哥本哈根市政府十分注重对太阳能、生物质能源、氢能的探索与利用,并向海外大量输出低碳技术,加快了低碳技术的商业化进程。

（四）发挥非政府组织的作用

哥本哈根市政府发展新能源的决策,受到当地的绿色组织、环保组织,以及风力协会等非政府组织的影响。这些非政府组织助力了风电等新能源的发展。民间成立了许多风机合作社,私人投资安装了 80% 以上的风机。

哥本哈根风能协会经常组织活动,交流风电知识技术。哥本哈根的民间志愿组织通过举办各种讲座,向大众传播低碳技术与低碳生活方式。另外,哥本哈根市政府还注重与各国相关组织的联系与合作,如丹麦气候联合会邀请了许多清洁能源企业到哥本哈根进行清洁能源考察,与本地企业探讨合作。2009年哥本哈根世界气候大会便是哥本哈根与世界各国及低碳组织合作的典型例子;会议期间,哥本哈根的绿色组织、环保组织、志愿组织也为宣传低碳经济、建设低碳城市贡献了力量,呼吁并促使大会达成协议。

第四节　对中国低碳城市建设的启示与建议

当前,绿色低碳已经成为世界发展的潮流,这股潮流酝酿着新的变革,深刻影响着全球能源结构、产业结构、社会文化、民众意识、国际标准,甚至经济地理版图。以低能耗、低排放为标志的低碳城市的成长发展,既是未来世界城市发展的趋势,也是现实中提高城市竞争力的实践路径。当前,我国低碳城市建设正处于探索阶段,尚未形成系统的低碳城市发展框架,低碳城市建设存在简单化、雷同化的问题。实际上,低碳城市涵盖新能源开发、循环经济、节能减排等内容,但不仅限于上述内容。我国低碳城市建设,既需要梳理我国城市化建设的内外环境、条件变化、存在的问题,又需要以开放的眼光和胸怀借鉴吸收国际低碳城市的建设经验,包括前沿理念、规划方法、低碳技术、建设模式、运营机制等。我国各城市可以根据自身发展的情况,分析有利条件与制约因素,挖掘重点示范领域,进而凝练试点主题,构筑各具特色的多样化建设路径,在经济增长和碳减排之间寻求平衡点。

一、重视依法推进低碳城市建设

通过对发达国家及其城市低碳建设的历史实践的梳理,我们可以发现,它们在发展过程中十分重视法制和规则的先导及引领作用,它们往往对低碳城市建设目标、参与程序、治理体系包括评价等予以详细规范,并借助制度规则形成激励体系,通过正向激励和负向规制,发挥低碳城市建设参与方的作用。我们要充分认识到,低碳发展制度和政策设计的完备性影响着低碳发展治理能力和绩效大小。从国际范围来看,低碳城市建设相关的立法保障往往是分散的,一般体现在能源保障和能源安全、应对气候变化、发展循环经济等相关领域。立法往往体现在两个方面:一是侧重将低碳城市建设与应对能源危机相关联的立法;二是侧重将低碳城市建设与应对气候变化相关联的立法。为了解决区域发展中的不平衡、不充分问题,应对气候变化,中国出台一系列政策法规,努力形成绿色低碳的生产方式和生活方式。例如《中华人民共和国清洁生产促进法》(2002)、《中华人民共和国可再生能源法》(2005)、《节能减排综合性工作方案》和《中国应对气候变化国家方案》(2007)等,虽然这些政策法规为我国的节能减排发挥了积极作用,但地区性的"碳减排"还未上升到较完善的法制阶段。因此,应借鉴国际低碳城市建设经验,以构建低碳经济制度框架体系为基础,将国家内部战略、相关国际政策结合起来,完善国家及地区的气候政策及低碳制度框架,关注相关法律跟进和配套政策的制定,同时加强低碳城市规划的编制和实施,建立能与国际接轨,也能科学评估我国低碳发展的规范与标准,促进和规范我国的低碳发展与建设。

二、推进产业结构调整优化

国际城市低碳建设的成功要归功于地区经济结构从重工业向轻工业和服务业的相对性转移。通过减碳政策与行动,挖掘绿色"经济红利",将气候变化与城市经济发展有机结合。需要注意的是,前文所述的国际典型低碳城市已经进入后工业化社会,其减排领域的重点更多关注于建筑、交通、废弃物处理、居民生活等。而我国的城市总体上还处于城市化发展进程中,城市之间不仅存在较大发展差距,而且发展重点还在工业部门。工业部门的二氧化碳排放量占我国碳排放总量的80%以上,经济结构与能源结构调整是我国低碳城市发展的内核。因此,我国城市在低碳建设过程中,需要围绕产业结构优化,一方面,通过低碳技术不断推进产业低碳化,突破发展中的"低端高碳"锁定;另一方面,加快低碳产业的发展,通过新技术、新产业的开发,促进城市绿色就业,推进绿色经济增长与社会发展。

三、重视高度综合的策略措施和多维度的支撑体系

从低碳城市建设的实施效果和最终绩效来看,低碳城市发展策略可以分为"减缓"和"适应"两大类。减缓类发展策略主要着眼于降低温室气体排放量、提高能源使用效率;适应类发展策略主要着眼于提高城市对气候变化所导致的不良影响的抵抗能力。从策略的领域、类别来看,在土地使用、交通运输、建筑、自然资源、供水和废弃物处理等方面,低碳城市建设策略均有相应的具体措施和行动内容,同时注重不同领域之间的协同效应,以求实现经济社会效益最大化。从策略的最终执行和客观属性来看,综合性的低碳

城市发展战略既应包括具体的低碳技术项目应用,又应包含以公共政策为主的引导与规范机制。我国在具体的低碳城市建设规划中要把握以下方面:要了解影响城市发展的无形因素,如城市经济、社会、文化、环境,市民的价值观念、生活方式、消费习惯等;要关注城市规划引出的有关社会贫富分化、公平及援助等问题。

四、完善低碳城市发展的资金保障机制

目前地方政府已经承担了环境消费中较大比例的公共投资和公共开支,城市需要额外的财政来源用于减缓和适应气候变化,因此需要创新财政和金融机制来提供资金保障。中央政府可调整那些对城市建筑环境、交通和能源有影响的税收,同时,还可以探索新的金融措施,以改变现有的财政手段,缓解应对气候变化所引起的预算压力。一方面,碳金融可能有助于政府寻找额外和互补的资金;另一方面,调整清洁发展机制使其更适用,特别是针对多部门的城市减排项目。此外,还可探索公私合营的有效模式,将其应用于基础设施项目的设计、筹资、施工甚至经营。

五、嵌入全球低碳城市合作网络

国际低碳城市建设一般基于两个跨区域尺度。一是跨区域的国内合作。如东京市政府的政策创新基于都市圈内各地政府之间的联系与合作。通过各项低碳合作项目的实践,建立区域内的创新合作组织与管理制度,从而保证推动新的低碳项目的设计与实施。二是跨区域的国际交流。注重国际联合和交流是国际城市低碳发展的一个成功要素。全球城市合作网络是在跨区跨国层次上应对全球气候变化的重要组织形式。如著名的C40城市集团是一个致力于应对气候变化的国际城市联合组织,于2005年在时任伦敦市市长利文斯通的提议下成立。加入全球城市合作网络,一方面能够参与到全球低碳发展的讨论和政策创新中,分享经验,并对其他城市产生影响,从而在新的全球竞争中占据领先地位,确立城市品牌与形象;另一方面,通过国际交流,参与国际层面的合作伙伴项目,有利于获得全球低碳技术、多元化融资,以及其他资源与信息的支持。实践表明,国际非营利性机构及其平台和网络对城市制定气候政策起到了很大的促进作用。我国的北京、上海、香港、武汉、深圳是C40城市集团成员,在寻求国际合作的过程中已经迈出重要一步,但仍需加深与国际低碳城市在技术、市场、治理等方面的合作。国内城市要积极增强与国内外城市间的合作,共同创新低碳城市合作模式和机制,加快嵌入全球低碳城市网络,促进我国低碳经济的转型。

六、建设多元化协同治理体系

国际低碳城市发展经验表明,地方政府作为低碳政策提供者与低碳消费者参与到低碳城市建设中,企业、居民等多元主体共同推进了地方低碳建设与经济发展,体现出明显的"自下而上"的治理特征。而我国处于低碳城市建设初期阶段,地方政府则更多地表现为监管者和政策提供者,通过"自上而下"的方式在低碳行动方向、规划与制度建设、低碳经济投资与发展方面起着核心作用。城市低碳发展牵涉市政建设、税收调整、绿色经济、社会生活方式各方面的转变,技术产业、科研机构、非营利性组织、社区居民等都是低碳发展的利益相关方和实践者。因此,我国地方政府需要转变角色,通过协调政府、企业与公众在低碳发展中的关系,完善低碳市场机制,增强企业与公民的低碳意识与行动力,逐步建设多元主体的协调治理模式。同时,应强化"政府也是消费者"的理念,从内部经营管理、绿色采购、低碳投资与招商、日常工作消费等方面,促进市政行动低碳化,从而增强政府低碳发展的综合能力。

参考文献

[1]世界自然基金会上海低碳发展路线图课题组. 2050上海低碳发展路线图报告[R]. 北京:科学出版社,2011.

[2]黄伟光,汪军. 中国低碳城市建设报告[R].北京:科学出版社,2014.

[3]沈月琴,等. 杭州市打造"低碳城市"的模式选择与发展策略研究[M].北京:中国林业出版社,2012.

[4]杨宏,冯现学. 低碳发展,有质量的城镇化发展之路[M]. 北京:新华出版社,2014.

[5]国家发展改革委宏观经济研究院.迈向低碳时代:中国低碳试点经验[M]. 北京:中国发展出版社,2014 .

[6]李江涛. 迈向低碳——新型城市化的绿色愿景[M]. 广州:广州出版社,2013.

[7]谭志雄,陈德敏.中国低碳城市发展模式与行动策略[J].中国人口·资源与环境,2011(09):69-75.

[8]彭博.英国低碳经济发展经验及对我国的启示[J].经济研究参考,2013(44):70-76.

[9]苏美蓉,等.中国低碳城市热思考:现状、问题及趋势[J].中国人口·资源与环境,2012,22(3):48-55.

[10]刘文玲,王灿. 低碳城市发展实践与发展模式[J].中国人口·资源与环境,
2010,20(4):17-22.

[11]张泉,叶兴平,陈国伟. 低碳城市规划——一个新的视野[J].城市规划,
2010(02):13-18.

[12]刘志林等.低碳城市理念与国际经验[J].城市发展研究,2009,16(6):1-7.

[13]任泽平.美国低碳城市建设的基本经验[N].中国经济时报,2014-02-24.

[14]刘军.国外低碳城市的建设经验及对我国城市化的启示 [J].科技进步与对
策,2010,27(22):60-63.

[15]薛冰等.中国低碳城市试点计划评述与发展展望 [J].经济地理,2012(1):
51-56.

[16]武旭.低碳城市建设的国际经验借鉴与路径选择 [J].区域经济评论,2014
(1):40-47.

第三章　低碳城市评价指标体系构建

低碳城市评价指标体系是低碳城市内涵的定量化表征,也是一个城市低碳化发展的目标和约束。指标是一个量或参数,用以帮助描述事物随时间变化的状况。关于低碳城市的评价,目前更多的是采用环境指标,包括环境压力、状态和响应(比如对策及效果)的指标。但低碳城市指标不同于环境指标,环境指标是描述环境的变化,低碳城市指标则超出了衡量和描述环境状况的范畴,而是从碳排放的角度出发,更加重视城市的可持续发展;它将人类对环境的影响程度与维持环境系统的可持续性的临界线相比较,是一个用来判断环境承载力及生态系统可否长期支撑人类发展的工具。低碳城市建设与发展,必须有具体的目标任务,以及行之有效的评估考核标准和科学可行的评价方法。

构建低碳城市评价指标体系,不仅对我国低碳城市建设的研究有一定的理论意义,而且对各地低碳城市建设的规范和引导也有重要的实践意义。一是评价指标体系为低碳城市建设提供了发展方向,是政府管理部门制定规划的依据;二是评价指标体系将抽象的低碳城市概念转化成可操作的指标,有利于公众的理解和具体的贯彻落实;三是评价指标体系为低碳城市目标的实现提供评价依据,也有利于城市间的横向比较[①]。本章从区域经济的视角,在研究低碳城市关联性因素的基础上,借鉴国内外已有的低碳城市指标体系,建立一套具有宁波城市特色的低碳城市评价指标体系。

---

① 秦耀辰,等.低碳城市研究的模型和方法[M].北京:科学出版社,2013:50-51.

第一节　宁波低碳城市评价指标体系构建思路

一、评价指标体系构建方法

研究低碳城市评价指标,势必要了解城市碳排放影响因素。由于国内外对城市碳排放影响因素研究的方法不多,因而一般采用借鉴能源消费影响因素、部门碳排放影响因素、区域碳排放影响因素等的研究方法来解析,如因素分解法、指数分解分析法、投入产出分解法,把目标量(碳排放量)的变化分解为若干影响因素的组合,判断各因素的影响程度,找出影响相对大的因素,从而制定对策。国内最常用的是 Laspeyres 和 Divisia 两种分解方法,进行时间序列分解和区间分解,探究城市碳排放影响因素,进而研究低碳城市评价指标。

关于低碳城市评价的理论研究和实践探索很多,如岛田居二构建的城市尺度低碳经济长期发展情景描述法,并在日本滋贺地区加以应用。陈飞和诸大建采用弹性系数(即年人均 GDP 增长率的能耗及二氧化碳排放量增长比例系数)来评价中国发展低碳城市的效果,并分为当前惯性情景、0.50情景和 0 情景三种。联合国可持续发展委员会、国际标准化委员会、欧洲经济学人组织、中国社科院及朱守先、仇保兴、付允、连玉明等国内外机构和学者通过构建评价指标体系对低碳城市发展进行分析评价,评价指标体系中,普遍将定量指标和定性指标相结合。

对于低碳城市评价指标的设定,目前主要有以下三种方法。

(一)单一指标法

单一指标法就是采用单一的指标对低碳城市进行分析评价,这些指标主要包括碳排放量、碳排放强度、城市低碳发展脱钩指标等三类。碳排放量是指二氧化碳排放量,是用来衡量城市碳排放多少的指标,可以使用碳排放总量、人均碳排放量、单位面积碳排放量等指标来表示。随着宁波低碳城市建设的推进,碳排放增速会减慢,但短期内碳排放量可能仍会随着经济的增长而增长。

碳排放强度一般是指每单位 GDP 所产生的碳排放量,即碳排放总量除以 GDP。当然,从不同的需要出发,碳排放强度可以是分产业的总产值(如工业产值、农业产值、服务业产值等)、分行业的产值或产量等经济指标与碳排放量之比,比如每度电的碳排放量、单位工业产值的碳排放量。随着低碳城市建设的推进,碳排放强度整体上应该有所下降。

城市低碳发展脱钩指标在低碳城市评价中使用比较多,它是指在经济发展的同时,能源消耗或环境影响有所下降或缓解,即 GDP(或人均 GDP)增长速度快于二氧化碳排放量(或人均二氧化碳排放量)的增长速度。若 GDP 增速上升,二氧化碳增速下降,称为绝对脱钩;若 GDP 增速上升,二氧化碳增速也上升但低于 GDP 增速,称为相对脱钩。为了更好地说明脱钩程度,刘竹等对脱钩类型进行了详细的划分,分成强脱钩、弱脱钩、扩张脱钩、扩展负脱钩、衰退脱钩、负脱钩等六种。[①] 若 GDP 正增长,而二氧化碳排放量负增长,即为强脱钩,表明经济增长而资源消耗量下降,是最理想的愿景;若 GDP 和二氧化碳排放量都呈现正增长,但 GDP 增速与二氧化碳增速之比大于 1.2,即为弱脱钩,表明资源效率较高,是较为理想的愿景;若 GDP 和二氧化碳排放量都呈现正增长,但 GDP 增速与二氧化碳增速之比在 0.8~1.2,即为扩张脱钩,表明资源效率一般,是一般的愿景;若 GDP 和二氧化碳排放量都呈现正增长,但 GDP 增速与二氧化碳增速之比小于 0.8,即为扩展负脱钩,表明资源效率较低,是较消极的愿景;若 GDP 和二氧化碳排放量都呈现负增长,即为衰退脱钩,表明经济衰退,对环境影响降低,属于消极愿景;若 GDP 负增长,而二氧化碳排放量正增长,即为负脱钩,表明经济衰退,环境恶化,是最消极的愿景。

单一指标法评价简单实用,容易操作和分析,因而在城市规划和评价中经常运用。但由于时空选择不同,度量因素不一,难以得到城市评价的总体描述。

(二)综合指标法

进行低碳城市评价比较复杂,碳排放牵涉面广,影响因素多,经济效果的反映也是多方面的,所以很难用一个指标来全面反映低碳城市建设的效果,而必须由一系列指标组成体系来反映。这个指标体系应能全面地反映资源效率和改进情况,体现评价的基本原则要求和目标任务的完成程度。

综合指标法就是设定一系列的指标,赋以各指标权重和数值,从具体数量方面对低碳城市总体情况及特征进行概括和综合分析的方法。综合指标

---

① 刘竹,耿涌,薛冰,等.基于"脱钩"模式的低碳城市评价[J].中国人口·资源与环境,2011(4):23-28.

体系中,既有总量指标,也有相对指标,还有平均指标,包括定量指标和定性指标。综合指标法基本排除了总体中个别偶然因素的影响,反映出普遍的、决定性条件的作用结果。近年来的研究成果显示,大多数研究所构建的低碳城市评价指标体系基本采用综合指标法。

综合指标法对指标的展示方式有两种:一是直列法,将所有的指标一一列出,并对指标逐一解释,不分级,所有指标均是平行指标;二是分类分层法,按照评价度量对象和目标,划分若干个不同组成部分或不同侧面(子系统),进一步细分设定具体指标,然后对指标进行解释。从各地的实践看,分类分层法应用比较多,如无锡太湖新城指标体系就将指标体系分成城市功能等7个大类指标、紧凑高效布局等33个小类指标、建设用地综合容积率等62个具体指标;长沙梅溪湖新城指标体系将指标分成城区规划等7个一级指标、场地开发等22个二级指标、拥有混合使用功能的街坊比例等45个三级指标。欧洲城市绿色指数采用的也是分类分层法。

(三)目标引导指标法

目标引导指标法属于综合指标法,它具有显著的传导特征。目标引导指标法是基于城市的发展目标,着眼于未来城市的建设和发展,设置一些对未来发展具有一定影响的指标,这些指标能够尽可能反映出今后城市建设和发展的趋势及重点,为城市朝着既定目标发展提供方向,起着积极的引导作用。

在目标引导指标法下构建的低碳城市评价指标体系一般包含三个层次,即目标层、路径层、指标层。目标层是建设低碳城市要实现的目标,常见的有社会和谐、经济发展、生态健康、资源高效、空间优化等,比如李海龙、仇保兴提出的中国低碳生态城市指标体系包括资源节约、环境友好、经济持续、社会和谐四大目标,并在这些目标下设定了30项具体指标。路径层是要达成目标的路径选择,包括社会、经济、土地利用、生态环境、交通、基础设施、资源能源等多种路径。指标层是低碳路径的具体体现和细分。[1]

我们将以宁波率先建成低碳示范城市为总体目标,采用综合指标法来构建宁波低碳城市评价指标体系。

---

① 于家堡低碳示范城镇指标体系课题组.首例低碳示范城镇——于家堡金融区低碳指标体系研究[M].北京:中国建筑工业出版社,2014:66.

二、评价指标体系构建原则

评价指标体系构建原则是指在确定低碳城市评价指标时应遵循的指导思想和着眼点,不同的学者和研究机构就低碳城市评价指标体系构建原则提出了自己的观点。连玉明提出关联性、可度量性、可比性、导向性、层次性五大低碳城市评价指标体系构建原则,即构建多层次多要素的多指标体系,每个指标至少能在一定时期内一定程度上反映低碳城市建设某一方面的基本特征;考虑到城市发展的未来趋势,指标要可度量,并能获得具体的实际数据,还要具有通用可比性。杜栋等也提出了相应的指标体系构建原则,包括指标体系应尽量简化,能够对低碳城市的水平和质量进行合理的描述,注重城市之间的可对比性,要成系统且具有层次性,能够尽可能地利用现有统计数据且便于收集到数据,便于政府部门制定政策和社会公众自发使用。邵超峰等提出低碳城市指标体系必须遵循科学性、针对性、可行性、全面性、规范性、导向性等原则:科学性就是选择的指标既要体现低碳城市的内涵特征,又要突出低碳城市的建设目标;针对性即指标体系针对的是城市社会经济发展过程中的主要能源问题、环境问题;可行性就是选择有代表性的主要指标,指标必须明确、易于确定和考核,并尽可能与我国当前的统计指标保持一致;全面性就是指标体系要能全面反映社会、经济、资源、环境和人口系统的主要特征及它们之间的相互联系;规范性就是要遵循国内外公认且常用的指标,以利于和国内外相似城市或地区的比较;导向性就是指标设计应充分考虑系统的动态变化,能综合地反映城市建设的现状及发展趋势。秦耀辰提出低碳城市评价指标的选取要遵循科学性与可行性、动态性与可比性、系统性与层次性、完备性与代表性等四对原则。谈琦提出评价指标的选取原则有四个,即系统性、可操作性、独立性和客观性。由此可见,不同学者提出的构建原则大同小异,科学性、系统性、可比性和可操作性是构建低碳城市评价体系应该遵循的基本原则。综合不同学者的观点,考虑宁波城市的特性,在构建宁波低碳城市评价指标体系时,要遵循以下几点原则:

(一)指标设计科学,数据资料可得

评价指标体系能综合反映城市的碳排放水平,较好地描述和度量低碳城市主要目标的实现程度,且简单明了、容易理解。针对宁波城市建设的主要功能和导向设定低碳指标,淡化难以控制的城市发展宏观指标和联动指标,注重微观指标。所选指标要能找到相关统计数据、政策计划作为支撑,相关数据资料易于取得,对于目前还不能统计的数据和不能收集到的资料,不能纳入指标体系。

(二)定量指标为主,定性指标为辅

指标尽可能量化,在现实中可以测量或通过科学方法归纳生成。对于一些以目前的认知水平难以量化但意义重大的指标,可以以定性的方式来描述,但也要赋以分值,便于比较。

(三)评价指标完备,考虑地域特色

所选指标应能全面涵盖低碳城市发展的目标内涵,尽量选用已有的国家相关城市建设指标,根据城市发展的共性问题做出普遍性约束,应具有全面性和普适性。同时要注重宁波城市发展特色,区别于国内外其他低碳城市评价,从城市发展的不同侧面有针对性地适当选用一些具有宁波低碳发展特征的指标,确保城市评价的公平性,且能突出宁波的发展优势。

(四)稳定性与动态性相结合

指标应在相当长一段时间内可用,具有指导意义,保持相对稳定性。同时,考虑到社会经济的发展进步,指标体系应与低碳城市建设的发展阶段相适应。随着城市经济的发展,宁波正处在人均碳排放与碳排放总量的上升期,这是开展低碳城市评价的基础。因此在评价城市低碳化水平时,既要考虑减排的刚性要求,也要兼顾发展的需求。

三、评价指标体系构建路径

构建低碳城市评价指标体系,一般有几种路径可以选择:一是根据产业路径来确定低碳城市评价指标,即资源生产碳排放—制造过程碳排放—日常消费碳排放—废弃物处理碳排放;二是根据城市环境来确定低碳城市评价指标,即从低碳生产生活方式、全民环境保护意识、科学技术进步状况、政策法规的支撑力度等方面确定低碳评价指标;三是根据系统领域来确定低碳城市评价指标,即从产业系统、消费系统、建筑系统、能源系统、碳汇系统等领域提炼指标;四是根据不同阶段的目标任务来确定低碳城市评价指标。本研究主要是借鉴国内外研究成果和实践探索经验,通过梳理相关评价指标体系,设计共性指标,在此基础上,分析宁波相关部门领域低碳影响因素,找出关键因素,综合考虑未来城市发展,设立特征指标。低碳城市评价指标体系构建路径如图 3-1 所示。

(一)借鉴国内外成果和经验

收集国内外生态城市、低碳城市、绿色城市等的指标体系相关研究成

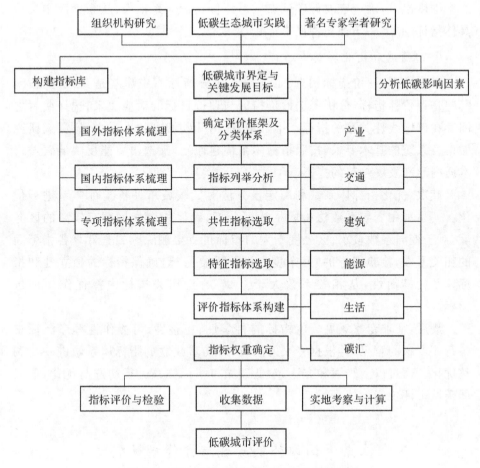

图 3-1　宁波低碳城市评价指标体系构建路径

果,将已有指标体系成果中包含的指标分类罗列,将其中重复、相近的指标进行归并和排除,构建现有低碳评价指标集;计算各项指标(含类似指标)的出现频率,从中挑选频率出现较高的指标作为共性指标;对出现频率较低但较为先进和代表未来发展趋势的指标予以保留,从而建立低碳城市评价指标库。

(二)分析宁波低碳城市建设要素

影响碳排放的因素很多,涉及空间布局、资源利用、环境保护、城市运行、经济发展、交通组织等。我们将立足宁波,结合宁波城市总体发展规划、自然条件和区域发展目标,从城市碳排放清单出发,通过分析宁波碳排放影响要素,从经济低碳、交通低碳、建筑低碳、能源低碳、消费低碳、环境低碳等六个维度出发,确定宁波低碳试点城市评价指标体系框架,从指标库中选取具体指标,并进一步补充特征指标。

(三)筛选和优化指标[①]

首先,进行评价指标初选。第一步,区分指标库中哪些是路径性指标,哪些是评价性指标,分析备选评价指标与评价目标的对应关系,选择两者之间存在确定线性关系的指标。第二步,根据低碳城市的本质内涵,深入研究城市各系统的基本要求,按照指标体系构建原则,筛选出最能反映低碳城市本质内涵和发展趋势的指标。

其次,优化指标体系。利用定量方法对低碳城市评价指标体系进行优化。一是利用变异系数法检验指标区分度,确保每个指标都有较高的区分度,对于变异系数较小、区分度不大的指标可直接删除。二是计算各指标间的相关系数,检验指标的"冗余度",消除重复指标,确保指标的独立性和指标体系的精简性,从相关系数大于 0.95 的正相关指标中择优作为评价指标。

最后,征求专家意见。就指标的科学性、完整性、可操作性等广泛征求各行业专家的意见,再根据专家的意见,对初步建立的指标体系做进一步调整优化。通过以上步骤和方法,对低碳城市指标体系进行初选与优化,形成低碳城市评价指标体系。

第二节　国内外低碳城市评价指标梳理

构建指标体系时参考引用的指标,其来源主要有三个方面:一是学者在学术期刊上发表的学术论文;二是国内外一些政府部门出台的区域性低碳城市评价指标体系——地方政府制定的低碳城市评价指标体系大多以行动为导向;三是一些学术团体自主或者联合以研究报告的形式推出的与生态、绿色、低碳和可持续发展相关的城市评价指标体系。在指标收集阶段,本研究以国内外已经被广泛认可和实施的指标体系作为参考,尽量扩大指标体系的选取范围。通过资料的收集,确定将联合国《城市可持续发展指数》等

---

① 雷刚,吴先华.基于发展阶段的低碳生态城市质量评价——以山东省为例[J].经济与管理评论,2014,30(1):155-160.

18 个国际性或国外的指标体系、中国社科院《低碳城市标准体系》等 50 个国内低碳城市相关的指标体系作为指标数据库的选取参考。

一、国外典型的低碳城市评价指标体系概述

(一)联合国城市可持续发展指数与 ISO 37120

可持续发展是人类社会发展的必由之路。1987 年,世界环境与发展委员会指出,可持续发展是一种既满足当代人的需求又不牺牲后代的利益的发展方式。从经济学角度来看,可持续发展是在保证创造收入的资本的总量得以维持的基础上的最大收入。城市可持续发展是指城市的发展既能确保城市居民可以享受并维持一个可接受且不下降的福利水平,又不危及居住在城市周围地区的人民的机会。因而,在城市发展中,应当强调资源的承载力和持续性,不应该过度开发地区资源,破坏地区经济和生态系统;对于不可再生资源,应在确保其可替代性的前提下实现使用效率最优;对于可再生资源,其利用率应小于或等于其自然再生率;对污染和环境损失,应有所认知和控制,废弃物的产生率应该小于或等于环境的自然降解率;建立一个多元的、协商式的社会体制,促进区域间、阶层间的信息交流和联防联治。

20 世纪 90 年代以来,可持续发展研究的热点已经从可持续发展的定义转向可持续发展的评价,特别是指标体系的构建。可持续发展指标体系研究源于 1992 年的世界与环境发展大会;1994 年,联合国可持续发展委员会召开国际会议,鼓励各国制定可持续发展评价指标体系。从 1995 年开始,联合国可持续发展委员会开始构建可持续发展评价指标体系,建立了包含 134 个指标的评价体系,分为驱动力指标、状态指标、响应指标等三类,具体见表 3-1。

表 3-1　联合国可持续发展评价指标体系

一级指标	具体指标
驱动力指标	就业率、人口净增长率、成人识字率、可安全饮水的人口占总人口的比例、运输燃料的人均消费量、人均实际 GDP 增长率、GDP 用于投资的比例、矿藏储量的消耗比例、人均能源消耗量、人均水消费量、向海域排放的氮磷量、土地利用的变化、农药和化肥的使用、人均可耕地面积、温室气体排放量等
状态指标	贫困度,人口密度,人均居住面积,已探明矿产资源储量,原材料使用强度,水中的 BOD(生化需氧量)和 COD(化学需氧量)含量,土地条件的变化,植被指数,受荒漠化、盐碱和洪涝灾害影响的土地面积,森林面积,濒危物种占本国全部物种的比例,二氧化硫等主要污染物的浓度,人均垃圾处理量,每百万人中的科学家和工程师人数等

续 表

一级指标	具体指标
响应指标	人口出生率、教育投资占 GDP 的比例、污染处理范围、垃圾处理点、科学研究费用占 GDP 的比例等

2001 年,该委员会重新修订设计指标体系,指标数精简到 58 个,包括 15 个主题和 38 个子题。在此基础上,联合国人居署制定了城市可持续发展指数,包含 46 个关键指标,其中 9 个背景指标、27 个城市指标(含 4 个环境指标)、10 个住宅指标,真实储蓄率、绿色国民生产总值等可持续发展政策指标,人均大气污染损失、水污染损失、资源租金损失等综合环境经济学指标,空气污染排放量和大气质量、污水排放总量、化石燃料消耗、过早死亡人数等环境指标。从 12 个指标中推导出有关基本设施、健康、教育、环境管理和城市产值的 5 个指数,这 5 个指数加权构成城市发展指数。联合国城市可持续发展指数指标体系有其合理性,指标也较为全面,对构建低碳城市评价指标体系有指导作用,目前在 100 多个国家的 236 个城市得到应用。

国际标准化组织(ISO)在与世界银行(World Bank)、联合国人居署、地方环境行动国际委员会、世界发展研究中心、世界经济合作与发展组织、环境规划署及相关国家合作的基础上,编制并颁布了城市可持续发展指标体系的国际标准,即 ISO 37120。ISO 37120 从城市服务和生活品质两个方面出发,在经济、教育、能源、环境、财政、火灾与应急响应、治理、健康、休闲、安全、庇护所、固体垃圾、通信与创新、交通、城市规划、废水、水与卫生等 17 个方面提出了 100 项指标,其中包括 46 项核心指标、54 项辅助指标,涉及温室气体排放、选举、反腐等敏感问题,用以衡量城市可持续发展状态。ISO 37120 的 100 项指标全部为定量指标,且基本可以分为规模、结构和绩效三大类。每一层级所有指标的权重都相同,强调经济、社会、环境、基础设施、文化等在推动城市可持续发展过程中的同等的重要性。ISO 37120 对构建低碳城市评价标准和推动我国城市可持续发展具有重要意义。

然而,不论是联合国的城市可持续发展指数,还是 ISO 37120,都忽略了国家的发展阶段和文化背景不同的问题,对地理空间的不均衡性和区域特色的体现不足,要将全部指标应用到世界各国的所有城市是不切实际的,因而有必要制定不同国家的评价标准、地区(省、市、县)评价标准,形成国际、国家、地区三级评价指标体系。

(二)欧洲与亚洲的绿色城市指数

1. 欧洲绿色城市指数

欧洲绿色城市指数具有广泛的影响力,由于该指数将二氧化碳和能源作为首要评价内容,具有明显的低碳评价导向。考虑到宁波的城市发展阶段,在构建宁波低碳城市评价标准时,这一指数具有较强的参考价值。欧洲绿色城市指数是由西门子公司委托独立科学情报机构经济学人智库(EIU)进行开发的指标体系,旨在对欧洲 30 个主要城市的环境绩效进行衡量。该指标体系包括二氧化碳、能源、建筑物、交通运输、水资源、废弃物和土地利用、空气质量、环境管理等 8 个方面,共 30 项指标(如表 3-2 所示)。

表 3-2 欧洲绿色城市指数评价指标体系

分类	指标	权重	指标类型
二氧化碳	排放量	33%	定量
	强度	33%	定量
	减排战略	33%	定性
能源	消耗量	25%	定量
	强度	25%	定量
	可再生能源消耗量	25%	定量
	清洁能源政策	25%	定性
建筑物	居住建筑的能源消耗	33%	定量
	节能建筑标准	33%	定量
	节能建筑倡议	33%	定性
交通运输	非小汽车交通的应用	25%	定量
	非机动车交通网络的尺度	25%	定量
	绿色交通的推广	25%	定性
	减少交通拥堵的政策	25%	定性

续　表

分类	指标	权重	指标类型
水资源	消耗量	25%	定量
	供水系统的泄露量	25%	定量
	废水处理	25%	定量
	水资源高效利用和处理政策	25%	定性
废弃物和土地利用	城市垃圾产生	25%	定量
	垃圾回收	25%	定量
	废弃物的减量政策	25%	定性
	绿色土地使用政策	25%	定性
空气质量	二氧化氮浓度	20%	定量
	臭氧浓度	20%	定量
	颗粒物浓度	20%	定量
	二氧化硫浓度	20%	定量
	洁净空气政策	20%	定性
环境管理	绿色行动计划	33%	定性
	绿色管理	33%	定性
	公众参与绿色环保政策	33%	定性

2. 亚洲绿色城市指数

亚洲绿色城市指数是继欧洲绿色城市指数、拉丁美洲绿色城市指数后，全球发布的第三个地区绿色指数。它是由西门子公司委托，经济学人智库（EIU）、经济合作与发展组织（OECD）、世界银行，以及由亚洲地区地方管理机构组成的非政府组织亚太城市间合作网络（CITYNET）的代表共同制定实施的，包括能源供应和二氧化碳排放、土地使用和建筑物、交通、垃圾、水资源、卫生、空气质量、环境治理等 8 个方面，共 29 项指标，其中定量指标 14 项、政策和计划性指标 15 项（如表 3-3 所示），并对亚洲 22 个主要城市的环境绩效进行了评估。

表 3-3　亚洲绿色城市指数评价指标体系①

分类	指标	权重	指标类型
能源供应和二氧化碳排放	人均二氧化碳排放量	25%	定量
	单位 GDP 能耗水平	25%	定量
	清洁能源政策	25%	定性
	气候变化行动计划	25%	定性
土地使用和建筑物	人均绿地面积	25%	定量
	人口密度	25%	定量
	生态建筑政策	25%	定性
	土地使用政策	25%	定性
交通	先进交通网络	33%	定量
	城市交通政策	33%	定性
	减少交通拥堵的政策	33%	定性
垃圾	收集和适当进行垃圾处理的比例	25%	定量
	人均垃圾生成量	25%	定量
	垃圾收集与处理政策	25%	定性
	垃圾回收与再利用政策	25%	定性
水资源	人均耗水量	25%	定量
	供水系统的泄漏率	25%	定量
	水质管理政策	25%	定性
	水资源可持续政策	25%	定性
卫生	能享受到先进卫生服务的人口比例	33%	定量
	废水处理比例	33%	定量
	卫生政策	33%	定性

① 来自西门子和经济学人智库在新加坡共同发布的"亚洲绿色城市指数研究项目报告"。

续 表

分类	指标	权重	指标类型
空气质量	二氧化碳浓度	25%	定量
	二氧化硫浓度	25%	定量
	颗粒物浓度	25%	定量
	洁净空气政策	25%	定性
环境治理	环境管理	33%	定性
	环境监控	33%	定性
	公众参与	33%	定性

（三）其他国外机构和学者的低碳城市建设评价指标体系

除了参照上述评价指标体系外，我们还将参照其他国外机构和学者的研究成果与实践探索经验。比如日本名古屋大学的低碳城市评价指数，该指数分为低碳生产、低碳能源、低碳建筑、低碳交通、低碳消费、生活方式、低碳社会等 7 个方面的指标；又如英国可持续发展指标体系、德国建造规划环境统计指标体系等。

构建宁波低碳城市评价指标体系时选取参考的国外指标体系共 18 个（如表 3-4 所示）。

表 3-4　参考的国外低碳城市评价指标体系

编号	指标体系
1	国际标准化组织 ISO 37120(2014)（城市可持续发展评价指标体系的国际标准）
2	联合国城市可持续发展指数
3	联合国教科文组织生态城市指标体系
4	联合国《二十一世纪议程》可持续发展指标
5	世界银行环境和可持续发展指标
6	欧洲绿色城市指数
7	拉丁美洲绿色城市指数
8	亚洲绿色城市指数
9	英国可持续发展指标体系
10	意大利城市地区环境可持续性指标

编号	指标体系
11	德国建造规划环境统计指标体系
12	西班牙 ParcBIT 指标体系
13	苏格兰可持续发展指标体系
14	瑞典哈默比湖生态城指标体系
15	澳大利亚哈利法克斯生态城指标体系
16	加拿大温哥华可持续发展指标体系
17	美国耶鲁大学、哥伦比亚大学环境可持续发展指标体系
18	日本名古屋大学低碳城市评价指数

二、国内低碳城市建设评价指数和标准概述

相关机构和学者对我国或地区低碳城市评价指标进行了大量的研究，对我国低碳城市评价指标体系的建立做出了一定的贡献。政府部门从国家层面建立了低碳试点省市，为建立国家级低碳城市评价指标体系创造了条件。国内权威组织尝试建立评价指标体系，对我国低碳城市的建设和发展起着一定的引领作用。我们需要总结国内低碳城市评价指标体系的优点，并借鉴国外低碳城市研究和建设实践的经验，在此基础上深化和完善中国低碳城市综合评价指标体系。

（一）中瑞合作 LCCC 中国低碳城市指标体系

中国社会科学院城市发展与环境研究所和瑞士发展合作署合作，基于中国国情及具体的实践经验，在借鉴成功的国际项目经验（欧洲能源奖和瑞士能源城市项目）的基础上，构建中国低碳城市评价指标体系，即 LCCC 低碳城市指标体系。该指标体系包括主要指标体系和支持指标体系，主要指标体系包括经济低碳、能源低碳、设施低碳、环境低碳与社会低碳 5 个一级指标及 15 个二级指标（如表 3-5 所示），支持指标体系包括 4 大领域共 52 个指标。

表 3-5　LCCC 中国低碳城市主要指标体系

一级指标	二级指标	意义
经济低碳	碳生产力	碳生产力是碳强度的倒数,表征低碳竞争力
	能源强度	表征城市经济的效率水平
	脱钩指数	表征不同发展阶段的碳排放特征
能源低碳	非化石能源占一次性能源使用的比重	反映区域能源使用结构
	人均可再生非商品能源使用量	表征太阳能、小沼气、地热、光伏等非商品化可再生能源的利用水平
	碳能源强度	表征能源结构优化程度
设施低碳	公共建筑单位面积碳排放量	反映公共机构建筑的节能效率
	居住建筑单位面积碳排放量	反映建筑能源效率和居民消费行为
	城市每万人公交车拥有量	反映公共出行状况和交通基础设施状况
环境低碳	空气污染指数(API)低于 100 的天数比重	表征城市环境质量状况
	居民日均生活用水量	表征资源消费水平
	森林覆盖率	表征城市生态环境水平和碳汇能力
社会低碳	城镇居民收入比	表征社会公平程度和城乡居民能源消费差距
	人均碳排放量	检验城市低碳发展水平
	城市低碳管理体制	表征低碳管理水平和政策力度

（二）麦肯锡公司、哥伦比亚大学和清华大学的城市可持续发展指数

由麦肯锡公司携手哥伦比亚大学全球中心和清华大学公共管理学院合作创建"城市中国计划(UCI)",该计划的主要目的在于制定城市发展方案,以推进良性城镇化、支持创新型城市为使命。城市可持续发展是"城市中国计划"的首要研究项目。为了研究中国快速发展的城市的相对可持续性,提供相关的成功政策及成果的案例分析,该计划在 2010 年开发设计了"城市可持续发展指数(USI)",为城市评估提供了一个以数据为导向的工具,该指数包括经济、社会、资源、环境等方面共 21 个指标(如表 3-6 所示)。在此基础上,UCI 与国家发展和改革委员会发展规划司共同开展了"中国城市化指标体系"项目研究,致力于打造一个综合性的城市化指标体系。2013 年,UCI 计算分析了 185 个中国地级和县级城市从 2005 年到 2011 年的城市可

持续发展指数,其中,宁波的经济指标排名第 8,其他指标都在 10 名以外,在整体可持续发展水平排名中也没有进入前 10。

表 3-6　城市可持续发展指数(USI)

类别及权重		组成部分及权重	指标
社会 (33%)	社会民生 (33%)	就业(25%)	城市就业率
		医生资源(25%)	人均拥有医生的数量
		教育(25%)	中学生占年轻人的人口比例
		养老保险(13%)	养老保险覆盖率
		医疗保险(13%)	医疗保险覆盖率
环境 (33%)	清洁程度 (17%)	空气污染(11%)	二氧化碳、二氧化硫、PM10 的浓度
		工业污染(11%)	每单位 GDP 工业二氧化硫排放
		空气质量(11%)	空气质量二级及以上天数
		废水处理(11%)	废水处理率
		生活垃圾管理(6%)	生活垃圾处理率
	环境建设 (17%)	城市人口密度(11%)	建成区每平方公里人口数
		公共交通使用情况(11%)	使用公共交通的人数/人均乘坐次数
		公共绿地(11%)	公共绿地面积
		公共供水(6%)	公共供水覆盖率
		互联网接入(11%)	家庭接入互联网率
经济 (17%)	经济发展 (17%)	收入水平(33%)	人均可支配收入
		对工业的依赖程度(33%)	服务业占 GDP 的比重
		研发投入(33%)	政府研发投入(人均)
资源 (17%)	资源利用 (17%)	能源消耗(33%)	能源总消耗量/每单位 GDP 能源消耗量
		用电消耗(33%)	人均住宅电力消耗量
		用水效率(33%)	每单位 GDP 用水量

(三)其他机构和学者的低碳城市建设评价指标体系

我们还将参照其他机构和学者的研究成果及实践探索经验,比如中国社科院的低碳城市标准体系。2010 年 3 月,中国社科院公布了评估低碳城市的标准体系,这是我国首个相对完善的指标体系,该指标体系分为低碳生产力、低碳消费、低碳资源和低碳政策等 4 大类共 12 个相对指标。低碳生产力包括碳生产力、单位产值能耗 2 个指标,低碳消费包括人均碳排放量、家庭人均碳排放量 2 个指标,低碳资源包括零碳能源在一次能源中所占比例、森林覆盖率、单位能源消耗的二氧化碳排放系数 3 个指标,低碳政策包括低碳经济发展规划、建立碳排放监测统计和监管机制、公众对低碳经济的认知度、符合建筑物能效标准、非商业性能源的激励措施 5 个指标。在测评中,如果一个城市的低碳生产力指标超过全国平均水平的 20%,即可被认定为低碳城市;也就是说,达到"低碳水平"就意味着其显著优于全国平均水平。中国社科院的低碳城市评价标准具有很强的实践意义,产生的社会影响较大。

构建宁波低碳城市评价指标体系时选取参考的国内指标体系共 50 个(如表 3-7 所示)。

表 3-7　参考的国内低碳城市评价指标体系

编号	指标体系
1	中瑞合作 LCCC 中国低碳城市指标体系
2	麦肯锡公司、哥伦比亚大学全球中心和清华大学公共管理学院的城市可持续发展指数
3	中国社科院的低碳城市标准体系
4	中国城市科学研究会的中国低碳生态城市评价指标体系
5	全国低碳经济媒体联盟的中国低碳城市评价体系
6	天津市低碳规划指标体系
7	天津市生态宜居城市评价指标体系
8	重庆市绿色低碳生态区评价指标体系
9	重庆市生态城规划建设指标体系
10	广东省生态城市评价指标体系
11	山东省生态城市评价指标体系
12	河北省生态宜居城市建设目标指标体系
13	深圳市低碳生态城市指标体系
14	厦门市生态城市指标体系
15	武汉市生态城市指标体系
16	杭州市低碳发展指标体系
17	"长株潭"生态城市群评价指标体系

编号	指标体系
18	佛山市生态城市指标体系
19	烟台市生态城市建设指标体系
20	扬州市生态城市评价指标体系
21	乐清市生态城市指标体系
22	天津南部新城指标体系
23	深圳光明新区绿色新城建设指标体系
24	天津中新生态城指标体系
25	唐山湾曹妃甸国际生态城指标体系
26	无锡太湖新城国际低碳生态城示范区规划指标体系
27	长沙市梅溪湖生态城指标体系
28	上海市崇明生态智慧岛指标体系
29	昆明呈贡新城生态试点指标体系
30	宁波大目湾低碳生态新城建设指标体系
31	青岛中德生态园生态指标体系
32	廊坊市万庄生态城指标体系
33	潍坊滨海经济技术开发区生态城建设指标体系
34	天津解放南路地区生态规划指标体系
35	天津于家堡金融区低碳指标体系
36	仇保兴:中国低碳生态城市指标体系
37	付允:低碳城市评价指标体系
38	李爱民等:中国低碳生态城市指标体系
39	谢鹏飞等:生态城市指标体系
40	吴颖婕:中国生态城市指标体系
41	赵清等:生态城市指标体系
42	路正南等:城市低碳化可持续发展指标体系
43	吴琼等:生态城市指标体系
44	谈琦:低碳城市评价指标体系

续　表

编号	指标体系
45	颜文涛等:低碳生态城规划指标体系
46	张良等:基于碳源/汇角度的低碳城市评价指标体系
47	邵超峰等:基于DPSIR模型的低碳城市指标体系
48	连玉明:中国低碳城市发展水平评价指标体系
49	国家环保总局《生态县、生态市、生态省建设指标(修订稿)》
50	国家住房和城乡建设部《国家园林城市标准》

三、评价指标的筛选

(一)指标的集成与归并

首先,将收集的国内外68个指标体系中的全部指标进行汇总,得出集成指标库。

其次,将集成的指标进行分类整理。对表述不同但含义相同或作用意义相同(包括类似、相近)的指标进行归并,选择其中一个原有的指标名称作为代表,或者用通俗易懂、简单精练且符合专业需要的概念或语词进行概括、重新命名。比如集成指标库中出现的原本描述为"第三产业增加值占GDP的比重""第三产业占GDP的比例""第三产业比重"等指标,我们归并后统一设为"第三产业比重"指标。又如,将原有"公共交通普及率""公共交通分担率""清洁能源公交比例""清洁能源公共交通工具比例""新能源公共汽车普及率""绿色出行比例"等指标进行归并,设立"公共交通出行率"指标,其他归并到"清洁能源使用率"指标中。但绝对指标和相对指标一般不合并。

(二)指标的出现频率计算

将收集到的68个指标体系中的每一指标进行统计,计算出各个指标出现的频次,按频次高低进行排序,选取30个频次相对较高的指标(如表3-8所示)。

表3-8　高频率出现的指标及其频次表

序号	指标	出现频次
1	固废无害化处理率	60
2	单位GDP能源消耗	52
3	单位GDP碳排放量	50

序号	指标	出现频次
4	清洁能源占一次性能源消费的比重	49
5	公共交通分担率	46
6	第三产业比重	45
7	人均公共绿地面积	42
8	环保普及与公众参与率	40
9	空气优良天数	37
10	大气中主要污染物浓度	36
11	绿化覆盖率	35
12	水质达标率	34
13	人均 GDP	33
14	单位 GDP/建筑面积碳排放量	32
15	绿色建筑比例	32
16	可再生能源利用率	31
17	清洁能源汽车的比例	30
18	噪音达标率	28
19	城市污水处理率	28
20	碳排放政策完善程度	27
21	非传统水源利用率	25
22	研发投入占 GDP 的比例	25
23	绿网质量	24
24	工业用水循环使用率	23
25	绿色企业比例	21
26	植物指数	20
27	城市化率	19
28	城市智能化程度	12
29	市政管网漏损率	12
30	人均碳排放量	11

（三）指标的初选

指标出现的频次高低是我们选用指标的重要参考因素，但我们也应看到参考的指标体系中存在的一些问题：有不少指标体系根据数据的可得性而随意选取指标，未能很好地反映出环境、经济、社会、技术等之间的有机联系,没有充分反映碳排放与人类社会经济活动之间的联系。不同的指标体系中具体指标差异较大,一些指标设计逻辑不清,选择标准混乱,不同层次、不同范畴的指标结合在一起,同一个一级指标却包含差异较大的二级指标,同一个三级指标会出现在不同的二级指标下,容易产生相互矛盾的结论或对评价结果生成错误的解释,很难应用到政策制定、城市规划、项目开发和实施中去。因此,我们选取指标时对高频率出现的指标进行拆分、整合,并按低碳目标和路径因素进行分类,得出低碳评价指标体系的常规指标(如表3-9所示)。

表 3-9　低碳评价常规指标表

指标分类	常规指标	来源解释
基础目标	碳排放总量	从高频次出现的"大气中主要污染物浓度"分解而来,能总体反映低碳城市建设成效
	碳强度	"单位 GDP 碳排放量"高频次出现
	人均碳排放量	高频次出现
产业	人均 GDP	高频次出现
	第三产业比重	高频次出现
	研发投入占 GDP 的比例	高频次出现
交通	公共交通(含地铁)出行分担率	"公共交通分担率"高频次出现
	清洁能源汽车的比例	高频次出现
	智能交通覆盖率	从高频次出现的"城市智能化程度"分解而来,交通智能化程度高,有助于更好地实现低碳
建筑	单位 GDP 建筑面积	从高频次出现的"单位建筑面积碳排放"转化而来,反映建筑利用效率
	节能建筑开发比例	从高频次出现的"绿色建筑比例"转化而来
能源	单位 GDP 能耗	高频次出现
	清洁能源占一次性能源消费的比重	从高频次出现的"可再生能源利用率""清洁能源占一次性能源消费的比重"整合而来
	清洁能源生产企业产值的比重	从高频次出现的"绿色企业比例"转化而来
	非传统水资源利用率	从高频次出现的"城市污水处理率""非传统水源利用率""工业用水循环利用率"合并优化而来

续　表

指标分类	常规指标	来源解释
消费	人口城市化率	高频次出现
	无害化垃圾处理率	从高频次出现的"固废无害化处理率"转化而来
	PM2.5日均浓度	从高频次出现的"大气中主要污染物浓度"分解而来，与宁波大气环境特征紧密结合
	臭氧日均浓度	从高频次出现的"大气中主要污染物浓度"分解而来，与宁波大气环境特征紧密结合
	空气优良天数	高频次出现
碳汇	人均绿地面积	高频次出现
	建成区绿化覆盖率	高频次出现
	城市复层绿化比重	从高频次出现的"绿网质量""植物指数"合并分解而来，更能反映碳汇能力
规制	产业低碳政策①完善程度	从高频次出现的"低碳政策完善程度"分解而来，便于分析
	低碳宣传教育普及程度	高频次出现
	碳税交易政策②完善程度	从高频次出现的"低碳政策完善程度"分解而来，便于分析

在参考指标体系频次分析中，高频次出现的"水质达标率""噪音达标率""市政管网漏损率""能源消费弹性系数"不选作评价指标。这是因为水环境治理已经取得相当好的成效，水环境与低碳化的关联度相较于森林环境要低，而噪音与低碳化的关联度不高；"市政管网漏损率"则在其他指标中予以考虑。

第三节　碳排放因素分析与评价指标的修正

低碳城市评价指标的选取不仅要应用已有的研究成果和实践经验，与国际接轨，与其他城市协同，还必须紧密结合中国国情，与浙江省和宁波市的现实相符，确保指标的针对性和实施的可操作性。低碳城市作为生态文

---

①　产业低碳政策包括产业低碳发展战略规划、新能源利用补贴政策、生态低碳产业扶持政策、能源消费限制政策、低碳技术研发和推广支持政策、节能减排标准及执行措施等。

②　碳税交易政策主要考察是否建立和实施了碳交易制度、是否建立了碳排放检测统计监管体系、碳交易政策的覆盖范围等。

明时代一种新的城市形态,在资源环境约束收紧和气候恶化等趋势下,其本质是架构一种新的发展方式,以提升工业化和城市化的质量,进而提升城市整体竞争力和持续发展力,最终提高人们的生活质量,实现人与自然的和谐统一。低碳城市建设过程就是城市价值最大化的过程,是一个按照生态文明理念、以碳排放为核心的城市发展资源优化重组、价值链再造的过程。因而,低碳城市评价选择要"在人与自然的对立统一中找到衡量低碳城市建设水平的关键环节和因素","对过程的考量远比对结果的评价重要"。

一、人类活动是碳排放增长的主要因素

碳排放包括自然和人为两个方面,但自然排放在生态系统中能够实现自平衡,不会影响生态环境和气候,因而我们要控制的是人为排放,即人类活动中各类资源能源的消耗导致的碳排放。人类活动与碳排放之间存在着密切的关系(如图 3-2 所示)。随着人口的增加,资源消耗越来越多,资源越来越匮乏,环境污染也日益严重。人类活动的复杂化是碳排放增长的主要因素。

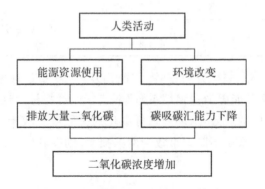

图 3-2　人类活动与碳排放的关系

为了便于研究,我们将影响碳排放的人类活动分成人类消费活动和人类经济活动两大类。人类消费活动是碳排放的直接性因素,人类经济活动是碳排放的间接性因素。

（一）人类消费活动因素

对于人类消费活动,我们主要通过人口和消费两个方面进行研究分析。人口增加是碳排放增加的首要因素,但不同的人口规模、人口素质、人口结构、人口分布等对碳排放的影响不同。在消费水平一定的情况下,人口规模与碳排放总量关联度较大(如图 3-3 所示),一方面是不断增加的人口数量需

要消耗更多的资源,碳排放自然增多;另一方面是快速增长的人口对环境的破坏力增强,生态自修复的能力下降,碳吸能力减弱。历史数据表明,人口增长与碳排放量的增长是同步的。Anqing Shi 利用 *IPAT* 模型测出 1975—1996 年全球碳排放对人口总量变化的弹性系数为 1.42。受生育政策放开的影响,宁波城市人口规模增速将进一步加快,碳排放总量控制压力较大。[①]

在人口结构因素中,人口素质对碳排放有影响,但影响较小,它主要通过影响消费行为而影响资源消耗量。一般来说,社会人口整体素质越高,消费习惯越好,人均能源消耗越少;反之亦然。人口年龄结构变化对碳排放的影响更多的是间接的,主要影响生产领域的劳动力供给状况。城乡人口结构即人口城市化率对碳排放的影响较大,高城市化率使化石能源的人均消耗增加,改变了土地资源的使用方式,导致人均碳排放量增加(如图 3-4 所示)。

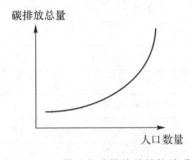

图3-3 人口数量与碳排放总量的关系　　图3-4 人口城市化率与人均碳排放量的关系

消费从两个方面影响碳排放,一是居民直接消耗能源的碳排放,二是为消费提供支撑的产业导致的碳排放。对于产业碳排放,将在人类经济活动因素中予以分析,在此先不作阐述。研究表明,消费因素中,消费水平和消费模式与碳排放量呈正相关。消费水平与碳排放量高度相关,消费水平越高,能源需求越大,直接促进碳排放量的增加。宁波市消费水平提高很快,城镇居民人均消费从 1985 年的 862 元提高到 2013 年的 24685 元,因此对碳排放量的影响很大。而消费模式的变化亦成为当前碳排放量增长的重要因素。驾车出行、饮食多样化,以及衣物、住房、家用物品的个性化和低利用

① SHI A Q. The impact of population pressure on global carbal carbon dioxide emission, 1975-1996: Evidence from pooled cross-country data[J]. Ecological Economics, 2003 (44):30-42.

率,导致碳排放量的快速增长,宁波在这方面尤其突出。近 30 年来,中国碳排放的解释因素按其影响程度的高低依次为:人均消费额(39.28%～40.45%)、人口结构(30.97%～36.24%)、人口规模(21.79%～26.33%)、碳排放强度(2.50%～3.80%)。[①]

我国 1980—2013 年人口、消费与碳排放量变化趋势如表 3-10 所示。

表 3-10　1980—2013 年我国人口、消费与碳排放趋势表

年份	总人口/亿人	人口城镇化率/%	城镇居民人均生活消费水平/元	碳排放量/亿吨
1980	9.8075	19.39	412.00	14.5
1985	10.5851	23.71	673.20	18.6
1990	11.4333	26.41	1278.89	22.7
1995	12.1121	29.04	3537.57	28.6
1996	12.2389	30.48	3919.47	28.9
1997	12.3626	31.91	4185.64	30.8
1998	12.4761	33.35	4331.61	29.7
1999	12.5789	34.78	4615.91	28.9
2000	12.6743	36.22	4998.00	28.5
2001	12.7627	37.66	5309.00	29.7
2002	12.8453	39.09	6030.00	34.6
2003	12.9227	40.53	6510.94	40.7
2004	12.9988	41.76	7182.10	50.9
2005	13.0756	42.99	7942.88	55.1
2006	13.1448	43.90	8696.55	58.2
2007	13.2129	44.94	9997.47	62.6
2008	13.2802	45.68	11242.85	68.0
2009	13.3450	48.34	12264.55	71.2
2010	13.4091	49.95	13471.45	70.0

①　彭希哲,朱勤.中国人口态势与消费模式对碳排放的影响分析[J].人口研究,2010(1):48-58.

续 表

年份	总人口 /亿人	人口城镇化率 /%	城镇居民人均 生活消费水平/元	碳排放量 /亿吨
2011	13.4735	51.27	15160.89	76.5
2012	13.5404	52.57	16674.30	79.5
2013	13.6072	53.73	18023.00	83.0

（二）人类经济活动因素

国内外许多学者对经济与环境的关系进行了研究,最有影响和代表性的是环境库兹涅茨曲线的提出和实证,比较有共性的观点是一个国家的环境污染变动趋势与经济发展水平之间呈现一种倒 U 形的曲线关系(如图 3-5 所示)。赵爱文等认为,从长期来看,中国碳排放和经济增长之间存在协整关系,GDP 增加 1%,碳排放将增加 0.36%,即碳排放对经济增长的长期弹性为 0.36;从短期误差修正模型来看,碳排放对经济增长的短期弹性为 1.3046,碳排放与经济增长之间具有动态调整机制[①]。也就是说,在经济结构和其他因素不变的情况下,经济总量增长越快,经济规模越大,消耗的资源和能源越多,碳排放越多,环境污染越严重。何时越过倒 U 形的顶点,进入经济增长与环境改善相协调的状态,与经济发展方式的选择有直接关系。美国经济学家格罗斯曼(Grossman)等通过对全球环境监测数据的分析后认为,这个顶点出现在人均 GDP 达到 4000~5000 美元时。宁波市人均 GDP 在 2004 年就突破了 4000 美元大关,达到了 4247 美元,但碳排放等环境污染在 10 多年后是否已经越过顶点还有待证实[②],这不仅与经济增速相关,还与经济转型升级的进展密切相关。因而在评价低碳城市建设时,不仅需要衡量单位碳排放量,对碳排放总量的评价也很重要。

产业转型升级,就是要优化产业结构,而不同的产业结构与碳排放有着不同的关联度。产业结构就是各个产业部门在国民经济体系中所占的比重,常见的是用第一产业、第二产业、第三产业的占比来表示。一般来说,在第一产业占比较高的农业社会时代,产业发展所耗能源不多,碳排放量也不

---

① 赵爱文,李东.中国碳排放与经济增长的协整与因果关系分析[J].长江流域资源与环境,2011,20(11):1297-1303.

② 这里需要说明的是,国家环保部门检测的数据、地方各有关职能部门公开的数据、居民对环境的感受等可能是不一致的。

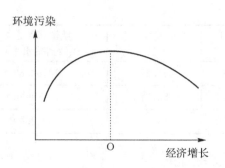

图 3-5　环境库兹涅茨曲线

大,碳排放和经济活动较为和谐,在生态系统中碳排放量与碳吸收量能保持相对平衡。在第二产业占比较高的工业化时代,碳排放量快速上升,生态系统平衡被打破,进而产生温室效应。第二产业的发展与碳排放的关系最为密切,而第二产业内部结构的变动对碳排放的影响也十分显著。在以劳动密集型的轻工业为主的工业化初期,单位产值的能源消耗和碳排放量相对较少,工业污染相对较轻。在以资金密集型的重工业为主的工业化中期,特别是以原料和能源工业为中心的重化工业区域,碳排放量较大,工业污染显著,生态严重失衡。在基础工业得到较为充分的发展后,产业形态逐步向高附加值、高加工度的组装工业发展,并伴随技术的进步,进入技术密集型的后工业时代,环境污染有所缓解,单位产值碳排放量下降,继而碳排放总量下降,环境逐步得到改善。在后工业时代,生产服务快速发展,生活服务不断创新,第三产业的比重不断提升,由于服务业的单位能耗和碳排放量低于工业,更加有利于环境的改善。因而一个城市的经济结构,特别是第三产业的比重、产业的技术水平对碳排放的影响相当重要。就宁波而言,城市经济结构中临港石化、化工、电力、钢铁等高污染产业比重较大,第三产业的占比相比长三角地区同类城市偏低,高新技术产业发展缓慢,这种高碳排放的产业结构需要加快改善。

在经济结构一定的条件下,能源结构也是碳排放的重要影响因素。碳基能源的碳排放系数较大,尤其是煤炭、石油制品(如表 3-11 所示)。在一个城市中,碳基能源所占的比例高,导致的碳排放量就高。在宁波,碳基能源使用比例高、耗量大——一是由于煤电企业多,规模大,年耗煤量大,2013 年即达到 4500 万吨;二是宁波作为港口城市,港口进出和停靠的船舶数量多,加之机动车保有量大,汽柴油的消耗量大,2013 年,宁波机动车保有量即达到 204 万辆,宁波港接卸停靠船舶近 200 艘次/天——可以说宁波市能源结构优化任重道远。

表 3-11 能源碳排放系数

能源名称	原煤	焦炭	原油	燃料油	汽油	柴油	煤油	液化气	天然气
单位热值含碳量(吨碳/TJ)	26.37	29.5	20.1	21.1	18.9	20.2	19.5	17.2	15.3

注:来源:国家发展和改革委员会《省级温室气体清单编制指南(试行)》(发改办气候〔2011〕1041号)。

技术是推动城市低碳化发展的重要手段,技术水平也是碳排放的重要影响因素。技术水平表现在能源效率、管理效能、新能源比例、碳捕获与转换存储技术等方面。我国高新技术产业发展相对滞后,能源生产率低,新能源占比小,能源循环利用水平低,能效不高,单位GDP能耗高于发达国家和一些新兴工业化国家。在低碳城市评价中,新能源利用、科学技术投入也是重要的考量因素。

当然,社会重视程度对碳排放也会产生较大的影响,政策导向、公众参与等对低碳城市建设有显著的促进作用。

二、低碳城市建设的基本要素及其评价指标

建设低碳城市的目的是提高居民生活质量,它需要经济发展、社会进步、资源保障、环境优化等作为支撑,使城市要素符合低碳的要求。为了保证指标目标的实施落实,制定指标体系时应兼顾事权部门的分工。因而我们将从产业低碳、交通低碳、建筑低碳、能源低碳、消费低碳、环境碳汇、规制促进等低碳城市建设基本路径的角度来归纳、修正和确立低碳城市评价指标。

(一)产业低碳

首先,低碳城市建设需要物质基础,它离不开经济的持续发展。产业低碳要坚持经济稳步增长、可持续发展的理念。经济总量指标体现一个城市的产业集聚度和城市在区域中的经济功能,是居民生活质量及城市竞争力的基础,为了保证与其他城市可比,我们选择人均GDP指标,而不是GDP总量指标。其次,从产业结构看,可以选择高能耗、高排放的产业比重指标及低排放的新兴产业比重指标。由于宁波市中小高耗产业的淘汰和转移已经基本完成,而一些新兴产业的统计资料不够详细,所以我们仍然选择第三产业产值比重指标。最后,从技术水平看,产业技术水平越高,产出效率越高,资源耗费越少,而技术水平又与全社会的科学技术研究开发投入密切相关,因而我们选择研发投入占 GDP 的比例指标。

（二）交通低碳

由于交通投入具有"惯性",交通低碳更要重视交通的发展方向及交通体系结构对碳排放的影响。从交通方式来看,铁路运输、海洋运输、管道运输等运输方式的单位运力能耗和污染相比公路运输、航空运输低。基于对宁波运力普遍过剩的考量,这里选择不同运输方式的货运量比重指标。从客运方式来看,公共交通、轨道交通、非机动车的人均能耗和污染要小于私家车、出租车,公交车的平均能耗为轿车的 8.4%,地铁的平均能耗为轿车的 5%[①],因而我们选择公共交通（含地铁）出行分担率指标。从交通能源来看,新能源交通工具的碳排放量较低,应大力发展太阳能汽车、电动汽车、混合燃料汽车,因而我们选择清洁能源汽车的比例作为评价指标。当然,交通配套设施完善、换乘顺畅、外部集疏运体系健全、交通组织高效、交通信息畅通等,对交通低碳的作用也很大,可以提高交通效率,减少能耗和环境污染。但是由于难以找到一个有效的指标来进行综合评价,故选择智能交通覆盖率指标。

（三）建筑低碳

有数据显示,全球建筑业的能耗占全球终端总能耗的 40%,95% 的建成建筑属于高能耗建筑。[②] 我国每年新建成的建筑面积近 20 亿平方米,每建成 1 平方米的房屋,月释放 0.8 吨碳。建筑又涉及采暖、空调、照明、通风等能源消耗,故碳排放量很大。目前,节能建筑在德国等西方国家得到了很好的发展,而宁波的节能建筑比例很小,甚至其发展还没有引起足够的重视。要实现建筑低碳,首先要合理规划城市功能布局,使建筑空间布局更加合理,控制建筑开发建设规模,充分利用风道、城市绿化、建筑绿化等自然手段促进生态平衡;其次是在建筑设计和建设中,尽可能利用自然通风、采光,选用太阳能设施、节能供暖制冷设备、节能电器和灯具,减少过度装饰;最后是要提高建筑的使用率,避免建筑闲置浪费。因此我们选用节能建筑开发比例、人均建筑面积、单位 GDP 建筑面积、地下空间利用率等 4 个指标。我们在常规指标的基础上增设人均建筑面积、地下空间利用率两个指标,主要考虑减碳关联度。增设人均建筑面积指标主要是为了表征减少住房空置、提

---

①　武少民.北京大学年轻学者:低碳城市交通治理应提速[EB/OL].[2011-11-05].Society.people.com.cn/GB/86800/13134288.html.

②　陈玮英.低碳建筑将引发"产业革命"[J].中国建材咨询,2010(4):70-71.

高住房使用率,这有助于减少资源消耗。增设地下空间利用率指标主要是为了表征多层次集约开发利用地下空间,这有助于节约城市用地,垂直分布城市功能,减少交通排放,增加城市地面景观空间等。

(四)能源低碳

能源低碳不仅仅是通过价格、配额、补贴等市场手段和政府管制促进低碳燃料类能源的使用,节能减排、低碳科技创新也是能源低碳的重要抓手。作为能源消耗大国,中国对清洁能源的需求迫在眉睫,节能减排势在必行。原国际能源署执行干事玛丽亚·范德胡芬(Maria van de Hoeven)认为:"能源使用造成了世界2/3的温室气体排放……能源的使用始终是影响经济增长、社会发展和消除贫困的关键因素。"国际能源署列出"采取紧急行动加强能源减排、专注电力低碳化、加快低碳科技创新投资分配、调动交通改善等非气候因素推动能源部门的低碳化、加强各国能源部门对气候变化的适应能力"等五个关键途径,以帮助实现能源低碳。[①] 因此,我们选择原煤消耗总量、清洁能源占一次性能源消费的比重、清洁能源生产企业产值的比重、单位 GDP 能耗、能源集约供应覆盖率、非传统水资源[②]利用率等指标,但单位GDP 能耗归类于基础指标中,用碳强度表述。我们在常规指标的基础上增设原煤消耗总量、能源集约供应覆盖率两个指标,一是从宁波的减碳关联度考虑,宁波临港工业规模大,产值占比高,煤炭消耗量大,对碳排放的影响大;二是考虑宁波的集中供能覆盖率低,对这一指标的强调和关注有助于提高能源集中供应度、减少能源机房建筑面积、节省建筑材料和冷热源投资,提高能源管理运营效率,从而减少能源负荷、建筑能耗和碳排放量。

(五)消费低碳

前述分析可知,人口规模、人口城市化率、消费水平和消费模式与碳排放相关度高。由于居民消费模式在一定程度上取决于消费资料获取能力和消费环境,消费资料获取能力又取决于购买力和获取的便利性,影响购买力的关键因素是居民家庭收入及其收入预期,获取的便利性则与城市的基础设施有关。而政府引导在消费环境因素中至关重要,政府可以通过大力发

---

① 赵焱,陈威华.国际能源署提出实现低碳能源的 5 个关键途径[EB/OL].[2014-12-10].news. xinhuanet. com/world/2014-12/10/c_113581855. htm.

② 非传统水资源是指雨水、市政中水、建筑中水等;中水是指污水、废水经适当处理后回用作为杂用水。

展公共交通、创建低碳社区、征收奢侈品税和消费品浪费税等手段抑制浪费,倡导节约环保的消费模式,降低消费领域的能源消耗。同时,随着消费水平的提高,人们对大气质量等生活环境方面的要求也会相应提高,治理大气污染也是低碳的主要目标之一。自 2011 年以来,宁波大气二次污染、复合污染快速加重,大气主要污染物排序由过去的 PM10、二氧化硫、二氧化氮转变成 PM2.5、PM10、臭氧、二氧化氮,大气污染物减排压力大。我们选择人均日用电量、家庭小轿车拥有率、人口城市化率、城镇居民人均可支配收入、无害化垃圾处理率、PM2.5 日均浓度、臭氧日均浓度、空气优良率等指标。这里在常规指标的基础上增设人均日用电量、家庭小轿车拥有率、城镇居民人均可支配收入三个指标,主要也是从减碳关联度方面考虑。电能在家庭能源消耗中占比高,宁波的电厂以煤电为主,化石能源消耗量大,是宁波的主要碳排放源之一;宁波家庭小轿车保有量高,石油制品消耗量大,工业烟尘、机动车尾气、建筑扬尘是宁波三大大气污染源;根据前文的分析,城镇居民人均可支配收入与消费水平密切相关,因而对碳排放的影响大。

（六）环境碳汇

产业发展、交通运行、房屋建造、能源使用、居民消费等是加重碳排放的要素,而提高碳汇能力则是减轻环境碳压力的手段,是优化城市生态条件、推动低碳城市建设的重要保障。在经济增长方式和能源结构不可能短期内得到质的改变的情况下,通过森林、水和土地的生物碳库实现减碳,是成本较低的碳平衡措施。增强城市碳汇能力的途径有很多,比如通过植树造林提高森林覆盖率,增加城市园林绿地面积,以复层绿化[①]生态景观替代草坪广场等"形象工程",实行城市建筑绿化改造,在城市建设过程中减少对自然山体、河流湖泊等的生态破坏。对于宁波来说,现阶段的重点应该在三个方面,即推进四明山、茶山、太白山、翠屏山等林区的生态保护和修复工程,构建网络化的绿道体系,加快建设一批城市绿色屏障区块。这里我们选择人均绿地面积、建成区绿化覆盖率、城市复层绿化比重、屋顶绿化比例等指标。

（七）规制促进

政府的介入和大众的参与对实现低碳作用很大。研究表明,环境规制对碳排放的影响弹性系数为 0.5711。规制促进低碳的主要途径包括:将低碳城市建设提高到战略的高度;出台一系列有利于低碳发展的政策法律;整

---

① 复层绿化是指乔、灌、藤、草结合构成的多层次的植物群落。

合组建促进低碳发展的政府部门;鼓励低碳升级改造、引导低碳技术研发;尝试建立政府参与投资的绿色银行;积极宣传低碳理念、政府率先垂范等①。这里我们选择低碳产业政策完善度、低碳宣传教育普及度、碳税交易政策完善度、政府绿色采购覆盖率、大型公共建筑碳交易参与率等指标。我们在常规指标的基础上增设政府绿色采购覆盖率、大型公共建筑碳交易参与率两个指标。增设政府绿色采购覆盖率指标主要出于有效降低采购过程的碳排放、减少产品生命周期全过程的碳排放的考虑,增设大型公共建筑碳交易参与率指标主要考虑到有效示范建筑碳交易,以引导活跃碳交易市场。

　　另外,我们从环境保护的角度出发保留了碳排放总量、人均碳排放、碳强度等基础性指标,以便综合反映城市低碳化状况和低碳城市建设效果。

　　参考国内外低碳城市评价指标体系中相应指标出现的频率高低,根据宁波低碳城市关键影响因素,我们从低碳基础、产业低碳、交通低碳、建筑低碳、能源低碳、消费低碳、环境碳汇和规制促进等8个方面,确定宁波低碳城市建设评价指标共36个具体指标,其中33个定量指标、3个定性指标。宁波低碳城市建设评价指标体系如表3-12所示。

表 3-12　宁波低碳城市建设评价指标体系

指标类型及权重	具体指标及权重	指标说明
低碳基础(12.5%)	碳排放总量(33%)	城市温室气体以二氧化碳当量形式表示的排放总量,单位为万吨
	人均碳排放量(33%)	城市碳排放总量与总人口之比,单位为吨/人
	碳强度(33%)	城市碳排放总量与GDP之比,单位为吨/万美元
产业低碳(12.5%)	人均GDP(33%)	城市年GDP总量与总人口之比,单位万美元
	第三产业产值比重(33%)	第三产业产值在总产值中所占比重
	研发投入占GDP的比例(33%)	研发投入在GDP总量中所占比重

---

① 刘媛.英国低碳经济中的政府规制及启示[J].中州大学学报,2012,29(6):39-42.

续　表

指标类型及权重	具体指标及权重	指标说明
交通低碳(12.5%)	公共交通(含公交和地铁)出行分担率(25%)	公共交通(含公交和地铁)出行的总人次在城市出行总人次中所占比重
	不同运输方式的货运量比重(25%)	即货运结构,不同运输方式的货运量在总货运量中所占比重
	清洁能源汽车的比例(25%)	城市生物质、电能、混合动力(油改气)等低碳清洁能源汽车保有量在汽车保有总量中所占比重
	智能交通覆盖率(25%)	城市交通系统中具有道路监控、交通管理系统、停车管理系统及公交查询系统等的交通网点数量占全部交通网点的比例
建筑低碳(12.5%)	人均住房建筑面积(25%)	城市住房建筑总面积与人口总数之比,单位为平方米
	单位GDP建筑面积(25%)	城市建筑总面积与GDP之比,单位为平方米/万元
	节能建筑开发比例(25%)	符合绿色建筑标准的建筑面积在城市建筑总面积中所占比重
	地下空间利用率(25%)	建成区地下空间开发建筑面积在规划建设用地面积中所占比重
能源低碳(12.5%)	原煤消耗总量(20%)	一定时期内的原煤消耗总量,单位为万吨
	清洁能源占一次性能源消费的比重(20%)	水电、核电、风能、太阳能、天然气等清洁能源消耗量在一次性能源消耗总量中所占比重
	清洁能源生产企业产值的比重(20%)	清洁能源生产企业的产值在城市总产值中所占比重
	能源集约供应覆盖率(20%)	采用新技术为区内建筑集中供热、供冷,利用电企余热等低碳方法的能源供应在总能源供应中所占比重
	非传统水资源利用率(20%)	雨水、中水等非传统水源的使用量在总给水量中所占比重
消费低碳(12.5%)	居民人均日用电量(12.5%)	家庭每人每日生活用电的平均使用量,单位为度
	家庭小轿车拥有率(12.5%)	拥有小轿车的城镇居民家庭数量占总居民家庭数量的比例

续　表

指标类型及权重	具体指标及权重	指标说明
消费低碳(12.5%)	人口城市化率(12.5%)	城镇居民人数在人口总数中所占比重
	城镇居民人均可支配收入(12.5%)	城镇居民可支配收入与城镇居民人数之比,单位为元
	无害化垃圾处理率(12.5%)	分类收集、无害处理的垃圾量在垃圾总量中所占比重
	PM2.5日均浓度(12.5%)	大气中颗粒直径小于或等于2.5微米的颗粒物日平均含量,单位为微克/立方米
	臭氧日均浓度(12.5%)	单位体积大气中臭氧的含量,单位为微克/立方米
	空气优良率(12.5%)	一年内空气质量指数(AQI)为Ⅰ、Ⅱ的天数占总天数的比例
环境碳汇(12.5%)	人均绿地面积(25%)	城市建成区绿地面积与城市总人口之比,单位为平方米/人
	建成区绿化覆盖率(25%)	城市建成区内绿化覆盖面积在建成区总面积中所占比重
	城市复层绿化比例(25%)	复层绿化面积在建成区绿化总面积中所占比重
	屋顶屋面绿化比例(25%)	绿化屋顶屋面面积在城市总屋顶屋面面积中所占比重
规制促进(12.5%)	产业低碳政策完善程度(20%)	导向定性指标,通过横向比较和纵向比较来评价赋值
	低碳宣传教育普及程度(20%)	导向定性指标,评估公众参与低碳行动的积极主动性,在问卷调查的基础上通过横向比较和纵向比较赋值
	碳税交易政策完善程度(20%)	导向定性指标,根据碳交易政策、制度、范围情况赋值
	政府绿色采购覆盖率(20%)	政府绿色商品采购量在总采购量中所占比重
	大型公共建筑碳交易参与率(20%)	参与碳排放交易的大型公共建筑的数量在大型公共建筑总量中所占比重

三、指标权重的确定

低碳城市建设评价指标体系中各指标权重的确定方法有多种,如直接评价法、相关分析、回归分析法、专家测评法及层次分析法(AHP)等。而在众多的方法当中,专家测评法、层次分析法和直接评价法是目前运用较多、对结果分析较为有效的方法。

(一)专家测评法

专家测评法中最常见的是德尔菲法(Delphi Method),它是由美国兰德公司在 20 世纪 40 年代首先使用的一种方法。德尔菲法是由评估机构选定有关专家,采用函询的方式,收集专家意见,加以综合整理,再将整理结果匿名反馈给专家的一种方法。这样经过几次征询及反馈,各种不同意见逐步趋向一致,从而得出比较准确的结果。德尔菲法是最流行的专家评估方法,在没有历史数据的情况下,这种方法可以减少估算的偏差。在低碳城市评价中,采用专家测评法多见于地方政府和研究者对低碳城市进行评价探索的层面,由于其具有主观性比较强、专家选取及其工作状态的可变性大、由人为确定专家咨询轮次等特点,对评价结果的影响比较大,所以一般需要与其他方法结合使用。

(二)层次分析法

层次分析法(Analytic Hierarchy Process,简称 AHP)是美国运筹学家萨蒂(T. L. Saaty)于 20 世纪 70 年代提出的,是对方案的多指标系统进行分析的一种层次化、结构化决策方法,它将决策者对复杂系统的决策思维过程模型化、数量化。应用这种方法,决策者通过把复杂问题分解为若干层次和若干因素,在各因素之间进行简单的比较和计算,就可以得出不同方案的权重,为最佳方案的选择提供依据。用层次分析法确定权重分为以下几个步骤。

第一步,建立层次结构模型。一般将指标分为三层,最上层指标为目标层,即低碳城市;中间层指标是准则层或指标层,这里就是指指标类型,包括低碳基础、产业低碳、交通低碳、建筑低碳、能源低碳、消费低碳、环境碳汇、规制促进等 8 个方面;最下层指标为方案层,即碳排放总量等 36 个具体指标。

第二步,构造成对比较矩阵。假设指标用 X 表示,某层有 n 个指标,即 $X_i = \{X_1, X_2, \cdots, X_n\}$,比较各指标对上一层的影响程度,确定该指标在该层中所占的比重,即把 n 个指标依照对上层的影响程度排序。比较是指两两之间的比较,比较时,用 1—9 标度法的尺度评价(也可以用其他尺度),如表 3-13 所示。

表 3-13　1—9 标度法的标度含义

标度	含义
1	表示两个元素相比,具有同等重要性
3	表示两个元素相比,前者比后者的重要性弱
5	表示两个元素相比,前者相对后者明显重要
7	表示两个元素相比,前者相对后者强烈重要
9	表示两个元素相比,前者相对后者极端重要
2,4,6,8	表示上述相邻判断的中间值
倒数	若元素 i 与 j 的重要性之比为 a_{ij},那么元素 j 与元素 i 的重要性之比为 $a_{ij} = \dfrac{1}{a_{ji}}$

用 a_{ij} 表示第 i 个因素相对于第 j 个因素的比较结果,则:

$$A = (a_{ij})_{n \times n}$$

A 称为成对比较矩阵。成对比较矩阵如表 3-14 所示。

表 3-14　成对比较矩阵

	X_1	X_2	$\cdots$	X_n
X_1	a_{11}	a_{12}	$\cdots$	a_{1n}
X_2	a_{21}	a_{22}	$\cdots$	a_{2n}
$\vdots$	$\vdots$	$\vdots$	$\vdots$	$\vdots$
X_n	a_{n1}	a_{n2}	$\cdots$	a_{nn}

　　第三步,层次单排序。层次单排序就是确定下层各个指标对上层某一指标影响程度的过程,按重要性次序确定权重值。它的主要任务是计算判断矩阵的特征根和特征向量问题,即对于判断矩阵 A,计算满足

$$AW = \lambda_{\max} W$$

的特征根和特征向量。$\lambda_{\max}$ 为 A 的最大特征根,W 为对应于 $\lambda_{\max}$ 的正规化特征向量,W 的分量 W_i 就是对应元素单排序的权重值。

　　第四步,一致性检验。一致性是指判断思维的逻辑一致性。如当甲相对丙是强烈重要,而乙相对丙是稍微重要时,显然甲一定比乙重要,这就是判断思维的逻辑一致性,否则判断就会有矛盾。利用一致性指标 CI 进行一致性检验,CI 的公式如下:

$$CI = \frac{\lambda - n}{n - 1}$$

当 CI＝0 时，A 一致；当 CI 值越大时，A 的不一致性程度越严重。

将一致性指标 CI 与同层阶的随机一致性指标 RI 进行比较得出一致性比率 CR，当 CR＜0.1 时，可认为成对比较矩阵的不一致性程度在允许的范围内，其特征向量可以作为权向量。否则，要重新进行成对比较，对 A 进行调整。

第五步，层次总排序。层次总排序是利用同一层次中所有层次单排序的结果，计算针对上一层次而言本层次所有指标的重要性权重值。层次总排序需要从上到下逐层进行。对于最高层而言，其层次单排序的结果也就是总排序的结果。

用层次分析法确定低碳城市评价指标在理论研究中应用比较多，比如，连玉明利用 1－9 标度法的尺度评价两个不同级别指标的相互权重，通过专家咨询打分确定各层指标权重；秦耀辰[1]、肖翠仙等[2]也将层次分析法作为低碳城市评价指标权重确定的方法。

层次分析法虽然是一种简洁实用的系统性分析方法，但由于定量数据较少，定性成分多，不易令人信服，同时指标过多时数据统计量大，权重也难以确定，因而在实务中应用较少。

（三）直接评价法

在实践性强的评价指标体系中，为了便于操作、减少方法的失误和主观性，大多采用直接评价或者均等权值等方法。比如，亚洲绿色城市指数评价指标体系具体指标的权重确定，就是按该类指标中具体指标数量均摊，即权重等于 1 除以该类指标个数；联合国可持续发展指标体系、欧洲绿色城市指数也基本上按这种方法确定，我国低碳省、市、城区的指标体系大部分也通过直接评价法确定。我们在确定权重时，采取均衡权重的办法，同一层次所有指标的权重相同。各指标对目标的影响程度区别主要在选择指标时加以考虑：一是参考采取层次分析法确定权重的研究成果时，尽可能选用权重大的指标，将权重低的指标进行综合或不选；二是在梳理国内外指标体系时，选择出现频率高的指标；三是在宁波影响因素分析时，纳入关键性因素指标。

①　秦耀辰，等.低碳城市研究的模型和方法[M].北京:科学出版社,2013.
②　肖翠仙,唐善茂.城市低碳经济评价指标体系研究[J].生态经济,2011(1):45-48.

第四节　宁波低碳城市建设水平的总体评价

一、评价模型

(一)各子系统评价模型

我们选择加权求和多指标综合评价方式,子系统评价模型如下:

$$q_y = \sum_{i=1}^{n} X_i w_i$$

式中,q_y 为第 y 类指标的指数(即各子系统指数值),X_i 为第 y 类指标第 i 个具体指标的指标值(分值),w_i 为第 y 类指标第 i 个指标的权重值。

(二) 综合水平评价模型

低碳城市发展综合指数评价模型如下:

$$Q_k = \sum_{y=1}^{8} q_y / 8$$

式中,Q_k 为宁波低碳城市发展综合指数,k 为年份。

二、评价指标的打分

由于宁波低碳城市建设 36 个具体评价指标中,既有定量指标,又有定性指标,即使是定量指标,其数据特征亦存在较大的差异,指标之间的运算难以直接实现,需要通过打分的方式对评价指标进行规范化处理。打分时首先要区分评价指标对评价对象的影响方向,根据指标的影响方向将评价指标分成正向指标和逆向指标。正向指标对评价对象的影响方向是正向的,即指标值越高,低碳水平越高;反之亦然。而逆向指标的影响正好相反,指标值越高,低碳水平越低;反之亦然。分值区间为 0—1,即最高为 1 分,最低为 0 分。

(一)定量指标的打分

将国内外城市(选取的样本城市)对应评价指标的理想值确定为最高分,即 1 分;选取评价指标理想值时,将国外先进城市的低碳建设目标值也纳入参考。将国内外城市(选取的样本城市)对应评价指标的最差值确定为最低分,即 0 分。就正向指标而言,理想值就是对应指标数据的最大值,最差值就是对应指标数据的最小值;就逆向指标而言,理想值就是对应指标数据的最小值,最差值就是对应指标数据的最大值。

根据宁波不同时期的指标值来计算得分,无量纲化计算公式如下:

当 X 为正向指标时,$X_i = (I - I_{min})/(I_{max} - I_{min})$;

当 X 为逆向指标时,$X_i = (I_{max} - I)/(I_{max} - I_{min})$。

考虑到绝对指标的可比性和数据的可得性,通过递增递减率做相对化处理,这样可以精确计算出各个指标的分数。

在这里,为了减轻工作量,我们采用比较常见的简化处理手段打分,对各个具体指标进行分类分级(档)打分,即采用德尔菲法,将分值划为 0 分、0.1 分、0.5 分、0.8 分、1 分五档。具体赋分条件和方法如表 3-15 所示。

(二)定性指标的打分

定性指标的分值分为五档,无为 0 分,有但很少为 0.1 分,不完善为 0.5 分,较完善为 0.8 分,完善且合理为 1 分。

表 3-15　宁波低碳城市指标体系主要指标评分

指标类型	具体指标	赋分条件	得分
低碳基础	碳排放总量	递减率 0~2%	0.1
		递减率 2%~4%	0.5
		递减率 4%~6%	0.8
		递减率 6% 以上	1
	人均碳排放量	15 吨以上	0.1
		7~15 吨	0.5
		3~7 吨	0.8
		3 吨以下	1
	碳强度	2.5 吨/万美元以上	0.1
		1.5~2.5 吨/万美元	0.5
		0.8~1.5 吨/万美元	0.8
		0.8 吨/万美元以下	1

续　表

指标类型	具体指标	赋分条件	得分
产业低碳	人均 GDP	0.8 万美元以下	0.1
		0.8 万～2 万美元	0.5
		2 万～6 万美元	0.8
		6 万美元以上	1
	第三产业产值比重	40％以下	0.1
		40％～50％	0.5
		50％～60％	0.8
		60％以上	1
	研发投入占 GDP 的比例	1％以下	0.1
		1％～3％	0.5
		3％～5％	0.8
		5％以上	1
交通低碳	公共交通(含公交和地铁)出行分担率	30％以下	0.1
		30％～50％	0.5
		50％～60％	0.8
		60％以上	1
	不同运输方式的货运量比重	低碳方式占比 10％以下	0.1
		低碳方式占比 10％～50％	0.5
		低碳方式占比 50％～80％	0.8
		低碳方式占比 80％以上	1
	清洁能源汽车的比例	10％以下	0.1
		10％～30％	0.5
		30％～50％	0.8
		50％以上	1
	智能交通覆盖率	50％以下	0.1
		50％～80％	0.5
		80％～95％	0.8
		95％以上	1

续　表

指标类型	具体指标	赋分条件	得分
建筑低碳	人均住房建筑面积	35 平方米以上	0.1
		30～35 平方米	0.5
		20～30 平方米	0.8
		20 平方米以下	1
	单位 GDP 建筑面积	6 平方米/万元以上	0.1
		4～6 平方米/万元	0.5
		3～4 平方米/万元	0.8
		3 平方米/万元以下	1
	节能建筑开发比例	10% 以下	0.1
		10%～60%	0.5
		60%～100%	0.8
		100%	1
	地下空间利用率	10% 以下	0.1
		10%～60%	0.5
		60%～100%	0.8
		100%	1
能源低碳	原煤消耗总量	递减率 0～3%	0.1
		递减率 3%～5%	0.5
		递减率 5%～10%	0.8
		递减率 10% 以上	1
	清洁能源占一次性能源消费的比重	10% 以下	0.1
		10%～20%	0.5
		20%～30%	0.8
		30% 以上	1
	清洁能源生产企业产值的比重	3% 以下	0.1
		3%～5%	0.5
		5%～10%	0.8
		10% 以上	1

续　表

指标类型	具体指标	赋分条件	得分
能源低碳	能源集约供应覆盖率	20%以下	0.1
		20%～50%	0.5
		50%～80%	0.8
		80%以上	1
	非传统水资源利用率	10%以下	0.1
		10%～25%	0.5
		25%～40%	0.8
		40%以上	1
消费低碳	居民人均日用电量	1000度以上/365天	0.1
		500～1000度/365天	0.5
		200～500度/365天	0.8
		200度以下/365天	1
	家庭小轿车拥有率	50%以上	0.1
		30%～50%	0.5
		10%～30%	0.8
		10%以下	1
	人口城市化率	40%以下	0.1
		40%～60%	0.5
		60%～75%	0.8
		75%以上	1
	城镇居民人均可支配收入	50000元以上	0.1
		15000～50000元	0.5
		1800～15000元	0.8
		1800元以下	1
	无害化垃圾处理率	20%以下	0.1
		20%～50%	0.5
		50%～80%	0.8
		80%以上	1

续 表

指标类型	具体指标	赋分条件	得分
消费低碳	PM2.5 日均浓度	35 微克/立方米以上	0.1
		25～35 微克/立方米	0.5
		10～25 微克/立方米	0.8
		10 微克/立方米以下	1
	臭氧日均浓度	200 微克/立方米以上	0.1
		160～200 微克/立方米	0.5
		100～160 微克/立方米	0.8
		100 微克/立方米以下	1
	空气优良率	优良率 85% 以下	0.1
		优良率 85%～90%	0.5
		优良率 90%～95%	0.8
		优良率 95% 以上	1
环境碳汇	人均绿地面积	9 平方米以下	0.1
		9～11 平方米	0.5
		11～15 平方米	0.8
		15 平方米以上	1
	建成区绿化覆盖率	20% 以下	0.1
		20%～35%	0.5
		35%～50%	0.8
		50% 以上	1
	城市复层绿化比例	30% 以下	0.1
		30%～60%	0.5
		60%～80%	0.8
		80% 以上	1
	屋顶屋面绿化比例	10% 以下	0.1
		10%～30%	0.5
		30%～50%	0.8
		50% 以上	1

续　表

指标类型	具体指标	赋分条件	得分
规制促进	产业低碳政策完善程度	有但很少	0.1
		不完善	0.5
		较完善	0.8
		完善且合理	1
	低碳宣传教育普及程度	有但很少	0.1
		不普及	0.5
		较普及	0.8
		普及且合理	1
	碳税交易政策完善程度	有但很少	0.1
		不完善	0.5
		较完善	0.8
		完善且合理	1
	政府绿色采购覆盖率	50%以下	0.1
		50%～70%	0.5
		70%～100%	0.8
		100%	1
	大型公共建筑碳交易参与率	20%以下	0.1
		20%～50%	0.5
		50%～80%	0.8
		80%以上	1

　　说明:1.赋分条件中,上限在内、下限不在内。2.低碳运输方式主要指内河、铁路、管道等低耗、低排运输方式。3.居民人均收入水平主要考虑家电进入家庭、汽车进入家庭、汽车普及等碳因素,结合相关理论划分给分条件。4.PM2.5浓度参照世界卫生组织(WHO)提出的阶段目标确定,臭氧浓度参照相关国际标准确定,空气优良天数按国家《环境空气质量标准》(GB3095—2012)和《环境空气质量指数(AQI)技术规定(试行)》(HJ633—2012)确定。5.城市化率作为集中消费理念指标考虑,城市化率越高,说明资源集约利用率越高。但要说明的是,在中国城市化过程中,农民进城将加快城市建设和住房建设,而农村住房暂时还在使用,资源消耗会增加,不过,随着时间的推移,这种状况会有所改变。6.规制促进指标赋分条件参照宁波相关规划和部分先进城市的要求。7.其他指标参照相关学者的观点或通过专家测评法确定。

三、宁波低碳发展指数计算

（一）指标数据的来源和选取

主要采用最近的城市统计年鉴和相关统计公报，包括《中国城市统计年鉴》《中国区域经济统计年鉴》《中国城市（镇）生活与价格年鉴》《中国城市建设统计年鉴》《中国统计年鉴》中宁波市的数据，以及《宁波统计年鉴》相关年份的数据、宁波市相关部门公布的数据等。

（二）宁波低碳城市建设具体指标得分

根据评分条件和宁波的数据，可以确定各个具体指标在不同年份的得分。这里选择 2005 年、2010 年、2011 年、2012 年、2013 年、2014 年的数据来进行比较，这些年份的具体指标的得分如表 3-16 所示。

表 3-16　宁波低碳城市建设评价指标得分

指标类型	具体指标	2005 年	2010 年	2011 年	2012 年	2013 年	2014 年
低碳基础	碳排放总量	0	0	0	1	0	0.5
	人均碳排放量	0.5	0.1	0.1	0.1	0.1	0.5
	碳强度	0.1	0.1	0.1	0.1	0.1	0.1
产业低碳	人均 GDP	0.1	0.5	0.5	0.5	0.5	0.5
	第三产业产值比重	0.1	0.5	0.5	0.5	0.5	0.5
	研发投入占 GDP 的比例	0.1	0.5	0.5	0.5	0.5	0.5
交通低碳	公共交通（含公交和地铁）出行分担率	0.1	0.1	0.1	0.1	0.1	0.1
	不同运输方式的货运量比重	0.5	0.1	0.1	0.1	0.1	0.1
	清洁能源汽车的比例	0.1	0.1	0.1	0.1	0.1	0.1
	智能交通覆盖率	0.1	0.1	0.1	0.1	0.5	0.5
建筑低碳	人均住房建筑面积	0.5	0.5	0.5	0.5	0.5	0.5
	单位 GDP 建筑面积	0.1	0.5	0.5	0.5	0.5	0.5
	节能建筑开发比例	0.1	0.1	0.1	0.1	0.5	0.5
	地下空间利用率	0.1	0.1	0.1	0.1	0.1	0.5

续 表

指标类型	具体指标	2005 年	2010 年	2011 年	2012 年	2013 年	2014 年
能源低碳	原煤消耗总量①	0	0	0	0	0	0
	清洁能源占一次性能源消费的比重	0.1	0.5	0.1	0.1	0.1	0.1
	清洁能源生产企业产值的比重②	0.1	0.1	0.1	0.1	0.1	0.1
	能源集约供应覆盖率	0.1	0.1	0.5	0.5	0.5	0.5
	非传统水资源利用率	0.1	0.1	0.1	0.1	0.1	0.1
消费低碳	居民人均日用电量	0.5	0.5	0.5	0.5	0.5	0.5
	家庭小轿车拥有率	1	0.8	0.8	0.5	0.5	1
	人口城市化率	0.5	0.8	0.8	0.8	0.8	0.8
	城镇居民人均可支配收入	0.5	0.5	0.5	0.5	0.5	0.5
	无害化垃圾处理率	1	1	1	1	1	1
	PM2.5 日均浓度	0.1	0.1	0.1	0.1	0.1	0.1
	臭氧日均浓度③	0.8	0.5	0.5	0.1	0.1	0.1
	空气优良率	0.8	0.5	0.5	0.8	0.5	0.5
环境碳汇	人均绿地面积④	0.1	0.5	0.5	0.5	0.5	0.8
	建成区绿化覆盖率	0.5	0.5	0.5	0.8	0.8	0.8
	城市复层绿化比例	0.1	0.5	0.8	0.8	0.8	1
	屋顶屋面绿化比例	0.1	0.1	0.1	0.1	0.1	0.1

---

① 按宁波市域全部原煤消耗量计算。近年来宁波原煤消耗增量主要是由于煤电、钢铁、石化等领域的中央企业产生,但增速得到了控制;而地方企业原煤消耗量控制成效很明显,出现了递减的趋势。

② 2008—2009 年宁波清洁能源企业得到了快速发展,但随后发展缓慢。

③ 按臭氧 8 小时滑动平均最大浓度确定。历史监测数据缺失,因而根据近年的监测统计数据推算历史数据。推算时考虑到臭氧是一次污染物在大气中经光化学反应形成的二次污染物,而汽车尾气和工业废气是主要污染源,2005 年至今汽车尾气快速增多,而工业废气控制较严。

④ 按户籍人口计算指标值后赋分。如果按国家园林城市考核新标准(居住一年以上的人口)计算,该指标得分较低。

续 表

指标类型	具体指标	2005 年	2010 年	2011 年	2012 年	2013 年	2014 年
规制促进	产业低碳政策完善程度	0.1	0.5	0.5	0.5	0.8	0.8
	低碳宣传教育普及程度	0.1	0.1	0.5	0.5	0.5	0.8
	碳税交易政策完善程度	0	0.1	0.1	0.1	0.5	0.5
	政府绿色采购覆盖率	0.1	0.1	0.1	0.1	0.1	0.1
	大型公共建筑碳交易参与率	0.1	0.1	0.1	0.1	0.1	0.1

（三）宁波低碳发展指数的计算

首先，根据子系统评价模型计算类指标指数，计算结果如表 3-17 所示。

表 3-17 宁波低碳城市建设类指标指数

指标类型	2005 年	2010 年	2011 年	2012 年	2013 年	2014 年
低碳基础	0.2000	0.0667	0.0667	0.4000	0.0667	0.3667
产业低碳	0.1000	0.5000	0.5000	0.5000	0.5000	0.5000
交通低碳	0.2000	0.1000	0.1000	0.1000	0.2000	0.2000
建筑低碳	0.2000	0.3000	0.3000	0.3000	0.5000	0.5000
能源低碳	0.0800	0.1600	0.1600	0.1600	0.1600	0.1600
消费低碳	0.6500	0.5875	0.5875	0.5375	0.4500	0.4000
环境碳汇	0.2000	0.4000	0.4750	0.5500	0.5500	0.6750
规制促进	0.0800	0.1800	0.2600	0.2600	0.4000	0.4600

其次，根据低碳城市发展综合指数评价模型计算宁波低碳城市建设综合指数，计算结果如表 3-18 所示。

表 3-18 宁波低碳城市建设综合指数

年份	2005 年	2010 年	2011 年	2012 年	2013 年	2014 年
指数	0.21888	0.28678	0.30615	0.35094	0.35334	0.40771

最后，根据计算指数绘制宁波低碳城市建设趋势图，如图 3-6 所示。

从上述表图中可以看出，宁波市低碳发展水平主要体现出以下特征。

一是从综合指数看，宁波低碳发展总体水平较低，但呈现出良好的上升态势。2005 年指数仅为 0.21888，2014 年则达到 0.40771，十年几乎上升了一倍。

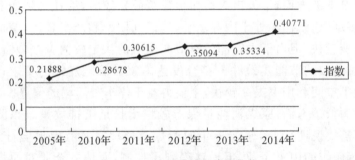

图 3-6　宁波低碳城市建设趋势

二是从分类指数看,产业、建筑、环境的低碳化水平相对较高,交通、能源的低碳化水平较低;建筑低碳化水平、环境低碳化水平和政策规制促进方面呈现良好的发展态势,生态环境建设特别是建成区绿化覆盖率、城市复层绿化比例对指数的贡献较大,规制建设也成了宁波城市低碳发展的重要力量;消费低碳化水平呈现下降的趋势。需要说明的是,建筑低碳化水平高的原因有两个:一是相关部门对节能建筑的认定标准较宽松,因而统计数据较好;二是屋顶屋面绿化、建筑参与碳交易等低碳化水平较低的指标被分别归类到环境碳汇、规制促进等指标类型里。

四、结论与分析

总体上说,宁波市的工业减排等传统低碳手段发挥了一定的作用,但低碳化进展缓慢,而家用汽车、房地产、城市化等一些高碳领域发展迅猛,导致宁波市的碳排放量居高不下。从分项指标评价看,在低碳基础指标方面,碳排放总量虽然仍呈现增加的趋势,但增幅放缓,碳排放规模基本接近最高水平;人均碳排放量水平高,单位产值碳排放亦居高不下。

在产业低碳方面,随着宁波经济的快速增长,人均 GDP 增速较快;科研投入占 GDP 的比例有了明显的上升,但所占比例仍然不高;产业结构不断优化,但第三产业占比增长缓慢。虽然产业低碳化的潜力还很大,但从产业本身出发去大幅快速提升低碳水平不切实际,会影响经济的发展;同时宁波在产业低碳化进程中也碰到了瓶颈,因而要"跳出产业谋低碳"。

在交通低碳方面,宁波市公交分担率处于较低的水平,但随着"公交都市"战略的推进和地铁的建设成网运行,公交分担率将会有较大的突破;高碳的公路运输量增长较快,而低碳的铁路、内河和管道运输量保持平稳;清洁能源汽车的比例低,但公交、出租等运营车辆和港区车辆的耗能清洁化改造基本完成;随着智慧城市战略的实施,宁波市智能交通覆盖率会有较快提升。

在建筑低碳方面,宁波市人均住房建筑面积较大,消耗的资源和能源较多;单位 GDP 建筑面积处于中等水平,建筑利用率和产出较高;节能建筑开发比例增速较快,但由于主管部门对节能建筑的认定较为宽松,从严格意义上讲,通过验收的节能建筑并不符合发达国家对节能建筑的要求;近年来,宁波市地下空间利用率提高较快,主要得益于停车难问题的倒逼。

在能源低碳方面,原煤消耗量保持较快增长是碳排放量难以降低的重要因素。需要说明的是,宁波近年的原煤消耗增量主要是来自于煤电、钢铁、石化等领域的中央企业,但增速得到了控制,而地方企业对原煤消耗量控制的成效还是很明显的,出现了递减的趋势;清洁能源基数小,占一次性能源消费的比重小;2008—2009 年宁波的清洁能源企业得到了快速发展,但随后发展缓慢,因而研究年份内清洁能源生产企业产值的比重始终处于低位;随着人口城市化、产业退城入园等措施的实施,能源集约供应覆盖率不断提高;非传统水资源的利用处于起步阶段,与低碳城市要求的差距大,不过随着政府开展的雨污分离工程的推进,这一状况将有所改善。

在消费低碳方面,城镇居民用电出现减少的趋势;汽车保有量快速增加,目前平均每 10 个家庭拥有 5.2 辆汽车,给环境带来了巨大的压力;宁波城市化水平整体较高,资源集约基础较好;宁波人均可支配收入快速增长;生活垃圾无害化处理率高,平均达到 90% 以上,但垃圾的分类回收和综合利用率不高;近年来,大气污染严重,空气优良率呈下降趋势,臭氧超标天数增加;PM2.5 浓度虽然在 2014 年有所下降,但整体上还是呈上升趋势,随着宁波市政府对大气污染的重视和防治三年行动计划的推进,大气质量将得到改善,但要实现世卫组织的目标,任务还很艰巨。

在环境碳汇方面,绿地面积逐渐增加,但按常住人口计算的人均绿地面积则增加缓慢;建成区绿化覆盖率逐年提高,但在老小区改造和街路改建中,绿化生态功能受一定程度的破坏,城市整体生态有弱化之势。21 世纪初,宁波市政府开始重视复层绿化,城市复层绿化有较快发展,对城市生态功能的恢复起到了积极的作用;但是,宁波的屋顶屋面绿化比例偏低,与发达城市差距大,虽然近年来宁波市政府加大了屋顶绿化推广力度,但效果不理想,没有形成屋顶绿化的社会氛围,到 2014 年年底,宁波市屋顶绿化面积还不到 16 万平方米。

在规制促进方面,产业低碳制度较为完善,在低碳宣传方面也有所加强,但碳交易政策制度有待进一步完善,政府对绿色采购的重视程度不够,大型公共建筑碳交易参与率基本空白。

　　需要说明的是,在低碳城市指标体系构建过程中,由于课题组成员的研究水平有限,加上时间仓促、篇幅限制,相关的研究不一定能够深入,一些观点也值得探讨,有些问题还有待进一步研究。比如,在评价指标确定的基础上设定每一指标的目标值、利用指标体系对不同城市的低碳程度进行比较研究、精算指标得分等,这些问题将在后续相关研究中继续探讨。目前课题组成员已经着手收集资料,比较国内外城市相关低碳指标目标值的设定,参考宁波市相关的规划政策,按中期、远期分期设定各指标的目标值。

参考文献

[1] 秦耀辰,等.低碳城市研究的模型和方法[M].北京:科学出版社,2013.

[2] 于家堡低碳示范城镇指标体系课题组.首例低碳示范城镇——于家堡金融区低碳指标体系研究[M].北京:中国建筑工业出版社,2014.

[3] 连玉明.低碳城市——我们未来的生活方式[M].北京:当代中国出版社,2014.

[4] 仇保兴.兼顾理想与现实:中国低碳生态城市指标体系构建与实践示范初探[M].北京:中国建筑工业出版社,2012.

[5] 雷刚,吴先华.基于发展阶段的低碳生态城市质量评价——以山东省为例[J].经济与管理评论,2014,30(1):155-160.

[6] 彭希哲,朱勤.中国人口态势与消费模式对碳排放的影响分析[J].人口研究,2010(1):48-58.

[7] 赵爱文,李东.中国碳排放与经济增长的协整与因果关系分析[J].长江流域资源与环境,2011,20(11):1297-1303.

[8] 陈玮英.低碳建筑将引发"产业革命"[J].中国建材咨询,2010(4):70-71.

[9] 刘媛.英国低碳经济中的政府规制及启示[J].中州大学学报,2012,29(6):39-42.

[10] 刘竹,耿涌,薛冰,等.基于"脱钩"模式的低碳城市评价[J].中国人口·资源与环境,2011(4).

[11] 肖翠仙,唐善茂.城市低碳经济评价指标体系研究[J].生态经济,2011(1).

[12] 付允,刘怡君,汪云林.低碳城市评价方法与支撑体系研究[J].中国人口·资源与环境,2010,20(8):44-47.

[13] 谈琦.低碳城市评价指标体系构建及实证研究:以南京上海动态比较为例[J].生态经济,2011(12):81-84.

[14] 吴琼,王如松,等.生态城市指标体系与评价方法[J].生态学报,2005,25

(8):2090-2095.

[15] 李爱民,于立.中国低碳生态城市指标体系的构建[J].建筑科技,2012 (12):24-29.

[16] 赵清,张珞平,陈宗团.生态城市指标体系研究:以厦门为例[J].海洋环境 科学,2009,28(1):92-95.

[17] 张良,陈克龙,曹生奎.基于碳源/汇角度的低碳城市评价指标体系构建 [J].能源环境保护,2011,25(6):8-11.

[18] 颜文涛,王正,等.低碳生态城市规划指标及实施途径[J].城市规划学刊, 2011(3):39-50.

[19] 路正南,孙少美.城市低碳化可持续发展指标初探[J].科技管理研究, 2011,31(4):57-59.

[20] 谢鹏飞,周兰兰,等.生态城市指标体系构建与生态城市示范评价[J].城市 发展研究,2010(7):12-18.

[21] 吴颖婕.中国生态城市评价指标体系研究[J].生态经济,2012(12):52-56.

[22] 邵超峰,鞠美庭.基于 DPSIR 模型的低碳城市指标体系研究[J].生态经 济,2010(10):95-99.

[23] 赵焱,陈威华.国际能源署提出实现低碳能源的 5 个关键途径[EB/OL]. [2014-12-10]. news. xinhuanet. com/world/2014-12/10/c_1113581855. htm.

[24] 武少民.北京大学年轻学者:低碳城市交通治理应提速[EB/OL].[2011-11-05]. society. people. com. cn/GB/86800/13134288. html.

第四章 宁波典型产业低碳发展与实施路径

　　经过二十多年的发展，石化产业、能源产业、钢铁产业与造纸产业已经成为宁波工业的重要支柱。随着产业规模的不断扩大，以及传统高污染高排放的化石能源的广泛使用，以上四大典型产业在不断发展的过程中对社会能源的消耗和生态环境的不利影响也逐渐显现。自英国政府文件《能源白皮书》首先正式提出低碳经济以来，低碳经济已经成为发展中国家转变经济增长方式的动力。2008 年，时任中国国家环境保护部部长周生贤提出低碳经济是以低能耗、低排放、低污染为基础的经济模式，其实质是通过技术创新、制度创新和发展观的转变来提高能源利用效率，创建清洁能源结构。2010 年，中国在五省八市开展第一批低碳试点工作；2012 年，宁波市成为国家第二批低碳试点城市之一。2013 年，《宁波市低碳城市试点工作实施方案》提出，计划到 2015 年，碳排放总量进入平缓增长期，碳排放强度得到有效控制，万元生产总值碳排放比 2010 年下降 20％以上，万元生产总值能耗比 2010 年降低 18.5％；到 2020 年，碳排放总量与 2015 年基本持平（在"十三五"期间达到峰值），碳排放强度呈加速下降态势，万元生产总值碳排放比 2005 年下降 50％以上。其中重点提出产业低碳化，要优化发展临港工业，稳定重点行业碳排放总量。为此，本章特别选取宁波四大典型产业——石化产业、能源产业、钢铁产业与造纸产业，探讨 2010 年以来这四个典型产业低碳发展的情况、面临的形势与未来低碳发展的路径。

第一节　宁波典型产业低碳发展现状分析

一、典型产业二氧化碳排放现状

目前我国缺乏针对碳排放的具体测量数据,本课题组从宁波统计局了解到,对宁波市的碳排放总量的计量也是通过其他数据转化而来,还未有对外公开的官方数据,因此本文将通过相应的能源消费量转换对宁波市典型产业的碳排放量进行粗略估算。根据公式,二氧化碳排放量$=K \times E$,其中E为不同类型能源的使用量,K为不同能源的二氧化碳排放系数,在不同的国家和地区,不同的技术条件下,系数K是不同的。由于煤的含碳量在$60\% \sim 90\%$左右,国家发改委根据我国的煤炭利用比例,建议取值为67%,即$1kg$标准煤燃烧排放$0.67kg$碳。取每标准煤的氧化率为1,按照碳和二氧化碳的质量数折算,$K=2.45$;$1kWh$电能释放碳$0.272kg$,按照碳和二氧化碳的质量数折算为0.998。为了研究方便,本文不再就能源结构进行展开,假定二氧化碳排放系数K为恒量2.45,用2.45与宁波典型产业的主要能源消费量的标煤值相乘,即得出该产业的二氧化碳排放总量。

（一）碳排放总量得到有效控制,年均增速趋缓

2010年宁波市政府工作报告中首次明确了积极发展循环经济和低碳经济,2011年探索低碳城市建设,2012年开始低碳城市试点工作,对传统高碳产业进行调整和优化。在此目标下,宁波石化、能源、钢铁、造纸四大典型高碳产业的碳排放总量得到有效控制,年均增速趋缓。

从图4-1、表4-1、表4-2可见,石化产业与能源产业自2010年到2013年的碳排放量年均增速呈现相同的趋势,石化产业从2010年的增幅14.84%降低到2013年的12.38%,能源产业从2010年的增幅15.36%降低到2013年的6.8%。钢铁产业的碳排放总量控制效果明显,2010年的增幅为38.53%,而2013年直接出现了负增幅。但是,占据比例较少的造纸产业的碳排放总量控制效果不明显。再看四个典型产业占工业碳排放总量的比重（如表4-3所示）,石化产业和能源产业仍旧是控制宁波碳排放总量的重中之重,两个产业的碳排放总量占工业碳排放总量的85%以上。从图4-2中可以看出石化产业占工业碳排放总量的比重还在上升,由2010年的55.44%上升到2013年的57.47%;造纸产业占工业碳排放总量的比重稍有回落。

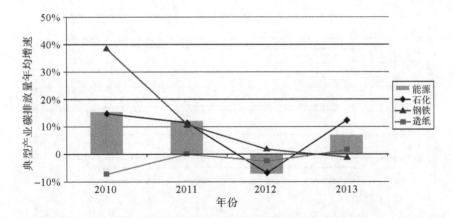

图 4-1　四大典型产业碳排放量年均增速

注：能源产业的数据与石化产业显示重合，故以柱形图表示，以作区分。

表 4-1　四大典型产业碳排放量年均增速

四大典型产业	2010 年	2011 年	2012 年	2013 年
石化	14.84％	11.38％	−6.88％	12.38％
能源	15.36％	12.10％	−7.12％	6.80％
钢铁	38.53％	10.98％	1.86％	−1.11％
造纸	−7.33％	0.10％	−2.63％	1.56％

表 4-2　四大典型产业年碳排放量　　　　　（单位：万吨）

四大典型产业	2010 年	2011 年	2012 年	2013 年
石化	11112.22	12376.91	11525.29	12951.68
能源	6341.335	7108.675	6602.505	7051.59
钢铁	1234.065	1369.55	1395.03	1379.595
造纸	241.57	241.815	235.445	239.12

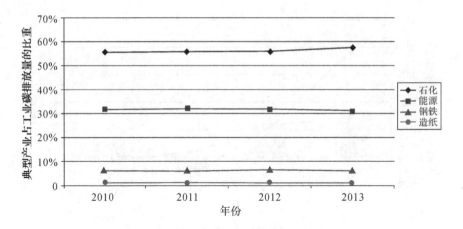

图 4-2　四大典型产业占工业碳排放总量的比重

表 4-3　四大典型产业占工业碳排放总量的比重

四大典型产业	2010 年	2011 年	2012 年	2013 年
石化	55.44%	55.93%	55.78%	57.47%
能源	31.64%	32.12%	31.96%	31.29%
钢铁	6.16%	6.19%	6.75%	6.12%
造纸	1.21%	1.09%	1.14%	1.06%

（二）产业碳强度有下降趋势但波动明显，且与整体工业碳强度差距甚大

碳排放强度是指经济发展过程中以二氧化碳排放为代表的非合意总量与合意的 GDP 总量之比。本文所指产业碳强度是指典型产业二氧化碳排放的估算量与该产业增加值的比值。2009 年到 2013 年宁波石化、能源、钢铁与造纸四大典型产业碳强度如表 4-4 所示。

表 4-4　四大典型产业与整体工业碳强度　　　单位:(兆吨/亿元)

产业	2009 年	2010 年	2011 年	2012 年	2013 年
石化	0.286621	0.250552	0.253169	0.247377	0.278777
能源	0.424385	0.437002	0.602175	0.432356	0.344956
钢铁	0.280573	0.297293	0.393549	0.238304	0.229092
造纸	0.115447	0.094845	0.094867	0.077988	0.090268
整体工业	0.109973	0.096179	0.112776	0.096888	0.099301

　　结果显示,四大典型产业自 2010 年到 2013 年的产业碳强度除石化产业外均呈下降趋势,但下降过程和下降幅度有所差别:能源与钢铁产业均在2011 年迅速反弹,但 2012 到 2013 年均有显著下降,能源产业 2013 年比2010 年下降 0.09 兆吨/亿元,钢铁产业 2013 年比 2010 年下降 0.07 兆吨/亿元;造纸产业呈下降趋势但幅度不明显,在 2012 年下降后,2013 年又有所反弹;唯有石化产业呈 W 形波动,在 2010 年下降后于 2011 年上升,2012 年再次下降后又于 2013 年迅速上升。四个典型产业的碳强度直接影响了宁波整体工业的碳强度,2010 年至 2013 年,宁波整体工业碳强度呈波动趋势。

　　(三)钢铁、能源产业的碳排放弹性呈强弱脱钩趋势,石化、造纸产业呈现强负脱钩趋势

　　产业碳排放弹性表示产业二氧化碳排放量对产业增加值的变化弹性,即产业发展变化的幅度导致二氧化碳排放改变程度的比值,反映了产业二氧化碳变化对于产业增加值变化的敏感程度。其值越接近脱钩状态,反映产业的总体发展对二氧化碳排放的影响越小。产业碳排放弹性的公式如下所示:

$$t 二氧化碳,GDP=(\%\Delta 二氧化碳/二氧化碳)/(\%\Delta GDP/GDP)$$

　　其中,$\%\Delta$ 二氧化碳/二氧化碳表示产业二氧化碳排放的变化率,$\%\Delta GDP/GDP$ 表示产业增加值的变化率。对四个典型产业进行研究后,可知其产业二氧化碳排放与产业增加值脱钩关系如表 4-5 所示。

表 4-5　四大典型产业二氧化碳排放与产业增加值的脱钩关系

四大产业	2010 年		2011 年		2012 年		2013 年	
石化	0.541173	弱脱钩	1.101046	增长联结	1.498086	衰退脱钩	−39.0581	强负脱钩
能源	1.240025	扩张负脱钩	−0.47091	强负脱钩	−0.33777	强脱钩	0.251762	弱脱钩
钢铁	1.182957	增长联结	−0.51306	强负脱钩	0.045039	弱脱钩	−0.40104	强脱钩
造纸	−0.69719	强脱钩	1.291287	扩张负脱钩	−0.17379	强脱钩	−0.11003	强负脱钩

　　宁波能源产业碳排放弹性在 2010 年至 2011 年呈现扩张负脱钩与强负脱钩状态,到 2012 年呈现强脱钩状态,2013 年呈现弱脱钩状态。可见,宁波能源产业 2010 年产业增加值的增速低于二氧化碳排放量的增速,2011 年产业增加值减少的同时,二氧化碳排放量却在增加,2012 到 2013 年情况好转,

在产业增加值增长的同时,二氧化碳排放量在逐渐减少;同时其由强脱钩向弱脱钩方向的发展状态表现出能源产业聚集度提升,产业优势加大,规模效应呈现减小趋势,体现出新能源技术对宁波能源产业发展的影响。

宁波石化产业碳排放弹性在 2010 年至 2013 年呈现弱脱钩到增长联结到衰退脱钩再到强负脱钩状态。可见,在产业增加值增长的同时,虽然二氧化碳排放量在 2010 年有减缓趋势,但其实已经出现产业低碳发展相对滞后的态势;在 2011 年出现增长联结,其产业增加值的增长带来的是二氧化碳的同步快速上升;而到 2012 年,由于镇海炼化扩建一体化项目受阻及低碳发展的要求,其产业增加值出现负增长,二氧化碳排放量下降;到了 2013 年,宁波石化产业出现了强负脱钩状态,即宁波石化产业的增加值减少,二氧化碳排放量却呈十几倍上升。宁波石化产业是宁波的龙头产业,四年间在产业碳强度弹性状态上呈现出的波动也显示出宁波石化产业的不断调整。之后,宁波市仍将遵循国家布局,推进镇海炼化扩建一体化、大榭石化炼油改扩建和中金芳烃扩建等一批重大项目,在项目推进过程中同步重视低碳发展。

宁波钢铁产业碳排放弹性在 2010 年至 2013 年呈现增长联结到强负脱钩到弱脱钩再到强脱钩状态。可见,2010 年,产业增加值的增长带来二氧化碳排放量的增加,而在 2011 年钢铁产业内部调整后,2012 年至 2013 年从弱脱钩到强脱钩的状态变化,反映出在宁波钢铁产业的产业增加值增长的同时,二氧化碳排放量在同步降低,从中可以看出宁波钢铁产业四年来低碳发展趋势明显。为进一步促进宁波钢铁产业发展,杭钢增资控股宁钢扩建 200 万吨钢铁项目,在项目扩建过程中及宁波整体钢铁产业发展过程中要尤其重视低碳发展。

宁波造纸产业碳排放弹性在 2010 年至 2013 年呈现强脱钩到扩张负脱钩到强脱钩再到强负脱钩状态。可见宁波造纸产业 2010 年与 2012 年在产业增加值增长的同时,二氧化碳排放量在降低,2011 年产业增加值的增速低于二氧化碳排放量的增速,而 2013 年在产业增加值减少的同时,二氧化碳排放量却在增加。从中可以看出,自宁波开始低碳城市建设,宁波造纸产业一直在不停探索低碳发展方式。宁波协调推进中华纸业关闭、亚洲浆纸业预留地块项目和中船集团宁波战略合作项目,这些项目的调整使得宁波造纸产业的碳排放弹性呈现上述状态。

二、典型产业能耗现状

(一)能源消费总量继续增加,占全市工业能耗的比重不断提高

1.能源消耗量(当量)情况。2010—2013年,随着石化、能源、钢铁与造纸产业的发展,四大产业总能源消耗量(当量)除2012年有回落外,基本呈增长趋势(如表4-6、图4-3所示)。相比2012年,2013年四大典型产业总能源消耗增长了6.1%。其中,能源消耗增长较快的是能源产业与石化产业,分别为7.0%与6.9%;能源消耗增长缓慢的钢铁产业与造纸产业分别为0.8%与0.6%,但其中造纸产业于2013年改变了自2010年以来一直下降的趋势。

表 4-6　四大典型产业 2009—2013 年总能源消耗量(当量)

四大典型产业	2009 年	2010 年	2011 年	2012 年	2013 年
能源	1292.81	1458.7	1615.59	1485.87	1589.67
石化	429.79	615.61	876.21	881.73	942.86
钢铁	230.38	267.65	295.96	300.97	303.32
造纸	90.64	83.92	82.57	81.67	82.17
合计	2043.62	2425.88	2870.33	2750.24	2918.02

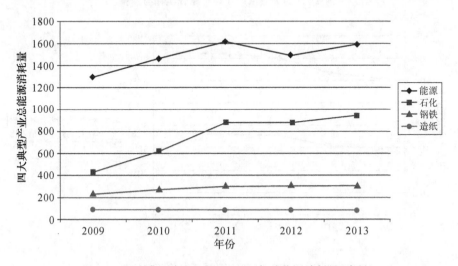

图 4-3　四大典型产业 2009—2013 年总能源消耗量(当量)

2.等价综合能耗情况。2013年,四大典型产业等价综合能耗1723.1万

吨标煤,占全市全社会能源消耗(4139.7万吨标煤)的41.6%,占全市规模以上工业能源消耗(2380.2万吨标煤)的72.4%。可见这四大典型产业已经成为宁波工业能耗居高不下的重要因素。

　　从2009—2013年的等价综合能耗与产值的统计数据与图表来看(如图4-4、4-5,表4-7所示),宁波四大典型产业能源消费年均增速低于四大产业产值增速,四大产业能源消费占全市规模以上工业比重增速却略高于产值占比增速,说明四大产业的产业结构调整和节能改造效果不是特别明显。

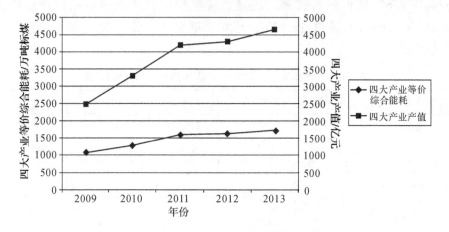

图4-4　四大典型产业等价综合能耗与产值

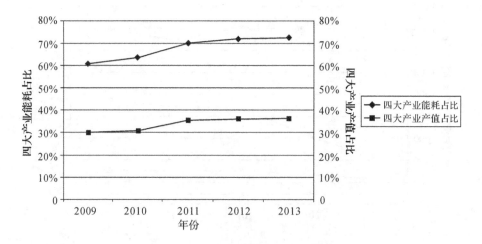

图4-5　四大典型产业能耗与产值占比

表 4-7　四大典型产业等价综合能耗　（单位：万吨标准煤）

产业	2009 年	2010 年	2011 年	2012 年	2013 年
石化	498.2	683.6	962.7	982.5	1060.6
能源	194.5	192.1	209.3	199.4	216.8
钢铁	283.1	315.2	338.9	351.6	356.1
造纸	95.8	91.1	92.9	89.5	89.6
合计	1071.6	1282	1603.8	1623	1723.1
全市规模以上工业	1759.2	2016.4	2290.1	2255.2	2380.2

（二）能耗强度居高不下，钢铁、造纸产业远高于全市规模以上工业平均水平

从典型产业的能耗强度来看，虽然 2009—2013 年万元产值能耗、万元增加值能耗基本呈下降趋势，但能耗强度仍然高于全市规模以上工业的平均水平（如表 4-8、4-9 所示）。2013 年，宁波石化产业万元产值能耗、万元增加值能耗分别为 0.3514 吨标准煤/万元、2.2829 吨标准煤/万元，分别高出全市规模以上工业万元产值能耗 47.1%、万元增加值能耗 54.1%；能源产业万元产值能耗、万元增加值能耗分别为 0.2393 吨标准煤/万元、1.0606 吨标准煤/万元，分别高出全市规模以上工业万元产值能耗 22.3%、万元增加值能耗 1.1%；钢铁产业万元产值能耗、万元增加值能耗分别为 0.6364 吨标准煤/万元、5.9137 吨标准煤/万元，分别高出全市规模以上工业万元产值能耗 70.8%、万元增加值能耗 82.3%；造纸产业万元产值能耗、万元增加值能耗分别为 0.5309 吨标准煤/万元、3.3826 吨标准煤/万元，分别高出全市规模以上工业万元产值能耗 65.0%、万元增加值能耗 69.0%。可见，钢铁、造纸两大产业万元产值能耗、万元增加值能耗远高于全市规模以上工业平均水平，是要重点调整的两大产业，而石化、能源产业的能耗强度仍居于全国领先水平。

表 4-8　等价单位产值能耗　　　　　（单位:吨标准煤/万元）

产业	2009 年	2010 年	2011 年	2012 年	2013 年
石化	0.3556	0.3468	0.3564	0.3605	0.3514
能源	0.3238	0.2625	0.2528	0.2349	0.2393
钢铁	0.7898	0.6975	0.6629	0.6275	0.6364
造纸	0.7747	0.5956	0.5967	0.5369	0.5309
全市规模以上工业	0.2127	0.1873	0.1933	0.1885	0.1860

表 4-9　等价单位增加值能耗　　　　　（单位:吨标准煤/万元）

产业	2009 年	2010 年	2011 年	2012 年	2013 年
石化	1.4758	1.5413	1.9692	2.1088	2.2829
能源	1.502	1.324	1.7726	1.3058	1.0606
钢铁	8.9161	7.5937	9.7398	6.0071	5.9137
造纸	4.2447	3.5778	3.6446	2.9655	3.3826
全市规模以上工业	1.1135	0.9675	1.1671	1.0575	1.0487

三、典型产业主要污染物排放现状

(一)主要污染物排放总量持续增加

从宁波主要污染物排放统计数据看,宁波典型产业的化学需氧量、氨氮、二氧化硫、氮氧化物、工业固废产生量持续增加,特别是二氧化硫占比增长较快,典型产业二氧化硫、氮氧化物的排放已经成为影响宁波大气环境的主要因素。从排放总量来看,石化、能源、钢铁、造纸四大产业各项污染物排放总量居宁波工业的前四位(2011 年),其中:造纸产业对水环境污染影响最大,化学需氧量、氨氮排放总量占产业污染物比例最高;能源产业对大气环境的污染物排放(二氧化硫、氮氧化物)最多,石化产业次之,钢铁、造纸产业亦占一定比例;工业固废排放量中,能源产业排放最高,其次是石化产业、钢铁产业。从区域看,北仑、镇海由于典型产业布局较为集中,污染物排放量占比较高。2011 年,这两个区域的化学需氧量、氨氮、二氧化硫、氮氧化物及工业固废排放量占全市排放量的比重分别为 10.0%、3.0%、58.0%、54.0%、66.0%。

(二)主要污染物排放强度呈下降趋势,但其间均呈现一定波动

随着环境治理工作的不断加强,四个典型产业的主要污染物——化学需氧量、氨氮、二氧化硫、氮氧化物和工业固废的排放强度均呈下降趋势,但其间均呈现一定波动。从表4-10可见,2011年全部工业的化学需氧量、氨氮、二氧化硫、氮氧化物、工业固废的排放强度分别为6.9吨/亿元、0.4吨/亿元、50.8吨/亿元、84.1吨/亿元、0.47万吨/亿元,而2011年石化产业的化学需氧量、氨氮、二氧化硫、氮氧化物及工业固废的排放强度分别为2.63吨/亿元、0.22吨/亿元、50.67吨/亿元、18.72吨/亿元及0.17万吨/亿元。石化产业主要污染物的排放强度低于全部工业的排放强度,表明石化产业的污染物处理技术水平总体较为先进。2011年能源产业的化学需氧量、氨氮、二氧化硫、氮氧化物及工业固废的排放强度分别为19.66吨/亿元、1.14吨/亿元、937.38吨/亿元、1917.77吨/亿元及8.33万吨/亿元。单看数据非常夸张,但能源产业的化学需氧量及氨氮排放主要通过用水由外部环境带入,自身产生的化学需氧量和氨氮排放量要远远小于排放口的监测统计数据。考虑到该因素,能源产业产生的化学需氧量、氨氮排放量在四个典型产业里并不是最高的。造纸产业的化学需氧量、氨氮、二氧化硫、氮氧化物及工业固废的排放强度分别为79.56吨/亿元、6.67吨/亿元、181.60吨/亿元、108.78吨/亿元及2.44万吨/亿元,其化学需氧量、氨氮排放量在四个典型产业里才是名副其实最高的,即造纸产业对大气污染的影响最大。钢铁产业的化学需氧量、氨氮、二氧化硫、氮氧化物及工业固废的排放强度分别为6.60吨/亿元、0.23吨/亿元、144.27吨/亿元、92.45吨/亿元及5.06万吨/亿元,其中二氧化硫、氮氧化物的排放强度明显高于全部工业的排放强度,可见钢铁产业对大气污染的影响也非常大。

表 4-10　2011 年四大典型产业污染物排放情况

产业	化学需氧量		氨氮		二氧化硫		氮氧化物		工业固废	
	排放总量（吨）	排放强度（吨/亿元）	排放总量（吨）	排放强度（吨/亿元）	排放总量（吨）	排放强度（吨/亿元）	排放总量（吨）	排放强度（吨/亿元）	排放总量（万吨）	排放强度（万吨/亿元）
石化	1591	2.63	134	0.22	30738	50.76	11335	18.72	100	0.17
能源	2321	19.66	135	1.14	110661	937.38	226398	1917.77	983	8.33
钢铁	320	6.60	11	0.23	7019	144.27	4492	92.45	246	5.06
造纸	2138	79.56	179	6.67	4880	181.60	2926	108.78	65	2.44
全部工业		6.9		0.4		50.8		84.1		0.47

注：排放强度指标为单位增加值排放量。

四、典型产业布局现状

经过几十年的发展，宁波市石化、钢铁、造纸、能源四个典型产业主要集中于北仑、大榭、镇海、象山港等区块。

北仑区块——以宁波经济技术开发区为依托，已形成以石化、钢铁、能源、造纸产业为主的产业集群。规划面积 55 平方千米，主要包括青峙工业区、宁钢台塑地块和春晓工业园区。

大榭区块——由大榭本岛和周围 7 个小岛组成，规划面积约 36 平方千米，已形成临港石化、港口物流和能源中转三大支柱产业，集聚了万华聚氨酯、大榭石化等一批大型石化企业。

镇海区块——以宁波石化经济技术开发区镇海片区为依托，重点发展石化产业，规划面积 43.22 平方千米。区内集聚了镇海炼化、LG 化学、阿克苏诺贝尔等国内外知名石化企业。

象山港区域——经过多年发展已形成能源产业集群，重点区块主要是强蛟能源产业基地、象山临港装备工业园、象山西周工业园等。

从现状来看，典型产业的布局主要存在以下问题：一是工业区块与村庄、居民区等居住区的距离较近，尤其是镇海、北仑、大榭等区块由于选址地处原居民集聚区，此问题更加突出；二是园区一体化建设有待加强，主要表现在公用工程一体化及产业循环化建设还需进一步提升。

第二节　宁波典型产业低碳发展的形势分析

一、宁波典型产业低碳化的发展机遇

(一)我国正处在低碳经济发展的关键期

在全球经济低碳转型的背景下,中国也在采取措施积极应对。时任国家主席胡锦涛于 2007 年 9 月在亚太经济合作组织(APEC)领导人峰会上表示中国将发展低碳经济,2009 年在联合国气候变化峰会上重申中国将积极发展低碳经济。2009 年,时任国务院总理温家宝在哥本哈根大会上再一次表明中国发展低碳经济的决心。2014 年,习近平主席在澳大利亚布里斯班出席二十国集团领导人第九次峰会时,宣布中国计划在 2030 年左右达到二氧化碳排放峰值,到 2030 年,非化石能源占一次能源消费的比重将提高到20％左右,同时将设立气候变化南南合作基金,帮助其他发展中国家应对气候变化。由此,发展低碳经济和建设低碳社会成为中国可持续发展的基本国策。同时,"十二五"期间,国家发布了《大气污染防治行动计划》,审议了《大气污染防治法修订草案》,实施了新《环境保护法》等一系列法律、法规、规章、标准,初步形成了低碳发展的政策体系和法律体系。在中国低碳经济发展的关键期,宁波市的石化、能源、钢铁与造纸产业低碳化是宁波工业经济可持续发展及应对全球气候变化的根本途径和战略选择。

(二)典型产业低碳化是国家低碳城市试点的要求

2010 年,为积极应对气候变化,我国五省八市开展第一批低碳试点工作。2012 年,又确立了包括宁波在内的 29 个城市和省(区)作为第二批低碳试点。2013 年,《宁波市低碳城市试点工作实施方案》中明确提出要推进产业低碳化发展,优化发展临港工业,稳定重点行业碳排放总量;依托现有临港产业集聚区,积极推动石化、钢铁等临港工业的整合提升,不断完善临港工业循环产业链,打造市场前景好、产出效益高、排放能达标的临港先进制造业集群;能源产业鼓励发展大型燃气发电机组,"十二五"期间原则上不再新上燃煤发电机组;石化产业重大装置在"十三五"期间基本布局完成;钢铁产业着力于调整优化产品结构,能耗总量不再扩容。

(三)低碳技术创新为典型产业低碳化发展提供了技术支持

世界各国目前都在积极采取新能源开发、低碳技术创新等低碳经济发

展的关键性举措,为我国低碳经济发展和宁波市典型产业低碳化转型提供了借鉴和技术帮助。美国着力发展风能和太阳能等清洁能源,计划用三年时间使美国新能源产量增加一倍,到2050年,使新能源发电占总能源发电的比例增至25%。法国则强调核能发电,法国的核电发电量占总发电量的80%~90%,具将继续保持核电的领先地位。日本、德国在太阳能领域有显著的发展,同时亦不偏废其他新能源。日本经济产业省计划到2030年,风力、太阳能、水力、生物质能和地热等的发电量将占日本总用电量的20%。国际社会大力发展新能源技术,为我国引进低碳技术、减排技术等提供了可能,也为我国独立自主地发展新能源技术、低碳技术提供了参考,为深化国际技术合作、共同推进低碳经济打下了坚实的基础。

二、四个典型产业面临的挑战

(一)宁波市减排空间不足以支撑四个典型产业的粗放式发展

根据宁波市低碳城市建设要求,为完成国家、省、市的减排目标,"十二五"末万元生产总值碳排放比2010年下降20%,在不提高四个产业占全市工业比重的前提下,四个产业万元生产总值碳排放需下降同样比例。按照目前的低碳技术水平,石化、能源、钢铁、造纸产业发展面临非常严峻的形势和压力。宁波自身的减排空间不足以支撑石化、能源、钢铁与造纸产业的粗放式发展。

(二)宁波市节能降耗的空间不足以支撑四个典型产业的粗放式发展

根据宁波市"十二五"规划,为完成国家、省、市的节能目标,"十二五"末全市万元工业增加值能耗需下降18.5%,在不提高四个产业占全市工业比重的前提下,四个产业万元增加值能耗需下降同样比例,达到1.5937吨标煤/万元。按照目前的产业技术水平及增加值能耗不降反增的局面,石化、能源、钢铁、造纸产业发展将面临非常严峻的形势和压力。宁波市节能降耗的空间不足以支撑石化、能源、钢铁与造纸产业的粗放式发展。

(三)污染物减排和环境保护的难度不断加大

从环境质量现状来看,尽管近年来污染物排放总体呈下降趋势,但由于污染物排放基数大、历史"欠账"多,环境污染呈逐年加重的趋势,污染问题日益突出。特别是大榭、镇海与北仑区块,环境总体情况不理想,地表水存在不同程度的污染物超标,海域污染较为严重,大气污染总体情况亦较为严重。

但同时,政府保护环境的力度不断加大,明确了主要污染物排放总量控制目标。根据宁波市环境保护"十二五"规划,通过实施水污染物减排任务及重点产业的脱硫、脱硝措施,全市化学需氧量、二氧化硫可削减量分别约为 3.0 万吨和 5.1 万吨,在完成"十二五"总量控制目标的基础上,仍有一定的预留空间,除二氧化硫形势严峻外,基本能够满足"十二五"期间石化、能源、钢铁与造纸产业发展的需求。若从长远考虑,仍需加大处理设施建设力度,同时进行污水处理设施的提标改造。

(四)四个典型产业区块公众的利益诉求日益增加

石化、能源、钢铁与造纸产业区块由于牵涉面较广,特别是石化类项目环境敏感性强、牵涉面广,引起社会矛盾的可能性大。近年来,厦门、大连、宁波及昆明等地均有发生化工项目建设引发的较大规模的群体性事件。

三、典型产业低碳发展的新趋势

通过对日本北九州、荷兰鹿特丹、美国休斯敦及新加坡裕廊等区域的相关产业在污染治理、产业发展和园区建设管理方面的经验的研究,可知典型产业低碳发展正呈现出循环化、高端化和基地化的趋势。

(一)典型产业发展生态化、循环化

发展循环经济是转变经济发展方式、提升区域可持续发展能力的重要抓手,积极探索适合典型产业发展的循环经济模式,是未来宁波典型产业低碳发展的必然选择,也是宁波典型产业转型升级的必由之路。

(二)典型产业产品上游化、高端化

随着我国城市化进程和工业化进程的不断加快,低碳产业的总体规模将迅速扩大,产品内涵将扩大到全产业链上下游,产业链上游的机会往往带来现实的效益,而产业链上游低碳技术的密集度也高于下游。典型产业竞争日趋激烈,产品的上游化、高端化成为典型产业转型升级、低碳发展的重要途径。通过产品的专用化、功能化和高端化发展,提高产品的上游化率和附加值,有助于促进宁波典型产业的低碳发展。

(三)典型产业布局园区化、基地化

从日本北九州、新加坡裕廊岛的发展经验来看,典型产业低碳发展呈现基地化、园区化的趋势,通过工业集中布局,可以促进资源共享、环境共建、污染共治,形成发展循环经济的基础,也有利于降低对民众日常生活的影响。

四、典型产业的发展方向建议

宁波典型产业低碳发展是宁波低碳城市建设的核心,是打造"美丽宁波、海洋牧场"的基础,而典型产业低碳化则是宁波市生态经济、生态社会和生态生活发展的根本途径。通过对产业、能耗、二氧化碳排放、污染物排放等现状的分析研究,我们认为宁波典型产业低碳化发展要控制总体规模,有选择地适度发展和向高端方向发展。

综观各产业,石化产业基础雄厚,能耗减排环保技术总体较国内其他地区处于先进水平,可以选择适度发展、高端化发展,选择一批完善产业链、填补关键环节的重点、高端项目予以提升;钢铁产业鉴于其能耗与污染较大、碳排放强度较高及国内钢铁产能过剩等问题,应控制上游炼钢规模,鼓励企业依托现有产业基础,发展深加工不锈钢、关键钢材等特种产品、高端产品,以满足下游机械加工、新装备等战略新兴产业对特种钢材产品的需求;造纸产业由于其能耗与污染物排放强度高、碳排放强度一般,应控制上游产能规模,鼓励发展下游特种纸等高端产品,提升产业价值链;能源产业由于其能耗强度一般,碳排放与污染物排放强度高,应重点支持清洁能源发展,加快可再生能源发展。具体如表 4-11 所示。

表 4-11   宁波典型产业比较分析

产业	产业现状	能耗	二氧化碳排放	污染物排放	产业低碳发展方向
石化	产业规模雄厚,产值税收贡献大,产业链相对完整	能耗总量大、能耗强度较高	排放总量大,碳排放强度较高,对生态环境影响大	排放总量大,排放强度一般,对大气环境影响较大	择优发展,侧重发展下游高附加值产业
钢铁	有一定产业基础,产品结构以上游炼钢为主,企业效益较差	能耗总量较大、能耗强度高	排放总量较大,碳排放强度较高,对生态环境影响大	排放总量较大,排放强度高,对大气环境影响较大	控制上游规模,延伸产业链,发展下游高端产品
造纸	产业基础一般,产品以中低端为主,发展前景一般	能耗总量一般、能耗强度高	排放总量一般,碳排放强度一般,对生态环境影响较大	排放总量较大,排放强度高,尤其对水环境影响大	调整产业链源头,调整产品结构,优先发展特种、高端产品
能源	有一定产业基础,效益下降较为明显	能耗总量一般、能耗强度一般	排放总量大,碳排放强度高,对生态环境影响大	排放总量大,排放强度高	控制布点,大力推进产业清洁化发展

第三节　宁波典型产业低碳发展的总体思路

一、指导思想

深入贯彻党的十八大精神,认真落实科学发展观,全面实施"六个加快"战略,牢固树立低碳发展理念,紧握推进全国低碳城市试点的发展契机,围绕石化产业、能源产业、钢铁产业、造纸产业四大重点产业,按照"延伸产业链、提升价值链、构建循环链"的总体思路,着力推进"产业构建、产品结构、空间布局"三大优化提升(以产业构建为着力点,优选石化,推进钢铁、造纸、能源产业低碳发展;以产品结构为切入点,选择实施主要产业链的关键核心项目;以空间布局为载体,促进低碳产业园区的集聚建设、改造提升),从而推进临港典型产业向质量效益型、循环经济型转变,加快构建创新驱动强、效益质量好、产业集聚高的极具国际竞争力的宁波低碳产业体系。

二、基本原则

1.坚持工业发展和生态环保相结合。既要考虑宁波所处工业发展阶段,坚定不移地发展典型产业,同时要始终坚持贯彻低碳、循环、可持续的发展理念,减少对水环境、大气环境、土壤环境等人类赖以生存的基本生态环境的不利影响。

2.坚持规模提升和质量发展相结合。既要加大典型产业发展力度,又要注重典型产业的发展质量和效益提升,注重低碳技术改造和自主创新,以质量促进典型产业规模效应,带动辐射作用的充分发挥。

3.坚持集群发展和集中布局相结合。坚持集群化发展,体现产业规模效应,有利于延伸产业链、提升价值链、完善供应链、构建循环链;同时坚持以低碳园区为载体,促进产业集聚,加强资源共享、环境共建、污染共治。

4.坚持优化升级和创新驱动相结合。既要积极引进高新低碳技术和高附加值产品,突出比较优势和产业特色;同时要加强企业与高校、科研院所的技术合作,争取和培育发展具有前沿性、先导性的产业项目,突出科技、管理创新的长期驱动力。

三、战略目标

充分发挥海洋资源优势,以大企业、大项目、大园区为主抓手,促进典型产业的生产方式向循环经济型转变,推进产业链的上下游融合发展,提升产业布局的低碳园区集聚化水平,加快产品结构升级。到2020年,建成集聚优势更加明显,产业链配套更加完善,能耗、环保水平更加先进的典型产业低碳基地。

1.石化产业。完善产业链核心环节,提升中下游产品的附加值,到2020年,建设成为国际一流的世界级石化产业基地。

2.钢铁产业。强化节能减排技术改造,发展下游高端不锈钢产品,到2020年,构建起不锈钢加工产业园,建设成为宝钢的华东重要基地。

3.造纸产业。发展高端纸制品,提高污染物处理和再生利用水平,到2020年,打造成为国内造纸循环经济示范园区。

4.能源产业。大力推进火电机组的减排、降耗,加快可再生能源开发,到2020年,建成稳定、经济、清洁、安全的现代能源保障体系。

四、空间布局

充分发挥宁波的比较优势,以基础设施共享、产业定位相关、空间布局连续为基本原则,科学优化典型产业布局,推进各产业向低碳园区集聚,加快园区整治提升,完善配套能力,促进产业园区化、一体化、基地化发展,着力构建功能定位清晰、开发重点突出、产业布局合理、集聚效应明显的空间布局结构。

1.石化产业。以宁波石化经济技术开发区、大榭开发区、宁波经济技术开发区三大集聚区为产业发展区域,严防新建项目盲目布点,整合区域外石化项目搬迁入园。积极推进产品精深化、产业延伸化、价值高端化,进一步提升园区化、一体化水平,建设成为国际一流的石化产业基地。

2.钢铁产业。以宁钢、宝新不锈钢生产基地为重点区块,延伸不锈钢下游产业链,以宁钢、宝新不锈钢为龙头,在台塑二期地块谋划构建不锈钢深加工产业园。依托产业基础,打造奉化、余姚和鄞州等地区的不锈钢深加工基地。

3.造纸产业。以北仑青峙工业区亚洲浆纸业产业园为重点区块,积极推进中华纸业关停,加快淘汰落后产能,合理配置资源,科学优化产业布局,加快产业废弃资源循环化改造,打造循环经济产业园。

4.能源产业。在维持现有国电浙江北仑发电厂、宁海强蛟国华电厂、象山西周大唐乌沙山电厂等布点的基础上,利用镇海动力中心项目建设的机遇,谋划推进浙江镇海发电有限责任公司搬迁,打造镇海新的能源产业基地,优化能源产业布局。

第四节　宁波典型产业低碳发展路径与主要任务

宁波石化产业、能源产业、钢铁产业与造纸产业都是非常典型的高碳产业,产业低碳化即要控制这四个典型产业的能耗、排放与污染。在控制总体规模、有选择地适度发展和向高端方向发展的中心方向引导下,四个典型产业的低碳化路径主要是:通过节能减排技术创新与产业链升级来实现产业节能减排,通过龙头企业带动和中高端产品集聚来实现能耗强度降低。

一、石化产业

充分发挥沿海港口优势,构建多源头产业链,依托基础石化现有源头,发展高技术含量、高附加值、高带动性的石化深加工产业;进一步提升三大产业集聚区的基地化水平,促进集群化发展;加快石化产业技术创新,运用多种手段淘汰落后产能,推进石化产业低碳发展。

(一)着力构建多源头产业链

依托液体化工码头优势,引进油品、甲醇、LPG(液化石油气)等初级原料,着力构建多元化产业源头。继续扩能发展炼化一体化等油品产业链源头,加快推进镇海炼化扩建一体化、大榭石化炼油改扩建项目的落地实施,协调推进中金石化芳烃项目的继续开展。着力构建以甲醇、LPG 等初级原料为源头的石化产业链,重点推进禾元化学 MTO/聚丙烯/乙二醇项目、海越股份丙烷与混合碳四利用深加工项目,研究开展台塑页岩气制烯烃的可行性工作。尽早建成投产上述项目并发挥其产业源头带动作用,构建乙烯、丙烯、环氧乙烷及其下游产品的 C2、C3 石化产业链,补充苯、BTX 芳烃(联合芳烃)及 PTA 下游系列产品产业链,延伸产业链,使其向中下游高端发展。

(二)加快发展石化新材料中附加值高、处于产业链关键节点的产品

重点发展石化新材料及中间体、新型专用精细化学品等高技术含量、高附加值、高带动性的石化产品,加快提升石化产业发展素质。对于石化新材料,对接下游纺织、橡胶、塑料等加工产业市场,重点发展己内酰胺、己二胺、尼龙 66 等高性能合成纤维及复合材料,聚氨酯(MDI)弹性体、苯乙烯类、聚烯烃类、硫化橡胶等热塑性弹性体,乙丙橡胶、稀土顺丁橡胶、异戊橡胶等高

性能合成橡胶,聚酰胺类、聚碳酸酯、热塑性聚酯和特种工程塑料等高新技术塑料产品及有机氟材料等新材料产业。对于专用精细化学品,供给纺织、造纸、塑料、胶粘剂、电子等行业高端市场,重点发展造纸化学品、胶粘剂、纺织助剂、塑料助剂、电子化学品等高附加值、高技术含量、高性能的专用化学品。

(三)优化三大石化区域布局,提升基地化水平,加快产业集约化

结合宁波三大石化产业区专业化发展方向和产业特点,提高石化新建、搬迁项目入园门槛,严格控制项目新布点,除三大石化区域外,其他区、县不再新建石化项目;针对现有项目,加快推进安全风险高、环境风险大等危险化学品生产储运企业搬迁进入化工园区,纳入园区统一管理。对于石化三大核心区块内与石化产业无关联的企业,通过"腾笼换业"等手段促其逐步搬迁。优化镇海、北仑、大榭三大石化产业布局,切实改变生产区和居住区距离较近、杂乱无章的局面。

(四)加快石化产业技术创新,运用多种手段淘汰落后产能

支持产能相对落后的企业运用新技术、新材料、新工艺和新装备,以质量提升、节能降耗、环境保护、装备改善、安全生产等为重点进行改造,提高技术装备水平,发展高附加值产品。大力推广应用节能减排新技术、新设备,开展技术革新、技术改造,建设一批节能减排项目,推广先进、高效装备的运行,加强石化产品加工过程中副产物、废弃物的综合利用。依托技术创新和技术改造,提升宁波石化产业节能减排水平。同时,多手段加快淘汰落后产能。重点发展高端生产环节、高附加值研发环节、高利润率服务环节。按照国家、省、市关于淘汰落后产能的政策文件及规划、产品目录,加快淘汰危及生产和人身安全、严重污染环境、资源消耗高、安全隐患多的落后生产工艺装备和产品,建立健全落后产能淘汰长效机制。

二、能源产业

以提高能源综合保障能力为目标,加快转变能源发展方式,积极调整优化能源结构,着力推动能源的清洁化发展,促进可再生能源的开发利用,构筑安全、稳定、清洁的能源供给体系,实现能源产业低碳化。

(一)大力发展基于天然气的清洁能源供应保障体系

积极推进燃气热电联产。整合供热设施,不断推动和规范以城市和工业园区为重点的集中供热,扩大供热管网覆盖范围,进一步提高燃气热电联产的比重。积极争取天然气上游资源,在浙江 LNG(液化天然气)接收站一期工程建成投产的基础上,力争浙江 LNG 接收站二期工程尽早获得国家核准并开工建设,积极争取调峰储运中心项目获得国家和省政府支持。

（二）加快推进可再生能源的开发利用

稳妥推进风电的开发利用。宁波应重点实施沿海陆区风电发展计划,并对重点风区实时观测风况,优选风力资源丰富区域设立新的风电场,到2020 年实现新增风电装机容量 300MW 以上。积极引进国有发电集团,并鼓励本地大型企业以入股经营的方式合作开发风力资源,如国电电力、中广核、欣达投资公司等。在具体风电场的建设上,要建立一套风电场信息联网系统,统筹调配风机开停机控制。推进太阳能光伏和光热项目建设。重点实施太阳能屋顶发电计划。鼓励企业实施光伏发电示范工程,到 2020 年新增 30MW 光伏发电总装机容量。推广太阳能集中供热(水)和集中采暖系统。另外,针对宁波市海岛较多的地理特点,可通过风光柴互补的方式发展微网供电系统,给海岛居民供电。

加强生物质能的开发利用。以生物质发电、沼气、生物质固体成型燃料为重点,大力推进生物质能源的开发和利用。采用最新焚烧技术,继续发展生活垃圾发电,进一步推进农林废弃物发电。改造和完善以秸秆为燃料的中小型锅炉,在规模化畜禽养殖场、城市生活垃圾处理场建设大中型沼气工程,合理配套安装沼气发电设施,有序推进污泥焚烧发电项目建设。

加快地热能、空气能的应用,探索开发其他新型能源。结合城市化建设的推进,重点选择在行政、商务、商业等领域的大型公建设施推广使用地源、水源热泵空调。继续在学校、医院、酒店等公共建筑及有条件的住宅推广空气源热泵应用。加大对海洋能等新型能源利用方式的研究、应用和宣传力度,探索其他新型能源的开发利用。

（三）积极推进火电机组减排、降耗

启动实施大型煤电机组的综合升级改造。按照《浙江省 2014—2017 年大型燃煤机组清洁排放实施计划》,有序推进宁波北仑电厂、宁海电厂、大唐电厂大型燃煤机组清洁排放和综合提效改造。

积极推进燃煤、燃油机组锅炉的燃料替代改造。在镇海电厂 30 万千瓦燃油机组改为 34.4 万千瓦燃气机组的基础上,通过建设一批天然气热电联产、分布式能源项目和燃气锅炉,置换出一批现有的燃煤、燃油等火电机组、锅炉。

加强燃煤电厂运行的环保监测。实施最严格的环保措施,对燃煤机组脱硫旁路挡板实行封堵,确保脱硫脱硝设施的全时段运行。

探索研究沿海大型燃煤电厂的余能利用。切实提高燃煤电厂能源资源的综合利用,加强粉尘回收,尽可能减少温排对海水的影响。

三、钢铁产业

调整优化钢铁产业内部结构,控制上游钢铁冶炼产业规模,重点发展不锈钢等特种钢材,延伸发展下游不锈钢高端产品,构建不锈钢加工产业园;同时,紧抓重点企业节能减排,打造钢铁循环经济产业链。

(一)控制上游产业规模,大力发展高端、特种钢材品种

鉴于上游钢铁冶炼国内产能过剩、效益下降、能耗排放强度过高等因素,依托现有钢铁冶炼产能,延伸发展下游不锈钢、特种钢等高端、关键钢材,提升整体产业价值链。充分发挥宝钢集团技术、资金等优势和宁波港作为全国最大铁矿石中转港的独特优势,积极推进宁钢等重点钢企的技术进步和产品升级,发展高端不锈钢产品,加快推进宁钢薄带连铸热基镀锌项目建设,积极开展宁钢150万吨不锈钢项目前期工作,加快企业转型升级。推进重点钢企与下游建筑、造船、家电、汽车、化工机械等行业的对接,加强关键钢材品种的研发生产,提高产品附加值,促进宁波钢铁产业向专业化和高端化发展。

(二)以龙头企业为中心构建不锈钢深加工产业园,延伸钢铁产业链

着力引进不锈钢深加工企业,拓展不锈钢下游产品产业链,重点生产加工高档不锈钢面板、高档不锈钢焊管和异型管、轿车及家电配套的不锈钢产品等高附加值品种,加快推进宁波万隆稀土彩色不锈钢生产项目。以北仑宁钢、宝新等龙头企业为中心构建不锈钢深加工产业园,推进腾龙不锈钢深加工产业园建设,完善配套设施,鼓励余姚、奉化、鄞州等地区的不锈钢加工企业进行整合、集聚,形成不锈钢产业集聚规模效益。

(三)加快节能减排改造,构建循环经济产业链

坚持技术引进和自主创新相结合,加快钢铁行业节能技术、节水技术和生态技术的推广应用,提高能源效率。以宁波钢铁、宝新不锈钢等龙头企业为抓手,以产业园区为单位,通过物质、能量及信息的集成,形成工业代谢和共生关系,完善循环经济产业链。依托宁波汽车、造船、家电制造产业,提高宁波钢铁产业的废钢资源回收—再利用率。通过对钢厂焦油、碱渣等废弃物的资源化利用,构建钢铁、化工产业间的循环产业链。

四、造纸产业

加大节能减排力度,推进产业清洁化生产;优化产业空间布局,进一步推进产业集聚化发展;加快产业废弃资源循环化改造,积极构建循环化产业园;提升产品质量和档次,优化产品结构,发展绿色包装,延伸产业链。

(一)上大压小,加大节能减排力度,推进清洁生产

继续调整产业链源头,协调推进中华纸业关闭、亚洲浆纸业预留地块项目扩建,同时继续实行产业退出机制,调整和明确淘汰标准,量化淘汰指标,加大对年产 5.1 万吨以下的化学木浆生产线,单条年产 3.4 万吨非木浆生产线和单条年产 1 万吨及以下废纸浆生产线,以及窄幅、低车速、高消耗、低水平造纸机的淘汰力度。以水污染物防治为重点,兼顾废气、废渣处理,采用封闭循环用水、白水回收、中段废水多级生化处理、烟气高效净化、废渣资源化处理等技术,提高综合防治和废弃物的资源化再利用水平,减少"三废"的排放。支持现有企业通过技术改造,加快技术装备更新,降低单位产品资源消耗和污染物排放量。加快造纸产业的集中布局,提升产业的清洁化生产水平。

(二)调整产品结构,延伸造纸产业链

支持造纸企业生产食品纸、医疗用纸、不锈钢衬纸等高附加值特种纸产品,提高造纸产品档次,提升产品附加值,推进亚洲浆纸 25 万吨特殊用纸项目建设,促进产品结构调整。支持绿色包装产业发展,促进纸品资源的就近循环利用。促进造纸产业周边绿色包装业的集聚化发展,为纸品及包装印刷行业的发展搭建新的平台,打造大型国际纸品包装、印刷综合产业基地。

(三)加强废纸回收再生利用体系建设

借鉴发达国家废纸回收利用的体制机制,在废弃资源回收利用体系建设过程中充分考虑废纸的再生利用,加强对废纸回收的宣传,完善废纸回收市场体系和管理体制,提高废纸回收率,制定废纸分类标准,实行分类收购和分类处理,提高废纸利用效率。

参考文献

[1] 宁波市经信委,市统计局,市发改委.宁波能源 2013 年度报告[R].2014.
[2] 宁波市发改委.宁波临港重化工业转型升级研究(内部资料)[Z].2004.
[3] 杨会香.广东省产业低碳化发展研究[D].广州:暨南大学,2013.
[4] 姚宇.我国产业低碳化经济发展研究[D].西安:陕西师范大学,2010.

［5］王庆山.天津石化产业低碳化发展路径与机制研究［D］.天津：天津理工大学,2013.

［6］刘宁.青海省传统高碳产业低碳转型路径研究［J］.青海师范大学学报（哲学社会科学版）,2013,35（6）：19-22.

第五章　宁波交通低碳发展目标及实现路径

低碳交通是指以资源环境承载力为约束，以自然规律为准则，以满足出行需求为前提，以优化交通经济结构、控制污染排放、保护生态环境、集约资源利用为手段，将生态文明理念融入交通运输各方面和全过程，实现与自然、经济、社会协调、可持续发展的绿色循环低碳交通运输体系。低碳交通体系涵盖了一体化的基础设施系统、集约化的运输组织系统、节能型的运输装备系统、智能交通系统（ITS）、清洁型的交通能源系统、科学的交通流管理系统、引导型的公众出行系统、规范化的政策制度系统和完善的公共自行车出行系统。只有通过合理引导运输需求，优化运输装备、运输结构与用能结构，提高营运与能源效率，并在政策导向、技术创新、社会伦理文化培育等多方面协同，才能完成交通运输的减排任务，实现交通运输全周期、全产业链的低碳发展。低碳交通是一种以低排放、低能耗、低污染、高能效为基本特征的交通运输发展模式，既能满足社会经济发展的正常需要，又能降低单位运输量的碳强度。低碳交通的首要任务是降低交通运输的碳排放量，使车、船、飞机和装卸搬运机械等交通运输装备能源利用率高，清洁能源使用比例高，二氧化碳等温室气体排放低。低碳交通的核心在于提高交通运输的用能效率，优化交通运输的结构，减少交通运输的碳排放。低碳交通的主要特征为能效高、能耗低、排放低，具体表现为五个方面：第一，强调新能源和新技术的开发使用；第二，降低交通运输方式的能源消耗；第三，对交通需求的优化与管理；第四，促进不同运输方式的相互配合；第五，实现最低的碳排放和最高的运输效率。

本课题组依据交通运输部《加快推进绿色循环低碳交通运输发展指导

意见》《建设低碳交通运输体系指导意见》《公路水路交通运输节能减排"十二五"规划》,宁波市委《关于加快发展生态文明努力建设美丽宁波的决定》,宁波市政府《宁波市国民经济和社会发展第十二个五年规划纲要》《宁波市低碳城市试点工作实施方案》《宁波市公交都市示范城市创建工作实施方案(2014—2018)》,宁波市交通委《加快推进我市绿色循环低碳交通运输发展实施意见》《宁波市"十二五"综合交通规划》《宁波市交通运输节能减排"十二五"规划》《宁波市城市公共交通发展规划(2012—2020)》《关于推进生态交通建设的实施意见》等法规文件,深入分析目前宁波交通低碳发展现状及存在的问题,并结合宁波交通低碳发展形势与要求,提出宁波市交通低碳发展的思路与实现路径。

第一节　宁波交通低碳发展现状与问题

经过多年的发展,宁波市基本形成了以港口为龙头,以城区为中心,公路、铁路、水路、航空、管道等多种运输方式协调发展的立体综合式现代化交通运输网络体系,在推动经济社会发展的过程中发挥了重要作用。

一、宁波市交通发展现状

（一）综合交通网规模进一步扩大,通道格局初步形成

宁波市已初步形成了以港口为龙头,公路、铁路、水路、航空多种运输方式协调发展的综合式交通网络体系,"一环六射"对外运输通道初步形成,涌现出以宁波站、余慈枢纽为代表的一批综合客运枢纽和以梅山保税港区物流中心、镇海大宗货物海铁联运物流枢纽港为代表的一批物流中心。

1. 公路网络规模不断扩大并逐步优化。"十二五"期间宁波高速公路重点建成绕城高速东段、穿山至好思房公路、象山港大桥及接线工程,三门湾大桥及接线工程、杭州湾跨海大桥杭甬高速连接线工程、杭甬高速复线一期工程、宁波—舟山港六横公路大桥宁波连接线工程等项目开工建设,"一环六射"高速公路总体布局基本形成,"县县通高速"的目标全面实现。

2. 铁路原本的末端地位得到改变。"十二五"期间重点完成了萧甬铁路电气化改造、杭甬客专高速铁路、新铁路宁波站等重大工程,北站迁建工程、货运北环线工程等正在按计划推进。宁波铁路将形成"三干四支"布局。"三干"为杭甬客专、萧甬铁路和甬台温铁路,"四支"分别为北仑支线、镇海

支线、白沙支线和余慈支线。

3.港口通过能力进一步扩大。"十二五"期间宁波港重点建设了一批原油、液体化工、集装箱、煤炭专业化码头,预计万吨级以上泊位将达到104个,港口通过能力达到5亿吨,其中集装箱专业化泊位将达到30个,通过能力将达到1900万标准箱(TEU)。

4.栎社机场三期启动建设。"十二五"期间宁波栎社机场重点推进宁波空港物流园区一期工程、机坪扩建工程,全面启动机场三期扩建工程,建设T2航站楼及配套设施。机场三期项目完工后,栎社机场年旅客吞吐能力将增加至1200万人次。

5.综合枢纽建设加快推进。"十二五"期间推进了余慈综合交通枢纽中心、铁路宁波南综合客运枢纽(汽车南站)、宁海综合客运枢纽、宁波梅山公路集装箱综合场站、宁波后海塘综合货运枢纽、宁波空港国际物流园、宁波宁海物流园区综合货运中心、宁波象山现代物流园区公共服务中心等一批重点项目。

(二)运输量持续增长,运输服务水平较快提升

1.运输量稳步增长,铁路客运量、水路货运量增长较快。2013年,宁波完成全社会货运量36146万吨,预计至"十二五"末,全社会货运量将达到41712万吨,是"十一五"末的1.3倍。

2.宁波港货物吞吐量位居大陆港口第3位、全球第4位,集装箱吞吐量稳居大陆港口第3位、全球前6位。"十二五"前三年宁波港货物吞吐量的平均增速为6.4%,比"十一五"期间平均增速下降了2.5百分点。集装箱吞吐量呈平稳增长态势,增长速度呈下降趋势,宁波港的集装箱吞吐量增长率在前六位港口中高于上海、深圳、广州,低于青岛和天津。

3.城乡客运服务水平进一步提升。城乡道路客运一体化水平显著提高。截至2013年年底,在完成了市区及余姚、慈溪全域公交化改革后,全市城乡客运一体化率达到75%,比2011年年末的55.3%提高了近20百分点;城乡客运覆盖率达到99.8%,除四个岛屿村外,其他所有行政村全部实现班车通达。

4.交通物流产业规模不断扩大。宁波市交通物流业增加值占到物流业增加值的40%以上,交通运输企业占到物流企业总数的80%以上,运输费用占到全市社会物流总费用的53%,交通物流已经成为现代物流的基础环节,具有基础性和主体性作用。

（三）交通运输支撑保障能力明显提升

1.交通运输信息化水平明显提升。全面启动了智慧交通一期项目建设，推进宁波市智慧交通网络系统建设、智慧交通应用支撑平台建设、智慧交通应用系统建设和智慧交通公共服务平台建设。

2.交通安全监管与应急反应能力显著增强。宁波市目前已经初步建立道路路网、城市交通、交通运输监管和应急保障系统，运用高清视频监控、全球卫星定位、船舶自动识别、卫星通信等多种技术，加强了对交通基础设施和运输装备的监测监控，交通安全监管与应急反应能力显著增强。

二、宁波市交通低碳化发展现状

2012年，宁波市入选"建设低碳交通运输体系试点城市"，出台了《宁波市低碳交通运输体系建设城市试点实施方案》，围绕"港·城·畅·绿"建设目标，通过技改补助政策向节能减排方面倾斜，加强高效环保运输技术研发与应用，在交通运输绿色循环低碳发展方面做了诸多探索与实践，取得了阶段性成效。

（一）交通运输节能减排成效显著

"十二五"期间，重点推进综合运输结构向运能大、能耗低、污染小的低碳交通运输方式转移，改变宁波市高能耗的公路运输比重偏高的局面，充分发挥不同运输方式的优势，加强多式联运，提高运输组合效率。2011—2013年全市道路运输万元营业额能耗下降18.9%，水路运输千吨海里能耗下降6.5%，公交运输百万人千瓦公里能耗下降8.7%。

（二）运输组织方式不断优化

着力推进公路甩挂运输发展，扩大甩挂运输试点实施范围，目前全市拥有甩挂运输试点企业部级4家（占全省50%）、省级3家、市级5家，试点企业共有540辆牵引车、923辆挂车，试点项目拖挂比达到1：1.71。宁波港已有24台"一拖双挂"集装箱专用牵引车投入生产，节能减排效果非常明显。

（三）公交优先战略加快落实

1.宁波市坚持公交优先战略，成功获批第二批国家公交都市建设试点城市。2013年全市完成公交客运量6.4亿人次，同比增长7%；市区公交分担率达到24.8%，同比上升3.4百分点，名列全省第一。公共自行车系统正式投用，2013年建成公共自行车网点618个，投用自行车15035辆。

2.以满足公众出行需求为导向，积极推动城乡客运一体化发展。除南三县外已全部实现城区、城镇、镇村公交一体化"三个100％",全市城乡客运一体化率达到75％。

3.提升出租汽车服务质量。出台出租汽车营运权招标、运力投放、服务质量考核等7项配套政策,探索组建个体出租车服务管理公司,推动公司化改造和规模化经营。

(四)运输装备加快升级更新

随着交通运输服务能力的稳步提高,交通运输装备的升级步伐加快,运力结构不断优化。

1.公路客运车辆大型化、高端化趋势明显。2013年客车数量为4169辆,平均客位达31.3客位/车,车辆数量较2010年下降趋势明显,比2010年年末减少60.8％。公路货运车辆向大型化、专业化方向发展。2013年货车数量为82719辆,平均吨位达9.2吨/车,车辆数量较2010年增加22.4％,平均吨位较2010年增加9％。

2.水运运力继续向"大特新"方向发展。2013年全市拥有客运船舶49艘,共计4507载客位,货运船舶627艘,共计578.91万载重吨(指机动船舶,不包括驳船),平均客位、吨位分别提高至92客位/船、9233吨/船,较2010年分别增加2.4％、33.1％。

3.城市公共客运装备低碳化、清洁化进程加快。2013年年底,全市营运公交车共6349辆,其中柴油车4731辆、液化石油气车165辆、天然气车1249辆、双燃料车46辆、混合动力车158辆,节能与清洁能源车辆超过总车辆数的1/4。出租车方面,随着汽车油改气工作的稳步推进,2013年年底油气双燃料出租车已达2878辆,占全市出租车总量的45.3％。

(五)生态公路建设全面开展

1."十二五"期间,实现宁波市辖区高速公路和国省道宜林路段绿化率100％,新增公路绿化里程100公里以上,公路绿化增加碳汇量达10万吨以上。

2.全面开展公路边"三化"景观建设,基本完成国省道和重要县道公路绿色通道及边坡复绿任务,全国第一条风景道G527宁海风景道绿色环保示范工程实施方案获交通运输部批准建设。

三、宁波市交通低碳化发展存在的问题

尽管宁波在低碳交通建设上取得了一定进展,但距离目标要求还有很大差距,仍存在一些突出的问题,主要表现在以下五个方面。

（一）各种运输方式发展不均衡，综合运输优势薄弱

公路和水路运输成为主力，石化能源消耗占据主流。公路、铁路、水路、航空在全社会客货运量中的分担比例基本保持稳定，其中公路和水路占全社会客运量的比重高达96%，占全社会货运量的比重高达92%。铁路和内河绿色运输方式发展缓慢，运量潜能没有发挥出来。目前，在全市营业性交通运输能耗总量中，公路运输的能耗占比超过50%，位居各种交通方式之首，水路运输的能耗占比约为30%；另外，公路运输消耗的能源总量和单位强度呈逐年上升的态势。

（二）城市客运结构需进一步调整优化

公共交通仍以常规地面公交为主，服务于长距离、组团间出行的轨道、中运量公交等快速骨干公交系统占比较小，公交线网结构与公交需求不匹配，公交客运规模和公交分担率较低。公交基础设施不足，公交专用道和公交场站基础设施缺口较大，特别是衔接城际、城乡、城市交通的公共交通枢纽场站建设滞后，供需矛盾突出。

（三）节能环保型运输装备水平亟待提升

目前改进需求最为迫切的指标集中在运输装备方面，节能环保型营运车辆与船舶的整体占比还很低，距离建设绿色低碳循环交通运输体系的目标尚有较大差距。其中，节能环保型客运车辆与公交、出租车后期发展情况相对较好，全市正在加快推进天然气车辆、电动车辆在城市客运领域的应用。但在节能环保型公路客货运车辆和节能环保型船舶领域，未来还需要更强有力的措施和政策进行引导和培育，水上LNG加气站布局规划等工作也需要加快推进。

（四）节能减排市场机制需继续完善

目前，宁波市交通运输行业节能减排市场机制的工作基础较为薄弱，碳交易等市场机制的参与程度较低，参与节能减排市场机制的模式缺乏多样性。同时，由于经济形势不明朗，市场效益不佳，加上清洁能源车辆和船舶的技术规范不统一、价格高、补贴少，企业更新清洁能源车辆和船舶的速度缓慢。

四、宁波市建设低碳交通的目的与意义

发展绿色循环低碳交通运输是时势所需，是贯彻市委建设"美丽宁波"重大决策部署的硬任务；是现实所迫，是缓解资源要素制约、推动行业可持

续发展的主渠道；是转型所向，是交通企业调结构、提质量、增效益的加速器。

（一）建设低碳交通，有利于保障"美丽宁波"的实施

宁波市委建设"美丽宁波"的决定，明确了"2016 年力争成为国家级生态市"的工作任务，其"发展更加优质，生态更加优良，人居环境更加优美，生活方式更加文明"的四大目标，对低碳交通提出了具体的建设任务要求。交通作为宁波市的支柱产业，在生态市创建上领先发展责无旁贷。

（二）建设低碳交通，有利于缓解资源要素的制约

长期以来，交通基本采用典型的"投入支撑型"发展模式，增长主要依赖于资源要素的粗放投入。据估计，到 2020 年，全市土地大约只有 8 万亩的规划空间，港口剩余可用岸线资源仅有 65 公里，其中深水岸线约 57 公里。随着土地、岸线、能源等要素制约和劳动力成本上升的影响进一步凸显，持续增长的交通需求和有限的资源环境容量之间的矛盾更加突出，倒逼交通必须向节地型基础设施、节能型运输装备、低碳型运输方式的方向发展。

（三）建设低碳交通，有利于加快行业的转型发展

优化交通资源配置，改善运输组织模式，提高交通运输效率，是交通运输业科学转型发展的主题、主线。加快以节能减排为主要内容的低碳交通建设，严格能耗和排放监管规章制度，可以推动企业调整要素投入、优化作业流程、强化内部管理，提升市场综合竞争力，切实维护人民群众享受更高生活品质的权利。

第二节　宁波交通低碳发展的形势与要求

一、发展形势

（一）加快绿色循环低碳交通运输发展是加强生态文明建设的迫切要求

党的十八大报告把生态文明建设放在现代化建设中更加突出的位置，首次将生态文明建设纳入中国特色社会主义事业"五位一体"总布局，要求把生态文明建设融入经济建设、政治建设、文化建设、社会建设各方面和全过程，着力推进绿色发展、循环发展、低碳发展，形成节约资源和保护环境的空间格局、产业结构、生产方式、生活方式。按照中共宁波市委《关于加快发

展生态文明努力建设美丽宁波的决定》的要求,应统筹临港工业发展、能源结构调整和生态环境保护,努力探索低碳、绿色、可持续发展路子,推进美丽宁波建设。"生态文明十大行动"中清洁空气行动对交通行业车辆清洁化提出了要求,要求深入实施机动车排气系列惠民工程。交通运输作为国民经济的基础性事业、先导性产业和服务性行业,同时也是国家节能减排的三大重点领域之一,在加强生态文明建设、推进可持续发展中肩负着重要责任,面临更高的工作要求、更严的考核目标。从国务院到省、市、县(市、区)政府,都将生态文明建设纳入工作目标任务分解和责任考核。绿色循环低碳交通运输体系建设是生态文明建设的重要组成部分。

(二)加快绿色循环低碳交通运输发展是全面建设宁波交通运输现代化的现实需要

宁波交通运输行业以科学发展观为指导,紧紧围绕"两个率先"目标,把资源节约、环境友好、绿色循环低碳理念全面贯彻到交通基础设施建设养护、运输生产、行业管理等各个环节,更加高效地利用能源资源,有效保障了经济社会快速发展,极大地推动了全社会节能减排目标的实现。与此同时,按照现代化的要求,对照国外发达国家的先进经验,宁波市交通运输行业能源利用效率不高、发展方式粗放的格局尚未根本转变,交通运输业单位能耗、能源利用效率、主要耗能设备效率等指标与世界先进水平相比仍有较大差距。加快建成绿色循环低碳交通运输体系,既是缓解全市交通运输发展与能源环境矛盾的现实需要,创新交通运输发展模式的重要切入点,更是全面建设交通运输现代化的必然选择。

(三)加快绿色循环低碳交通运输发展是提升交通运输企业核心竞争力的重要途径

企业是绿色循环低碳交通运输发展的主体,加快绿色循环低碳发展是宁波交通运输企业提升核心竞争力的必然要求。随着我国经济社会的快速发展,交通运输企业市场竞争日趋激烈,其竞争本质上是企业经营成本、管理服务水平、可持续发展能力等核心实力的综合竞争。在当前全球经济增长乏力、能源资源紧缺、石油价格上涨等背景之下,能源成本已成为交通运输企业经营成本和核心竞争力的重要影响因素。通过技术进步、管理挖潜大力推动节能减排与绿色循环低碳发展,是交通运输企业实现降本增效的重要手段,积极履行社会责任的重要体现,不仅有利于促进企业加快技术进步、改善经营管理、抢占战略制高点,而且也有利于推动行业绿色低碳转型、拓展可持续发展空间,实现经济效益、社会效益和生态效益的共赢。因此,全面提升全市交通运输企业的综合竞争力和现代化水平,实现节能减排与企业盈利、长远发展目标的有机结合,必然要求全市交通运输行业遵循市场经济规律,紧紧抓住企业这个关键环节,综合运用多种手段,着力营造和谐、高效、绿色、低碳的发展环境,引导和规范企业自觉、主动、广泛参与节能减排工作,加快推进绿色循环低碳交通运输发展。

二、发展要求

(一)"国家低碳试点城市"要求宁波交通低碳先行先试

2013 年,宁波市获批成为全国第二批低碳试点城市,根据《宁波市低碳城市试点工作实施方案》,构建低碳交通运输体系是主要任务之一。这要求宁波市交通运输行业加快发展低碳物流,完善物流信息平台,创新物流业务模式,推动"双重运输",积极推进海铁联运、江海联运,打造高效的城乡配送体系。大力推广低碳公交,全面建设方便快捷、覆盖城乡的公交系统网,提高居民公共交通出行比例。加快城市轨道交通建设,建成运营轨道交通 1 号全线、2 号线一期工程。完善城市自行车道路管理,逐步建立公共自行车租用服务网络。加快提高车辆节能水平,积极推广交通节能新产品、新技术。探索城市公交电动化和供电绿色化。加大交通系统公交车、出租车、港区集装箱卡车改用天然气工作力度。

(二)"国家公交都市示范工程第二批试点城市"要求宁波加快发展城市公共客运体系

2013 年 11 月,宁波市入选国家公交都市示范工程第二批试点城市,根据交通运输部与宁波市人民政府签订的《共建国家"公交都市"示范城市合作框架协议》,交通运输部将在综合客运枢纽、智能公交系统、快速公交运行监测系统、清洁能源公交车辆等方面给予政策和资金支持。同时,未来五年内,宁波市将以公交都市创建为契机,加大公共交通建设投资力度,确立组织保障、政策保障、用地保障、资金保障四大保障,努力实现公共交通出行分担率 45%、建成区线网密度 3 千米/平方千米、万人公交车保有量 19 标台、公交准点率提升 6 百分点等公交都市考核目标,构建以公共交通为主体的城市交通体系。

(三)"新能源汽车推广应用城市"要求宁波加大力度推广新能源运输装备

2013 年,国家财政部、科技部、工信部、发改委联合发文,确定宁波等 28

个城市或区域为新能源汽车推广应用城市。根据《宁波市新能源汽车推广应用实施方案》，宁波市将累计推广应用 5000 辆新能源汽车，其中外地品牌数量达到 1500 辆，初步建立新能源汽车配套服务设施，力争实现 3 万辆新能源汽车的产业规模，建成全国新能源汽车产业和示范基地。

第三节 宁波交通低碳发展的目标与路径

一、宁波市交通低碳发展的总体思路

深入贯彻落实党的十八大精神，按照建设"美丽宁波"总体布局的要求，坚持以人为本、科学发展，以转变交通发展方式为主线，以优化综合运输结构、控制污染排放、保护生态环境、集约资源利用为核心，以低碳交通运输体系试点城市建设为抓手，标本兼治，远近结合，构建与现代化国际港口城市发展要求相适应的综合运输体系，提升交通运输组织集约高效化程度，提升港口资源利用集约程度，提升城市公共交通服务能力，完善城市慢行交通系统，改善城市交通出行结构，加快推进"智慧交通"建设，加快推广清洁能源和节能装备应用，强化行业能耗监测能力和管理水平，打造以"综合绿色，智慧港城"为特征的绿色循环低碳交通运输体系，为建设"发展优质、生态优良、环境优美、人与自然和谐相处"的美丽宁波提供支持。

二、宁波市交通低碳发展的基本原则

1. 坚持政府引导、系统设计。与政府相关部门加强协调，系统设计生态交通发展总体规划，建立生态交通发展新机制，叠加政策优势，引导企业和社会公众共同参与。

2. 坚持企业自主、试点示范。发挥市场资源配置作用，深化生态交通专项行动，推进企业典型项目试点，以点带面，促进全行业经济绿色循环低碳可持续发展。

3. 坚持科技创新、结构优化。加强生态交通技术研发和推广应用，推动优化交通基础设施结构、运输装备结构、运输组织结构和能源消费结构。

4. 坚持法规约束、责任落实。完善低碳交通法律法规和标准体系，建立健全目标责任制和考核评价制度，加强监督检查，加大奖惩考核，着力改善低碳交通发展环境。

三、宁波市交通低碳发展的目标

到 2020 年,牢固树立全市交通运输行业节约优先、保护为本的理念,基础设施畅通成网、配套衔接,运输装备先进适用、节能环保,运输组织集约高效、经济便捷,运输服务快捷便民、公平优质,节能减排体制机制更加完善,科技创新驱动能力明显提高,监管水平明显提升,行业能源和资源利用效率明显提高,实现交通建设管理养护运输低消耗、低排放、低污染,高效能、高效率、高效益,力争成为全国绿色循环低碳交通运输体系建设示范城市。

四、宁波市交通低碳发展的任务与路径

(一)完善综合交通运输体系

1.优化综合交通运输结构

(1)积极推进交通基础设施畅通成网、配套衔接。围绕"高速公路加密成网、干线公路提能升级、枢纽场站无缝衔接"的目标,大力推进高速公路联网建设、加大干线公路改造、完善农村公路网,全面提升道路网络等级结构,提高通行效率。加强综合交通枢纽及其集疏运配套设施建设,客运上重点构建城市对外交通、城乡交通与城市交通的零距离换乘枢纽,货运上重点构建以城市集运中心、外围货运停车场为依托的城市配送网络体系,引导客流、货流在中心城区外无缝换乘换装,实现城乡客运公交一体化,打造高效的城乡配送体系,有效缓解中心城区的拥堵。推动以公共交通为导向的城市发展模式,加快城市轨道交通、公交专用道、快速公交系统(BRT)等大容量公共交通基础设施建设,增强绿色出行吸引力。

(2)优化港口集疏运结构。整合提升镇海、北仑港区岸线,加大疏港铁路和内河的建设力度。加快推进穿山港口铁路支线的工可报批,争取铁路集装箱中心站项目早日落地开工。加快杭甬运河海河联运中转港口的选址论证,加大宁波段航道的建设和维护投入,提高航道等级,增强大宗散货的疏运能力。整合优化疏港公路通过能力。结合杭甬高速连接线的立项和329 等国省干道的改造提升,构建一条贯穿余姚滨海、杭州湾、慈东、宁波石化、北仑临港、梅山国际物流中心等重点海洋产业集聚区的沿湾快速货运通道。

(3)场站建设由分散的客货运站转向节地型的综合运输枢纽。结合城市轨道交通建设和城市块状分布的格局,加快建设南站综合客运枢纽,规划建设余慈、空港、邱隘等"零距离换乘"的综合客运枢纽。加强栎社国际机场与高等级道路、城市轨道、公交、公路客运的衔接,提高栎社国际机场的集散

效率和辐射能力。抓住市里推进企业集聚进园区的机遇，整合一些货运场站，调整一部分物流园区规划，争取与产业园区同步设计、同步建设，建成一批货运"无缝衔接"的多式联运转运设施。

2.提高交通设施资源利用效率

(1)加强交通基础设施的能源节约利用。树立全寿命周期成本理念，将节约能源资源要求贯穿于交通基础设施规划、设计、施工、运营、养护和管理全过程。完善并严格执行交通固定资产投资项目节能评估与审查制度，并作为项目立项、初步设计、施工及验收各阶段的刚性指标。在交通基础设施建设和养护中，大力推广应用节能型建筑养护装备、沥青路面再生技术和预防性养护技术。在机场建设上通过生物工程、绿化工程、建筑工程、材料工程和其他工程措施的综合运用，使机场建设更加趋于生态及环保。积极加强绿色照明技术、用能设备能效提升技术及新能源、可再生能源在交通基础设施运营中的应用。强化公路治超管理，延长公路使用寿命，减少非正常养护频次。

(2)加强土地和岸线资源集约利用。严格建设项目用地审查，合理确定建设规模。鼓励利用老路改扩建，因地制宜采取"公路交叉口平改立""低路基""以桥代路、以隧代路"等措施，减少耕地占用，避让基本农田保护区。加强综合交通枢纽用地的立体开发。按照"统筹规划、合理布局、集约高效"的要求，对岸线资源进行有效整合，大力发展集约化、专业化、现代化港区，切实提高港口岸线资源利用效率。

(3)加强生态环境保护。严格执行交通建设规划和建设项目环境影响评价、环境保护"三同时"，建设项目水土保持方案编制制度。提倡生态环保设计，严格落实环境保护、水土保持措施，加强植被保护和恢复、表土收集和利用、取弃土场和便道等临时用地生态恢复。严格落实文明施工和装卸作业要求，推进标化工地建设，采取有效措施治理渣土、泥浆、噪声和生活废弃物对环境的影响。推进绿色港口建设，加强码头作业场所和料堆场的扬尘控制，做好港区内液化装卸作业产生的废气收集和处理工作。饮用水源保护地重点路段、航段设置警示标志。推进公路边洁化、绿化、美化工程建设，以"一种三清"(即种植绿化，清理垃圾、清理违法建筑、清理违法和无序广告)为主要内容，以高速公路、普通国省道和重要县道为工作重点，依法彻底整治公路沿线环境的"脏乱差"和"乱挤占"，深入推进公路沿线"三化"行动，实现沿线环境与自然的和谐统一，全面提升生态文明水平。

3.完善交通运输组织体系

(1)优化运输方式。按照"宜水则水、宜陆则陆、宜空则空"的原则,充分发挥各种运输方式的比较优势,大力推进海铁、江海等多式联运,提高铁路、水路在综合运输中的承运比重,降低运输能耗强度。积极促进铁路、公路、水路、航空等不同交通方式之间的高效组织和顺畅衔接,加快形成便捷、安全、经济、高效的综合运输体系。优先发展公共交通,建立以轨道交通和中运量公交为骨干、常规公交为主体、出租汽车和公共自行车为补充的绿色出行系统,大幅提高公共交通出行分担比例。

(2)优化客运和公交组织。推进客运企业之间运输组织平台建设,引导客运企业实施规模化、集约化经营,加强运输线路、班次、舱位等资源共享,推进接驳运输、滚动发班等客运组织方式。优化长途客运班线网络,注重与高铁运输错位发展,加快推广联程售票、网络订票、电话预订等方便快捷的售票方式及信息服务,提高客运实载率。优化城市公共交通线路和站点设置,逐步提高站点覆盖率,改善公共交通通达性和便捷性。科学组织调度,逐步提高车辆准点率,提升公交服务质量和满意度,增强公交吸引力。

(3)加快发展绿色货运和现代物流。加快发展专业化运输和第三方物流,大力推广甩挂、双重运输等现代运输组织方式。积极引导货物运输向网络化、规模化、集约化和高效化发展,提高货运实载率。优化港口生产运营管理,提高货物集疏运效率、装卸设备利用率和港口生产作业效率。加强城市物流配送体系建设,建立城市配送基地,提高城市物流配送效率。

(二)推广应用低碳交通运输装备

1.优化交通运输装备结构

按照交通运输装备能效标准,严格实施运输装备能源消耗量准入制度。长途营运货车,推广应用大吨位多轴重型车辆;市域内配送集散车,推广应用轻型低耗车辆,实现两类车型在城市外围边界换装。营运客车要结合班线特点,推广应用舒适化、个性化车辆。营运船舶继续向"大、特、新"方向发展。加快淘汰高能耗、高排放的老旧车船,提高交通运输装备生产效率和整体能效水平。

(1)车辆结构比例向两端发展。加快发展适合长途干线运输的大吨位多轴重型车辆和市域内配送集散的轻型低耗货车,形成以大型车和小型车为主体、中型车为补充的营运货车运力结构。引导农村客运使用经济适用型车辆,城乡公交使用环保型车辆,长途和客运旅游使用中高级车辆。

（2）船舶结构比例向高端发展。加快发展江海直达的 300～500TEU 集装箱船、3000～10000 吨级液货危险品船和 5 万吨级以上远洋散货船、特种船舶，逐步改变沿海散货船舶"一支独大"的局面。引导内河船舶向标准化、大型化发展，重点发展 300～500 吨级干散货船，以及 24TEU 或者 36TEU 的内河集装箱船。

2. 加快推广节能与清洁能源装备

积极推广以天然气等清洁能源为燃料的公交车、出租车和集卡车的应用，开展以天然气为燃料的运输船舶的应用研究和试点，加快加气站等配套设施建设。推广应用混合动力车辆，积极推广靠港船舶使用岸电，全面完成港口集装箱轮胎式龙门吊"油改电"工程，推进合同能源管理在用能装备中的应用。推进车船模拟驾驶和港口装卸机械设备模拟操作装置应用，积极推广应用机动车绿色维修设备及工艺。

3. 加强交通运输装备排放控制

（1）严格落实交通运输装备废气净化、噪声消减、污水处理、垃圾回收等装置的安装和定期维护，鼓励选用高品质燃料，有效控制排放和污染。严格执行交通运输装备排放标准和检测维护制度，淘汰客货运"黄标车"。加强交通运输污染防治和应急处置装备的统筹配置与管理使用。

（2）加强危险货物运输动态监测，预防交通事故引发环境污染事件。加强既有车船装备的废气净化、噪声消减、污水处理、垃圾回收等装置的安装。重点开展危险品运输监管平台二期建设，完成危化品运输车辆和油船的GPS监控、电子路单管理、视频监管，实现与相关部门的数据互联互通。配齐污染防治和应急处置装备，做好防范预案。

（三）加快创建国家公交都市

1. 构建中心城区公共交通体系，推行公交优先出行

（1）加快形成快速公交主通道。坚持公交优先发展战略，构建"以轨道交通为骨架、常规公交为网络、出租车为补充、慢行交通为延伸"的一体化、多层次城市公共交通体系。推进轨道交通 1 号线和 2 号线建设，完成轨道开通运营前票价方案制定等相关前期工作。

（2）推行低碳出行的公交优先模式。改进公交专用道、交叉口信号灯等管理制度，实施上下班通勤公交优先。逐步优化调整公交线网功能，做好常规公交与轨道交通的接驳服务；试点社区巴士微循环，改善社区内部出行。加快建设公交智能化调度管理、公交信号优先、专用道运行监管和公交车视

频监控等系统,搭建覆盖车辆、车内、重要站点的城市公交网运行状态监测与预警网络。

(3)提高公众出行信息服务水平。依托公交智能化运营平台,开发无线公交、电子站牌等先进应用系统,发布公交首末站车辆运行信息、重要中途站点车辆到站信息和轨道交通与地面公交换乘信息,方便乘客通过网站和手机终端实时查询公交到站状态,规划最佳出行方式,有序安排出行时间。更换市区老旧出租车车载终端,完成电召平台建设,适时推出同向拼载等业务,实现电召数据资源与部、省间的联互通与信息共享。

2.推动城乡客运一体化,促进城乡公共服务均等化

总结推广余姚城乡公交一体化经验,推动慈溪境内、慈溪至宁波的公交化改造;总结推广宁波至象山客运班线整合改造经验,推动奉化、宁海、象山等地城乡客运一体化。

3.加快轨道交通建设,引导城市经济空间开发布局

充分发挥交通对经济发展、土地利用的能动作用,以轨道交通建设带动城市空间开发。加快对城市发展主要轴线和新开发区域的轨道覆盖,坚持"强轴优先、兼顾辐射"原则,启动轨道交通3号线、2号线二期、4号线、5号线一期的前期工作,优化轨道交通的建设时序,支撑中心城区一体化;以轨道交通站点为节点,结合轨道交通沿线的产业、商业、市场资源状况,引导城市空间合理布局,兴建城市综合体,促进新城发展。加快余慈等城际铁路研究,合理构建中心城区与副中心城市间的交通模式。

4.完善公共租赁自行车系统

借鉴杭州、广州、武汉等地经验,配套完善公交(轨道)站点周边的公共自行车设施,有效解决市民通勤出行、生活购物和观光旅游的"最后一公里"问题。基本形成点多面广、大小并举、统散结合、疏密有致,衔接公交、取用方便,设施美化、环境协调的公共自行车系统。

(四)构建智慧交通管理信息系统

以《宁波市智慧交通建设规划》为指导,加快推进智慧交通项目的实施。探索建立宁波交通运输综合指挥中心,实现综合运输监控协调、安全应急指挥、决策支持和公众服务的目的,提升行业管理效能。积极推进公众出行信息服务系统、公路治超电子跟踪管理系统、物流公共信息平台、港口智能调度和节能控制系统、公交智能调度系统、出租车智能调度系统等先进技术的研发及应用,提升交通运输生产、运营、服务的效率。

1.建设数字公路

以公路管理系统和行业服务系统为基础,大力推进"数字公路"综合信息服务系统平台建设。提高公路管理装备水平,逐步配备道路网数据采集设备、公路及附属设施(桥、隧)的检测评价设备,以及具备移动监控、录像及录音取证、车牌识别、全球卫星定位、指挥调度等功能的执法车辆等。加快公路应急指挥中心建设,及时动态发布道路通阻止状况,提高公路应急保通能力与路径诱导能力。

2.建设数字运管

加快建设和完善以汽车后市场信息服务系统、驾驶员培训系统、96520服务系统为代表的服务平台建设。整合宁波市道路运政、道路客运、道路货运、车辆维修驾培等信息,进一步完善运政业务审批子系统、营运车辆和企业档案管理子系统、从业人员管理子系统、运政监督检查管理子系统、运政综合指挥子系统等功能。深化 GPS 监控平台、视频监控平台及移动执法系统三大平台建设,并加强与相关部门的数据交换。重点发挥指挥中心三大平台与各业务系统的联动作用,突出现场指挥调度与监控功能,全面提高道路运输管理的决策、调控、服务水平。

3.建设数字港航

加快建设市港航指挥监管中心,采用视频、图像等各种可视化监控手段,对水上船舶航行、港口规划建设、港口安全管理、港航行政管理及公众服务等信息进行采集、传输、加工、处理、分析。加快开发港口综合信息管理系统,按照统一的元数据标准、电子文件格式与交换标准、视频监控网接入标准,实现港口综合管理信息的联网互动和信息资源共享。不断提高港政执法装备水平,增配沿海巡逻艇及港口设施保安巡逻车,升级随身执法装备配置,逐步构建全方位覆盖、全天候运行、快速反应、装备精良,与宁波港口发展相适应的立体化综合执法装备体系。

4.建设交通综合指挥平台

建立管理统一、上下联动、互为协同的交通运输应急指挥系统,实现交通通行业各部门间的信息资源共享,提高应急事件的快速综合处理能力,主要包括应急综合业务管理、应急资源管理、重大危险源监测与预警、应急预案管理、应急指挥调度、应急评估与总结、应急模拟演练等功能。以交通局业务应用系统和信息资源库为基础,建立领导决策分析平台,强化信息的后台处理、综合分析和深度挖掘,加强数据综合管理,分析经济活动的特点、规律,提高信息的综合应用和共享水平。

5. 完善公众出行信息服务平台

整合交通门户网站出行信息，建设统一的旅客出行服务平台。提高平台智能化水准，在整合全市交通信息资源基础上，充分依托交通联网售票系统、智能交通诱导系统、电子地图等，逐步增加出行信息的服务项目、提升服务质量，并最终实现出行信息一网可查，出租信息一网可约，客运车票一网可购，公交月卡一网可充。

(五)加快推进低碳交通运输技术创新

1. 创新交通设施低碳技术

重点开展温拌沥青铺路、路面材料再生等技术的研究和推广；大力推进公路设施节能减排工作，在公路场站、辅助设施，推行"绿色照明工程"推广应用 LED 灯、无极荧光灯(电磁感应灯)等节能灯具；研发推广航标节能减排新技术，研究、开发并推广应用新型节能航标灯器，鼓励在航标中应用新技术、新材料、新光源和新能源。

2. 创新道路运输低碳技术

强化车辆节能减排技术应用，推广混合动力汽车、替代燃料车等节能环保车型，推广应用自重轻、载重量大的运输装备；强化城市客运车辆节能减排技术研发和应用，从车辆替代燃料与新型动力的推广应用、在用车辆管理与监测、维护与保养等诸多领域着手，提高城市客运车辆节能减排的整体水平。加强既有线路节能减排技术改造，积极推进运营线路车站自动扶梯加装变频装置，加强车站与车辆基地照明系统的节能改造，更新改造落后的能耗系统设备。开展车站通风空调系统集成改造、车站通风空调系统智能化控制技术应用研究，推进轨道交通车辆基地太阳能光热、光伏系统应用。推广甩挂运输、拖挂运输技术。

3. 创新水路运输低碳技术

研发推广 LNG 动力船舶等新一代节能环保型运输船舶；大力研发和推广内河标准船型；研发船舶靠港使用岸电改造技术，制定相关技术标准，进行推广应用；积极研发推广港口节能减排新技术、新工艺、新设备和新能源；加快对集装箱码头设备和散货码头设备关键技术的研究；研发推广港口装卸设备"油改电"和"油改气"技术、货场照明控制和绿色电源技术、起重机械回馈制动技术；大力研发推广应用电能回馈、储能回用、靠港船舶使用岸电等绿色节能减排技术，以及电动吊具、电动水平运输车辆等新工艺、新技术；推广绿色照明工程，加强照明和空调系统等辅助用能节能改造技术。

（六）创新低碳交通运营组织模式

1.推广港口集疏运的多式联运模式

以国家集装箱铁水联运示范通道为契机，巩固江西、台州班列，提升金华、襄阳班列，争取开辟成都、义乌班列，改变铁路集疏运短腿状况。强化内支、内贸线服务，发挥杭甬运河水运优势，提升港口江海、河海联运功能。全面推广集装箱甩挂、双重运输，完善"双重运输平台"，培育扶持干线甩挂运输、港区甩挂运输和甩挂运输联盟，提高公路集疏运效率。

2.推广物流园区的集聚化运营模式

推广"港口＋物流园区＋贸易市场"一体化的开发运营模式，实现区域集中、企业集聚、要素集约的规模化和网络化运营。鼓励和引导企业通过联合兼并、网络化经营、物流金融经营等多种方式转型提升，形成一批集约化、专业化运作的宁波品牌物流企业，吸引3～4家国内外知名物流企业、跨国集团在宁波设立地区总部或分公司。

3.应用信息化提高综合运输系统效率

按照智慧交通总体规划，加快建设数字公路、ETC车道、智慧港航、智慧公交。推动港口EDI、电子口岸、第四方物流信息平台的对接，加大信息数据的交换利用。鼓励企业基于信息平台开发应用系统，开展运输电子商务，实现运输的"电商换市"。

推进集装箱海铁联运物联网示范工程的构建，打造港口物流信息平台，可实现铁路、港口、物流企业、监管部门物流信息的交换与共享，达到多种运输方式的"无缝衔接"和"一体化"运作，加强各种运输方式运输企业的相互协调，为物流供应链上关联企业提供社会化、专业化的物流服务，合理配置资源，提高物流运作效率，降低物流成本，推动综合交通运输体系的建立。

（七）提升低碳交通运输管理能力

1.强化顶层规划设计

认真组织开展交通运输行业节能减排规划和低碳交通运输体系建设试点工作评估，开展下一阶段节能减排规划的调研和编制工作。抓紧开展宁波市绿色循环低碳交通运输指标体系构建和发展对策研究，争取把核心指标和重要项目列入宁波市总体发展战略规划，在生态市发展战略的总体框架下，确立宁波市绿色循环低碳交通运输的发展战略，形成建设绿色循环低碳交通运输的共识和合力，建立部门联动机制，保障决策的科学化和精细化。

2.完善交通运输能耗统计监测考核体系

完善交通运输能耗统计监测报表制度,稳步推进能耗在线监测机制及数据库平台建设,加强交通环境统计平台和监测网络建设。研究开展交通运输重点用能单位的能源管理体系建设和能源审计工作。研究建立交通运输绿色循环低碳发展指标体系、考核办法和激励约束机制。

3.推进绿色循环低碳交通运输市场机制运用

积极推广合同能源管理,加强培养节能环保第三方服务机构,加快培育节能环保技术服务市场。鼓励交通运输企业主动减排、自愿循环。积极推进交通运输企业参与实施清洁发展机制(CDM)项目。引导交通运输企业参与国内碳排放交易,加快研究交通基础设施生态建设的碳汇能力和潜力,探索将其纳入碳排放交易的方法和模式。

4.加强绿色循环低碳交通运输科研基础能力建设

积极推广应用交通运输部绿色循环低碳技术研发中心的技术创新成果,充分调动高校和科研机构等社会智力资源参与和推动宁波市交通科技创新的积极性。强化绿色循环低碳交通人才队伍建设,建设一支数量充足、结构合理、素质优良的绿色循环低碳交通运输专业人才队伍。

第四节　宁波建设低碳交通的对策建议

一、加强规划统筹,健全低碳交通工作机制

(一)树立低碳交通系统认识

牢固树立节约资源就是保护环境和环境容量资源有偿使用的观念,从大系统的高度,认识交通与外部自然、经济、社会间的联系。把低碳交通理念贯穿在发展交通经济、打造国际强港、完善综合运输体系和推进节能减排、建设低碳交通运输体系的各项工作中,实现环保、经济和民生多个目标的综合平衡。

(二)统筹行业发展规划

加强行业间的规划衔接,有机统筹交通土地利用与城市空间开发规划,统筹城际铁路、城市轨道、常规公交和慢行交通规划,统筹公路与铁路,统筹交通建设和环境保护规划,形成低碳交通发展规划的合力,合理制定生态交通推进计划。

(三)健全低碳交通工作机制

在低碳交通试点工作领导小组基础上,各级交通部门分级落实工作职责。争取发改、规划、住建、公安、环保和国土、水利部门支持,建立生态交通建设工作定期协商机制。发挥行业协会自律作用,督促企业健全环保管理体系。

二、严格监管制度,强化生态交通目标考核

(一)严格执行低碳交通规章制度

在项目建设上,严格执行土地利用标准、建设规划和建设项目环境影响评价制度、环境保护"三同时"制度,以及水土保持方案编制制度,加强施工现场监管,不准没有经过节能评估和环境影响评估审查的项目开工建设。在车船装备上,严格执行能效和碳排放标准,以及能耗准入制度,实施运力调控策略,不准燃料消耗和尾气排放没有达标的车船上路。在运营管理上,严格执行危化品运输管理条例,以及运输事故预防与污染应急处理规定,不准安全防范措施没有落实的危化品运输车船营运。

(二)加强低碳交通监管制度创新

创新交通建设项目招投标制度,推行建筑工程和环境施工捆绑招标。探索革新公路、铁路、港口建设项目用地设计规范,节约土地、岸线资源利用。研究制定营运车船燃料消耗量限值标准和碳排放定额,核定运输企业年度运营能耗和碳排放额度。推进能耗在线监测机制及数据库平台建设,开展重点用能单位的能源管理体系建设和能源审计。

(三)完善低碳交通评价考核制度

健全行业节能减排统计监测体系,研究设立生态交通评价指标,完善资金补助项目的考核制度,实行监督考核结果与目标奖励相挂钩。企业低碳交通评价结果与评选重点联系企业相挂钩,实行一票否决制。凡低碳指标不达标的,一律取消资金补助资格。部门低碳交通评价结果与目标考核相挂钩,逐级签订目标责任书,分解指标任务,形成"一级抓一级、层层有落实"齐抓共管的工作机制。

三、完善扶持政策,发挥生态交通市场引导

(一)出台节能减排专项资金管理办法

整合交通运输节能减排和安全生产项目、大物流扶持项目、绿色维修技

术、企业技改等专项资金,引导企业主动采用绿色生产工具和生态运营模式。做好无线公交、车辆油改气、集卡甩挂运输和海铁联运等几个典型的试点示范项目,真正让企业见到效益、尝到甜头,自主形成长期、良性的运作机制;争取试点一个,带动一批,切实达到示范效果。

（二）加大公共交通政府投入

明确公共交通社会公益服务地位,加大公共交通财政补贴力度。借鉴昆明、杭州等城市做法,建立公共交通场站建设专项资金,优先安排公共交通场站用地,加快清洁能源加气站、充电站等配套设施建设。严格公共交通成本规制,健全公共交通定价、调价机制,促进公交成本控制和财政补贴的制度化、规范化。

（三）研究车船碳排放交易等管理办法

探索建立行业内部碳排放交易市场和交易制度,研究出台清洁能源补贴办法,利用价格杠杆倒逼企业采取节能减排措施。加强私家车出行需求管理,出台私家车通勤出行限行和 CBD 停车收费管理办法,鼓励公交通勤出行。修订《宁波市出租者管理办法》,突破出租车拼载车资分担、计价、人数限制等政策与制度瓶颈。

四、推进绿色低碳规划与设计

从顶层规划层面考虑绿色循环低碳,以规划引领发展。综合交通规划重视发展海铁联运、江海联运等多式联运方式,打造无缝衔接的枢纽场站引导优化交通运输结构。城市交通规划重视发展公共交通系统,实现职住平衡的土地功能规划,减少交通出行需求,缩短出行距离。在制定港口发展规划时要体现可持续发展和与环境的协调一致,充分考虑优化布局,节约和集约利用土地;优化工艺,降低工序能耗;推广节能装备,节约运营能耗;加大科研力度,提升节能减排科技水平;推进管理创新,促进节能减排精细化。

五、加大宣传教育,营造良好氛围

将绿色循环低碳交通运输发展纳入全行业重大主题宣传内容,结合"节能宣传月""低碳日""无车日""车、船、路、港"千家低碳行动等载体,开展形式多样的宣传活动,努力培育绿色循环低碳交通运输发展文化,倡导绿色循环低碳交通运输发展理念,使其成为全行业和社会公众的自觉行动。开展经常性的绿色循环低碳交通运输发展教育培训,把节能减排纳入职业教育和培训体系,提升一线从业人员的技术水平和综合素质,真正把绿色循环低碳理念和各项举措落到实处。

参考文献

[1] 宋学军.低碳交通：保护环境,从我做起[M].天津:天津人民出版社,2013.

[2] 村华.我国城市低碳交通建设的发展探析[J].交通与运输,2014(3):48.

[3] 李春琴.浙江城市低碳交通发展的思考[J].现代经济信息,2015(3):467.

[4] 何玉宏,谢逢春.中国城市低碳交通发展路径选择和政策导向[J].中国名城,2015(1):39-44.

[5] 张小冉,徐志,曹伯虎,等.天津市低碳交通发展模式研究[J].山东交通科技,2014(6):6-8,12.

[6] 张凤.低碳交通理论与中国模式探索[J].经济视野,2014(18):380.

[7] 杜鹏,杨蕾.中国旅游交通碳足迹特征分析与低碳出行策略研究[J].生态经济,2015(2):59-63,74.

第六章　宁波低碳建筑发展现状及提升路径

20 世纪 70 年代爆发的两次石油危机，敲响了能源短缺的警钟；化石能源的大量使用，使世界能源出现严重的短缺，世界气候环境也随之发生剧烈的变化。随着经济发展方式的转变与城市化进程的加快，建筑业作为仅次于工业和交通业的第三大能耗及碳排放量"大户"，不仅促进着经济发展，也制约着经济发展，同时对气候变化发挥着重要影响，在全世界范围内逐渐得到重视。

以土地等原材料和资本作为驱动力、以销售为导向的粗放型经济增长方式已经不能适应现如今的市场环境，它使经济发展与生态资源环境保护之间的矛盾愈发凸显，能源短缺、环境污染等问题突出，而这两大问题也成为我国可持续发展的瓶颈。有数据显示，建筑领域的减排措施碳减排成本最低，加上人们对建筑环境的舒适程度和健康程度的不断追求，包括我国在内的各国政府开始高度重视如何实现建筑的低碳化。低碳建筑本身具有节能、环保的特征，是当前发展低碳经济的重要领域，因此，建筑低碳化的概念一经提出，该领域就成为国家应对低碳排放的主战场。

建筑行业是温室气体排放的主要来源行业之一，我国的建筑使用能耗占全社会总能耗约 28％，随着经济的发展，这一比例还会持续上升。截至 2013 年，我国既有建筑面积超过 500 亿平方米，90％以上是高耗能建筑，城镇节能建筑占既有建筑面积的比例仅为 23.1％。有专家指出，处于同等气候条件下，如果需要获得同等的室内舒适度，我国单位建筑面积能耗是发达国家的两到三倍①。建筑节能成为制约经济发展的因素之一——这也是建筑能耗研究的一个重点。无论是资源、环境的现实压力，还是群众对居住环境舒适度的迫切要求，对既有建筑的节能改造势在必行。解决我国的建筑高能耗问题可以大大缓解我国的环境保护和能源利用压力。在借鉴国外经验的基础上，我国政府在行政管理层面及企业层面开展实施了一系列节能减排的政策措施，明确提出了节能减排的总体目标：到"十二五"期末，在建筑节能方面达到1.16亿吨标准煤节能能力。其中：发展绿色建筑，加强新建建筑节能工作，达到4500万吨标准煤节能能力；深化供热体制改革，全面推行供热计量收费，推进北方采暖地区既有建筑供热计量及节能改造，达到2700万吨标准煤节能能力；加强公共建筑节能监管体系建设，推动节能改造与运行管理，达到1400万吨标准煤节能能力；推动可再生能源与建筑一体化应用，使常规能源替代能力达3000万吨标准煤。

近些年，宁波市房地产市场发展迅猛，新建房屋规模空前巨大，2013年全市完成建筑业产值3148.6亿元，比上年增长25.5%。其中全年房屋建筑施工面积达到25136.1万平方米，比上年增长11.4%，接近省会杭州14%的增长速度，但是低碳建筑所占的比例仍然很低。加快发展低碳建筑，促进资源综合利用，是宁波建设节约型、可持续发展城市的必然要求。

第一节　国内外低碳建筑发展状况

在2009年12月联合国气候变化框架公约(UNFCCC)第15次缔约方会议通过的《哥本哈根协议》中，明确指出各国需要根据本国GDP相应减少碳排放总量。此后"低碳"的概念铺天盖地，从而进入人们的生活中，使得人们对气候变化、低碳生活有了一定的认识，"低碳化"概念也被越来越多的人所接受。

建筑业历来是国民经济的支柱产业，在整个国民经济和社会总产值中占有很大的比重，发挥着举足轻重的作用。但就目前而言，在传统的建筑过程中，建筑业消耗了大量的自然资源和能源，产生了大量的废弃物，对环境造成了很大的负面影响。2013年数据显示，在建筑物的建造和使用过程中所消耗的能源占到了社会总能耗的40%左右，再加上建材的生产能耗约有

---

① 仇保兴.推进绿色建筑　加快资源节约型社会建设.建筑与文化,2006(4):8-15.

16.7％，整个建筑能耗已经超过了社会总能耗的一半。以"三高"，即高能耗、高排放、高污染为特点的传统建筑已经严重制约了国民经济的可持续发展。近年来，随着能源需求的急剧增加及二氧化碳浓度逐年升高所引起的气候环境变化，人们也逐渐意识到实现建筑低碳化是现代经济社会发展的必然途径。伴随着绿色发展、循环发展、低碳发展的理念诞生，各国出台了多项节能激励政策，加大了有关建筑节能方面的科研投入，将一系列科技含量高、资源消耗低的新技术、新材料投入到实践中，取得了良好的成效。

一、国外低碳建筑发展现状

"低碳建筑"是近些年提出的概念，在学术界尚没有形成严格且公认的定义。在欧洲，人们更重视的是"智能建筑"；而在美国，人们则热衷于"绿色建筑"。欧美等发达国家和地区在建筑低碳化领域起步较早，从政策的制定到低碳技术的应用方面都取得了实质的进展。这些政策的实施可以为我国及宁波地区在低碳建筑政策发布和技术应用方面提供有意义的借鉴。

（一）美国

美国虽然没有加入《京都协定书》（签署后又退出），但是作为世界第二大能源消耗国，美国也十分重视建筑领域的节能减排。美国政府从 20 世纪 70 年代开始即制定了国家层面的能源政策，并实施了建筑产业及行业标准（如表 6-1 所示）。

表 6-1　美国相关低碳政策及建筑行业标准

时间	政策法规	内容
1975 年	《能源政策和节能法案》	为能源利用、节能减排提供法律依据
1978 年	《节能政策法和能源税法》	主要规定民用节能投资和可再生能源投资的税收优惠是 15％（最多不超过 300 美元）。节能工作初期出台的法律侧重于对建筑采取节能措施进行激励
2000 年	IECC（《国际节能规范》）	针对住宅节能做出强制性标准
2001 年	《低层住宅以外建筑的节能标准》	针对商业建筑和高层住宅的建筑节能标准
2001 年	《税收激励政策—2001 安全法(H. R. 4)》	主要规定了针对 2001 年至 2003 年间新建的住宅，比国际普遍采用的标准节能 30％或 50％以上的，每套住宅减免 1000 美元或 2000 美元的税收
2003 年（修订）	《国家能源政策法》	实现了节能标准从规范性要求到强制性要求的转变

续　表

时间	政策法规	内容
2005 年	《能源政策法案》	美国实施绿色建筑节能的主要法律依据,提倡节约能源和提高能源效率,通过立法规定企业若使用可再生替代能源则可享受减税等奖励措施
2007 年	《能源独立安全法案》(EISA)	主要提升电器、器材、照明的能源标准及其照明能效标准(ALES)
2007 年	《建筑节能法案》	建立建筑节能先进技术及制度的商业应用模式和示范作用,规定了实验性的节能建筑认证体系 LEED 建筑节能标准,强制建筑节能
2009 年	奥巴马政府总统令	要求联邦政府的所有新办公楼从 2020 年起贯彻 2030 年实现零能耗建筑的要求,2015 年实现回收 50% 的垃圾,2020 年实现节水 26%
2009 年	《美国复苏与再投资法案》	开展包括风能和太阳能、高效电池、碳储存和碳捕获及智能电网的开发和利用

对表 6-1 的资料进行梳理可以发现,美国政府在建筑低碳化政策的制定方面采取了层层推进、有计划有步骤的方针,主要分为三步走。首先是政策保证,2000 年以前,联邦政府从国家层面以立法的手段确立节能减排的政策。其次是行业标准,从 2001 年到 2007 年,对于各类建筑分门别类颁布了具体的、强制性的建筑标准,对于新建的大型公共建筑和政府机关建筑,强制其达到某一级别的评价标准,使其能起到示范作用。最后是新能源技术更迭,从 2009 年开始,针对既有绿色建筑运营过程中的节能手段进行新技术的普及,对各种建筑材料进行更新换代,从根本上保证绿色建筑的能耗稳步降低。

除了以上强制标准以外,为了鼓励市民使用高能效家用电器,美国政府还从 1998 年开始推动了"能源之星"项目,向购买高效的"能源之星"家电产品(包括冰箱、洗衣机等)的消费者提供联邦税收补贴和减免;鼓励企业及居民购买经"能源之星"认证的建筑,同时规定所有联邦政府机构必须采购有"能源之星"标识的产品。项目总投资 3 亿美元,在 50 个州实施。美国能源部(DOE)还将对 30 多种耗能产品的能耗标准进行测试,做到及时更新。

(二)欧盟

建筑业在欧盟地区也是主要的能源消耗产业,其中供暖能耗是其面临的亟须解决的问题。通过构建"低碳建筑之路",提高欧盟产业竞争力,成为欧盟提升国际地位的有力手段。因此,各国政府都积极探索建筑节能技术的研究及推广,欧盟在低碳技术领域的投资高达 16 亿美元,处于世界领先水平。

2002 年,欧盟审议通过了欧盟建筑能效指令(EPBD),指令涵盖住宅和非住宅建筑,主要从五个类别对建筑的节能效果进行衡量,包括供热、制冷、通风、照明和热水。2010 年 5 月 18 日,欧盟审议通过新的建筑节能标准,要求 2020 年后新建的建筑物必须"在实质上达到碳中性",这将使供暖费用每年削减达数十亿美元。"近零能耗"建筑标准在 2018 年后应用于所有欧盟新建建筑,并且将会分阶段应用于居民住宅及商用楼。

(三)日本

作为中国的亚洲近邻,日本是一个能源极度匮乏的国家,在 20 世纪 70 年代石油危机爆发以后,日本的能源需求急剧攀升。如何降低建筑业的能耗总量,一直是日本下大力气解决的课题。在政策法规方面,作为一个法制健全的国家,日本在建筑低碳化的道路上也做到了法规先行(如表 6-2 所示)。

表 6-2　日本建筑低碳化相关政策

时间	政策法规	内容
1979 年	《节约能源法》	对于新建建筑,要使建设方和设计方在建筑物建设时就想方设法提高建筑物的能量利用效率;对于既有建筑,业主有义务对建筑物进行节能改造
1993 年	《合理用能及再生资源利用法》	鼓励使用清洁能源,研究化石能源的替代品
1993 年	《建筑节能准则》	2013 年根据实施进展情况进一步修改建筑节能标准,建立了科学系统的评价体系,着力推进建筑节能义务化
1998 年	《2010 年能源供应和需求展望》	强调通过采用稳定的技能措施来降低能源需求
1999 年	《建筑业主的判断基准》	包括对住宅和非住宅的判别
2013 年	《节约能源法》(第 8 次修订)	主要修改两项内容:一是增加了有助于住宅和大厦实现节能的窗户和隔热材料等建材;二是修改了能源消费量的计算方法

据统计,2005 年整个东京 60% 的能耗来自建筑。为此,东京都政府出台了《东京绿色建筑计划》等政策,对新建建筑和房屋销售进行规范,为节能理念与节能技术推广起到示范作用。东京都政府要求,面积超过 1 万平方

米的新建建筑,建筑方必须向政府提交环境报告,以评估其是否满足低碳设计,并要求房产开发者在出售房产时必须提供环保效益标识,促使建筑物拥有者进行低碳设计和装修;引导政府机构、学校、医院等市政机构使用绝热性好、节能效率高的电器设备,增加绿化面积,使用可再生能源;等等。根据《2008 年东京环境总体规划》,东京都政府计划将新建筑的节能标准从 14%提高到 65%,以最大限度地降低房屋的耗能水平。

二、国内低碳建筑发展现状

与欧美发达国家相比,中国在低碳建筑领域的研究起步较晚,还没有在政策层面形成体系,同时也缺乏有实质意义的财税激励政策。随着经济增长方式的转变,发展低碳建筑和绿色建筑已经成为中国顺应世界低碳发展趋势的战略选择。

在政策方面,中国对建筑节能的推动可以追溯到 20 世纪 80 年代初期。1986 年出台了第一部建筑节能设计标准——《民用建筑节能设计标准》,要求节能设计将采暖能耗在当地 1980 年到 1981 年的住宅通用设计采暖能耗基础上节能 30%。该标准于 1995 年作了新的修订,将节能基准调整为在1980 年到 1981 年的住宅通用设计采暖能耗基础上节能 50%。相关规范标准如表 6-3 所示。

表 6-3　国家建筑节能相关标准规范表

标准规范名称	颁布时间
民用建筑节能设计标准(采暖居住建筑部分)(JGJ 26—95)	1995 年
夏热冬冷地区居住建筑节能设计标准(JGJ 134—2001)	2001 年
夏热冬暖地区居住建筑节能设计标准(JGJ 75—2003)	2003 年
建筑照明设计标准(GB 50034—2004)	2004 年
公共建筑节能设计标准(GB 50189—2005)	2005 年
建筑节能工程施工质量验收规范(GB 50411—2007)	2007 年
公共建筑节能改造技术规范(JGJ 176—2009)	2009 年
城镇供热系统节能技术规范(CJJ/T 185—2012)	2012 年
民用建筑太阳能空调工程技术规范(GB 50787—2012)	2012 年
可再生能源建筑应用工程评价标准(GB/T 50801—2013)	2013 年
既有采暖居住建筑节能改造能效测评方法(JG/T 448—2014)	2014 年

但目前颁布的低碳建筑相关标准规范并不成完整的指标体系,对于低碳建筑的评定仍不够全面,不够细化、量化。中国住房和城乡建设部对低碳建筑还未出台一套完整的公认的指标体系。目前,比较接近低碳建筑评价的指标体系,被普遍采用的是 GB/T 50378—2014《绿色建筑评价标准》。绿色建筑是指在建筑的全寿命周期内,最大限度地节约资源(节能、节地、节水、节材)、保护环境和减少污染,为人们提供健康、适用和高效的使用空间,与自然和谐共生的建筑。北京万通地产在 2012 年 7 月发布了《万通低碳建筑标准》,率先在国内地产行业内实现了低碳建筑标准从定性到定量的细化。同年 3 月,第一部由地方政府制定的《重庆低碳建筑评价标准》正式由重庆市城乡建设委员会发布,在节能建筑标准的基础上融入了低碳的评价标准,并使其强化和细化。

围绕着发展低碳建筑这一目标,2012 年以来,为了加强应对气候变化,大力推进低碳建筑的发展,国家发改委及住建部等部门加快了低碳建筑相关规划和政策法规的出台,先后发布并完善了很多政策法规(如表 6-4 所示)。

表 6-4　2012 年以来低碳建筑相关政策法规

政策法规	时间	内容
《"十二五"建筑节能专项规划》	2012 年	总结了建筑节能工作成就和经验,规划了"十二五"期间的工作
《关于加快推动我国绿色建筑发展的实施意见》	2012 年	建立了高星级绿色建筑财政激励机制,推动绿色建筑发展
《既有居住建筑节能改造指南》	2012 年	推进并检查北方采暖地区既有居住建筑供热计量改革
《绿色建筑行动方案》	2013 年	提出开展绿色建筑行动,全面推进绿色建筑发展
《"十二五"绿色建筑和绿色生态城区发展规划》	2013 年	提出推动绿色生态城区、绿色建筑、绿色农房、绿色建筑产业发展,以及老旧城区生态化改造,设定了"十二五"期末的目标
《中国低碳发展宏观战略研究项目管理办法》	2013 年	鼓励单位积极申报建筑领域相关项目,并给予资金扶持

截至 2012 年年底,全国城镇新建建筑执行节能强制性标准基本达到100%,累计建成节能建筑面积 69 亿平方米,达到年节约 6500 万吨标准煤和减排 1.69 亿吨二氧化碳的节能减排能力;累计完成公共建筑能耗统计40000 余栋,能源审计 9675 栋,能耗公示 8342 栋建筑,对 3860 余栋建筑进行了能耗动态监测;共在 20 个省开展能耗动态监测平台建设试点,确定天

津、上海、重庆、深圳市为公共建筑节能改造重点城市；共确定 191 所高等院校为节约型校园建设试点，确定中共中央党校、清华大学等 14 所高校为节能综合改造示范点；共有 742 个项目获得了绿色建筑评价标识，建筑面积达 7543 万平方米，其中 2012 年有 389 个项目获得绿色建筑评价标识，建筑面积达到 4094 万平方米；上海、江苏、深圳等省市在保障性住房建设中全面强制推广了绿色建筑。

三、国内外低碳建筑能耗定量化研究现状

长期以来，欧美发达国家对低碳建筑的评价及碳排放的具体量化研究工作非常重视，取得了很多成果。针对建筑评价的研究主要围绕建筑物全生命周期展开，大多数国家都建立了适合自己国情、较为全面的综合评价体系。例如，英国的 BREEAM 评价体系通过积极尝试，通过计算等级和环境性能指数，将分数转换为四个级别来授予认证证书[①]；美国 LEED 体系则是通过打分卡积分来颁发证书[②]；西班牙的 Ignacio Zabalza 对建筑物全生命周期评价结构进行了简化处理[③]；加拿大的 GBTOOL 评价体系是建立在 Excel 基础上，分数设置从 −2 到 +5 分，Excel 逐级加权计算总分，自动生成性能图标[④]。这些评价体系均包含定量的评分体系，尽可能地通过模拟预测的方法获取定量指标，分级评分则依据这些定量指标。2000 年，美国与加拿大共同通过 DOE 试验设计对能耗调查模拟进行研究，更新数据软件，以期为住宅能耗模拟提供一种可靠方法，用数据支持、支撑住宅建筑节能的发展与推动。此外，还有日本的 CASBEE 体系及德国的 DGNB 体系等，也在低碳建筑评价中发挥着作用。在建筑碳排放层面，目前有代表性的研究主要有：Suzuki 利用日本的产业平衡表计算了住宅建筑的二氧化碳排放和全生命周期能耗；Adalberth 给出了计算建筑物全生命周期不同阶段能耗的计算公

---

①　于一凡，田达睿. 生态住区评估体系国际经验比较研究——以 BREEAM-ECO-HOMES 和 LEED-ND 为例[J]. 城市规划，2009(8)：59-62.

②　宁艳杰，刘远军，张志强. 宜居城市生态住区评价模型研究[J]. 北京林业大学学报(社会科学版)，2008(4)：82-87.

③　吕赛男. 基于全生命周期成本的绿色建筑节能设计优化研究[D]. 南京：南京林业大学，2012.

④　曹茂林. 层次分析法确定评价指标权重及 Excel 计算[J]. 江苏科技信息，2012(2)：39-40.

式[①];Catarina 指出建筑物施工阶段能耗可以占到建筑物全生命周期不同阶段能耗的 23%,在低能耗建筑中甚至高达 40% 到 60%[②];Li 通过对比几个国家的建筑碳排放,宏观分析预测了中国建筑行业的低碳前景[③]。

　　国内目前针对低碳建筑评价的研究获得公认的较少,有借鉴意义的比如黄琪英运用层次分析法分析确定绿色建筑评价体系各指标的权重,同时运用模糊综合评估建立模糊评价模型,进行多因素决策[④];徐莉燕给每个评估条款分配不同的加权系数,建立灰色多层次评价模型进行评价[⑤];张智慧、尚春静、钱坤基于可持续发展和生命周期(LCA)评价理论,界定了建筑生命周期碳排放的核算范围,并对建筑生命周期从物化、使用到拆除处置各阶段的碳排放进行清单分析[⑥];龙惟定提出用"建筑用能过程减碳排放效率"和"建筑利用过程中人均碳排放指标"对低碳建筑的属性进行评价[⑦]。能耗实践研究方面比较有代表性的有龙惟定、胡欣等根据上海地区公共建筑能耗调研数据资料,对上海地区的公共建筑空调能耗现状进行评价研究,提出相比单位面积平均一次能耗,用能量效率作为建筑节能评价指标更为合理。[⑧]李世朋、狄哲、林泉标调查研究分析了旅馆类建筑能耗现状,提出对能耗费用进行分类,并比较其分支用电。[⑨] 武海斌对城市居民空调耗电量进行调研分析,得出了空调能耗指标公式,其中以建筑面积为自变量,并运用公式进行分析预测。[⑩] 陈滨计算了住宅中电力消耗、集中供热及生活能源产生的二

①　刘昭. 国内外建筑生命周期碳排放评价研究进展[J]. Climate Change Research Letters,2013,02(3):121-127.

②　徐伟. 民用钢结构建筑工业化建造施工能耗研究[D]. 沈阳:沈阳建筑大学,2015.

③　张磊. 低碳引领中国建筑新趋势[J]. 中小企业管理与科技,2011(7):78.

④　黄琪英. 国内绿色建筑评价的研究[D]. 成都:四川大学,2005.

⑤　徐莉燕. 绿色建筑评价方法及模型研究[D]. 上海:同济大学,2006.

⑥　张智慧,尚春静,钱坤. 建筑生命周期碳排放评价[J]. 建筑经济,2010(2):44-46.

⑦　龙惟定,白玮,范蕊,等. 低碳经济与建筑节能发展[J]. 建筑科技,2008(24):15-20.

⑧　龙惟定,潘毅群,范存养,等. 上海公共建筑能耗现状及节能潜力分析[C]. 全国暖通空调制冷 1998 年学术文集,1998.

⑨　李世朋,狄哲,林泉标,等. 北京市旅馆类建筑的现状调查与分析(一):能耗统计与分析[C]. 全国暖通空调制冷 2000 年学术年会,2000.

⑩　武海滨,朱颖心,周鹏.北京市城市居民家用空调器耗电量的调查研究[C]. 全国暖通空调制冷 2000 年学术年会,2000.

氧化碳排放量[1];清华大学杨秀、江亿对我国的建筑分类方法和建筑终端能耗统计方法进行研究分析,较为准确、客观地给出了我国当前建筑能耗数据[2]。孙立新、闫增峰、杨丽萍通过对西安市公共建筑的能耗进行调查统计,对比统计获取的能耗数据,分析得出西安市关于公共建筑的能源消耗现状,简要分析了国内外关于公共建筑的能耗统计数据,提出了相关建议,有利于我国能耗统计方法研究与相关工作的进一步开展[3]。李志生、李冬梅对广州市 20 栋大型公共建筑的能耗和水耗进行统计分析,针对办公楼、宾馆、商场及综合性建筑等大型公共建筑在夏热冬暖气候下的能耗和水耗规律进行探讨,结合其他城市中的大型公共建筑在同样气候条件下的能耗进行比较。[4] 上海市建筑科学研究院徐强基于上海市大型公共建筑能耗统计调查数据,客观分析了写字楼、商场与宾馆酒店这三类公共建筑的用能水平及能耗特点,从宏观的角度解读了当地大型公共建筑的能耗现状。[5]

第二节　宁波建筑低碳化发展状况分析

近几年,宁波在产业结构调整、循环经济发展、节能减排和生态城市建设等诸多方面取得了可喜的成绩,但与深圳、杭州、厦门等低碳试点城市相比还显落后,表现在非化石能源占一次能源消费比重、人均能源消费量、万元 GDP 能耗、第三产业增加值占 GDP 比重、城镇人均公绿面积等方面差距明显,须加紧把低碳城市建设纳入宁波发展的重要日程。

一、宁波建筑低碳化发展现状

1.可再生能源建筑应用。2009 年,宁波市获批"全国可再生能源建筑应

① 陈滨,孙鹏,丁颖慧,等. 住宅能源消费结构及自然能源应用[J]. 暖通空调,2005(3):45-50.

② 江亿,杨秀. 我国建筑能耗状况及建筑节能工作中的问题[J]. 中华建设,2006(2):12-18.

③ 孙立新,闫增峰,杨丽萍. 西安市公共建筑能耗现状调查与分析[J]. 建筑科学,2008(6):25-28.

④ 李志生,李冬梅,刘旭红,朱雪梅,王晓霞. 广州市 20 栋大型公共建筑能耗特征分析[J]. 建筑科学,2009(8):34-38.

⑤ 徐强,庄智,张蓓红. 上海地区大型公共建筑用能定额研究[J]. 上海节能,2011(12):17-20.

用示范城市",各县(市、区)共 145 个可再生能源示范项目获得批复,这些项目的可再生能源应用情况包括太阳能光热建筑一体化、土壤源热泵、地表水源热泵及太阳能与地源热泵相结合等。2013 年 4 月,宁波市政府制定了《宁波低碳城市试点工作方案》。根据《工作方案》的任务,为了扩大非石化能源的利用规模,要求到 2015 年,太阳能热水器集热面积达到 120 万平方米。为了提高建筑用能效率,应推进可再生能源建筑应用示范城市建设,大力推进现有建筑的节能改造,争取到"十二五"期末,20%的新增建筑面积使用先进的热泵热水和空调系统。

截至 2013 年 12 月,宁波市已竣工可再生能源建筑示范项目 101 个,建筑面积达 494.6 万平方米,折合应用面积 303 万平方米,其中的 63.11%为太阳能热水项目。为保证太阳能热水项目的顺利实施,宁波市相关部门出台了《宁波市民用建筑太阳能热水系统与建筑一体化设计、安装及验收实施细则(试行)》,用于太阳能热水项目的施工技术指导。同时为保证可再生能源在建筑中的应用,宁波市要求所有新建工程项目必须进行可再生能源应用评审,大型公建和机关办公建筑至少利用一种以上可再生能源,住宅建筑的逆六层强制安装太阳能热水系统,以提高可再生能源如风环境、光环境、热环境在建筑节能中的应用成效,同时要求项目的能评报告书中各可再生能源分项的技术指标分析与经济成本分析应进行量化,确保可再生能源应用分析结果科学合理,以指导建筑节能方案的优化。

2.绿色建筑规模化推进。2013 年,宁波市制定了《宁波市绿色建筑评价标识管理办法(试行)》,组建了宁波市一二星级绿色建筑评价标识技术支撑机构和专家委员会,并成功申报获批国家一二星级绿色建筑地方评审权限,完成了规模化推进,同年还进一步修改完善了《关于加快推进我市绿色建筑发展的实施意见》。按照意见,宁波市所有政府投资建筑与大型公共建筑全面执行绿色建筑标准,计划在"十二五"期末,完成新建绿色建筑 1000 万平方米。目前宁波市在绿色建筑建设上已取得了初步成就,获批了 5 个"绿色建筑标识"项目,如慈溪创新园区智慧之心、余姚万达广场、江北区湾头城中村改造、万科金色水岸三期等,江北湾头安置房更是全国第一个获得绿色建筑的安置房工程,这些示范性建筑对于在全市范围内推广低碳建筑起到了良好的促进作用。

3.既有建筑节能改造。宁波市积极引进国际资金,进行既有建筑节能改造,2013 年 7 月,宁波市政府与全球环境基金及世界银行合作签署了合作协议,获得赠款 350 万美元,开展新建和改造绿色低碳楼的示范、全市建筑能耗预警体系建设和低碳城市规划等方面的研究。加强国际交流合作,与德国合作"公共建筑节能改造"示范城市,由德国政府资助宁波市开展医院建筑的建筑能效普查及后续改造工作。以市第六医院为试点,对节能灯、中央空调和食堂蒸汽管道进行了改造,改造后的用水量比原来减少一半,天然气每天节约100立方米,相当于每年节约120多万元。在住宅建筑方面,结合全市老小区整治和宜居小区创建的有利时机,积极开展既有建筑节能改造工作,针对不同小区的特点,采取屋顶加装隔热板等不同类型的节能改造实施方案。2013年上半年在宁波海关柳庄小区召开了活动外遮阳节能改造现场经验交流会。

二、2011—2013 年宁波建筑能耗分析

中国正处在城镇化建设发展期,巨大的建设量及人们生活水平的提高造成建筑建造及运行过程中能耗量的不断增加,建筑全生命周期能耗(建造及运营)已占全社会总能耗 20%～30%,其中建筑运行阶段能耗已占建筑总生命周期内能耗的 80%左右。因此,研究城市建筑使用阶段能源消耗及碳排放将是研究城市低碳建筑的重点。

在全国及宁波统计年鉴中,能源消耗的统计量是按照产业来划分的,即分为第一产业、第二产业、第三产业及生活消费,建筑能耗主要包含在第三产业能耗统计中的批发零售贸易业和餐饮业及其他建筑能耗,其他能耗指的是教育、办公及医疗卫生等普通公共建筑能耗。在所有建筑中,从使用功能上,分为生产性(工厂)建筑及民用建筑,其中民用建筑主要包括住宅及商业办公等非生产性公共建筑。鉴于研究时间及研究条件的限制,本课题仅讨论民用建筑运行阶段的能源消耗。

民用建筑碳排放量主要包括居住建筑及公共建筑。居住建筑的碳排放量包括空调、照明及家用电器等用电造成的碳排放,同时包括炊事、取暖及热水等生活消耗排放;公共建筑的碳排放量主要包括空调、照明及设备消耗的电能和热水与采暖消耗的热能所造成的碳排放(如表 6-5 所示)。

表 6-5　民用建筑碳排放量

民用建筑	居住建筑	公共建筑
电耗	空调、照明、家用电器	空调、照明、设备消耗
热耗	炊事、取暖、热水	热水、采暖

1.居住建筑电耗。采用《宁波统计年鉴》中分品种生活能源消耗总量中的电力值作为空调、电器及照明的用电量计算,其他各项作为家庭生活中的燃气、热水及炊事等能耗计算。

2.居住建筑热耗。采用《宁波统计年鉴》中生活消费用于液化石油气、天然气、煤气、燃煤及热力的总消耗,然后按照相关系数折算为标准煤量。生活消费中汽油、燃料油及制品主要用于家庭私人交通工具,未包含在建筑能耗中。

3.公共建筑电耗。采用《宁波统计年鉴》中交通运输、仓储及邮政业,批发零售及住宿餐饮业,以及其他(包括办公、学校及事业单位)各项中的电力消耗指标。

4.公共建筑热耗。按《中国能源统计年鉴》中的行业分项,第三产业包括交通运输、仓储及邮政业,批发零售及住宿餐饮业,以及其他(包括办公、学校及事业单位)各项。能源分类中用于热量的包括原煤、天然气、煤气及热力、汽油,主要用于这些行业的小汽车交通,未包含在建筑热力能耗使用中。

(一)城市居住建筑碳排放

1.居住建筑电力消耗及碳排放。宁波居住建筑电力消耗造成的碳排放主要来源于城市家庭生活能源的使用,包括采暖、空调、热水、家电及炊事中使用的电力。宁波近年来的家庭生活能耗逐年上升,其中家庭生活的电力使用增幅均在 10% 以上,2011 年能耗为 53.7 亿千瓦时,2013 年即增加至66.1 亿千瓦时。电力消耗造成的碳排放量 2011 年为 40.275 万吨,2013 年则增至 49.575 万吨。随着人口规模的扩大,人均生活用电量也在逐年上升,2011 年为 932 千瓦时,2013 年增长到 1142 千瓦时;人均碳排放量 2011年为 0.0698 吨,到 2013 年则为 0.0851 吨,亦略有上升。平均单位建筑面积电能消耗造成的碳排放量由 2011 年的 14.43 千克增长到 2013 年的 17.25千克,每年增幅都在 9% 以上(如表 6-6、6-7,图 6-1、6-2 所示)。

表 6-6 宁波 2011—2013 年居住建筑电力消耗及碳排放量

年份	家庭生活电耗 /亿千瓦时	碳排放量 /万吨	人均生活用电量 /千瓦时	人均碳排放量 /吨
2011	53.7	40.275	932	0.0698
2012	59.3	44.475	1028	0.0770
2013	66.1	49.575	1142	0.0851

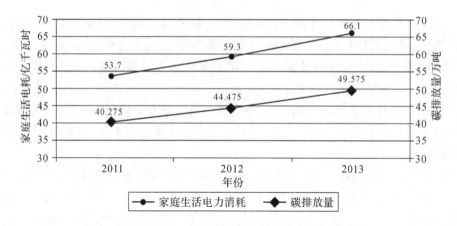

图 6-1　宁波 2011—2013 年家庭生活电力消耗与碳排放量

表 6-7　宁波 2011—2013 年居住建筑面积及碳排放量增长率

年份	居住建筑总面积 /万平方米	面积增长率 /%	单位建筑面积 电耗碳排放量/千克	单位面积碳排 放量增长率/%
2011	27914.75	—	14.43	—
2012	28231.99	1.2%	15.75	9.1%
2013	28732.52	1.8%	17.25	9.5%

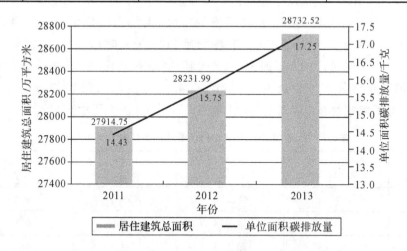

图 6-2　宁波 2011—2013 年居住建筑面积及碳排放量

2.居住建筑热力消耗及二氧化碳排放。近几年,宁波逐步进入天然气时代,家庭天然气用量增大,液化石油气用量稳中有增,同期燃煤消耗下降。因此,对宁波居住建筑的热力消耗统计主要集中于天然气及液化石油气。

根据调查可知,2011 年宁波市居住建筑天然气消耗排放碳 89.38 万吨,液化石油气消耗排放碳 30.80 万吨;而到 2013 年,居住建筑天然气消耗排放碳 129.72 万吨,液化石油气消耗排放碳 31.28 万吨,天然气排放碳增幅为 45.3%,液化石油气排放碳增幅为 15.6%。人均热力消耗导致的碳排放量 2011 年为 0.21 吨,到 2013 年为 0.28 吨,略有上升。平均单位建筑面积热力消耗造成的碳排放量由 2011 年的 43.05 千克增长到 2013 年的 56.03 千克,增幅达 30.2%(如表 6-8、6-9、6-10,图 6-3、6-4 所示)。

表 6-8 宁波 2011—2013 年居住建筑天然气消耗及碳排放量

年份	天然气消耗 /亿立方米	折算成标准煤 /万吨	碳排放量 /万吨	碳排放量增长率 /%
2011	4.516	54.834	89.38	—
2012	5.092	61.826	100.78	12.75%
2013	6.554	79.585	129.72	28.71%

表 6-9 宁波 2011—2013 年居住建筑液化石油气消耗及碳排放量

年份	液化石油气消耗 /万吨	折算成标准煤 /万吨	碳排放量 /万吨	碳排放量增长率 /%
2011	10.366	14.808	30.80	—
2012	10.093	14.419	29.99	−2.6%
2013	10.526	15.037	31.28	4.3%

表 6-10 宁波 2011—2013 年居住建筑热耗碳排放总量及增长率

年份	热耗碳排放 总量/万吨	增长率 /%	单位面积热耗 碳排放量/千克	增长率 /%	人均碳排放量 /吨	增长率 /%
2011	120.18	—	43.05	—	0.21	—
2012	130.77	8.8%	46.32	7.6%	0.23	9.5%
2013	161.00	23.1%	56.03	20.9%	0.28	21.7%

3.居住建筑碳排放总量及单位居住面积碳排放。从总的发展趋势上看,2011 年宁波市居住建筑总面积为 27914.75 万平方米,2013 年增长到 28732.52 万平方米,增长率为 2.9%。居住建筑能耗造成的碳排放总量从 2011 年的 160.455 万吨增加到 2013 年的 210.575 万吨,增长率为 31.2%。单位居住面积的碳排放量从 2011 年的 57.48 千克增加到 2013 年的 73.29 千克,增长率为 27.5%。而人均碳排放量 2011 年为 0.28 吨,2013 年为

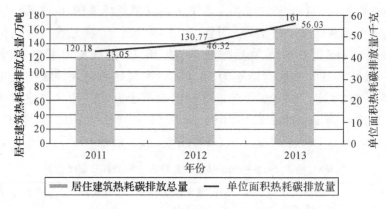

图 6-3 宁波 2011—2013 年居住建筑热耗碳排放量

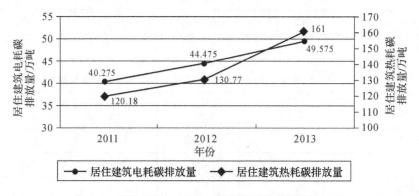

图 6-4 宁波 2011—2013 年居住建筑总能耗碳排放量

0.36 吨,增幅为 28.6%(如表 6-11 所示)。可以推测,宁波居住建筑使用阶段的碳排放量与建筑总量、人口规模、生活方式转型等密切相关。

表 6-11 宁波 2011—2013 年居住建筑碳排放总量及增长率

年份	碳排放总量/万吨	增长率/%	单位建筑面积碳排放量/千克	增长率/%	人均碳排放量/吨	增长率/%
2011	160.455	—	57.48	—	0.28	—
2012	175.245	9.2%	62.07	8.0%	0.30	7.2%
2013	210.575	20.2%	73.29	18.1%	0.36	20.0%

(二)城市公共建筑碳排放

1.公共建筑电力消耗及碳排放。公共场所碳排放计算范围包括酒店、办公及商业等公共空间的空调及采暖。据研究,使用中央空调的大型公共建筑的能耗为普通建筑能耗的 2～3 倍,不同公共建筑类型平均每年每平方米的电力消耗存在巨大差异。

宁波 2011 年公共建筑规模为 735.8 万平方米,2012 年达到 1067.4 万平方米,2013 年这一数字已上升为 1738.3 万平方米,平均年增长率为 53.9%。电力消耗造成的碳排放总量 2011 年为 4.2 万吨,到 2013 年升至 6.3 万吨。单位公共建筑面积电力消耗造成的年碳排放量 2011 年为 5.7 千克,到 2013 年为 3.6 千克,呈逐年递减的趋势,说明宁波市虽然公共建筑电力消耗碳排放总量因为建筑面积增加而有所增加,但从单位面积碳排放量看,已显现节能减排的效果(如表 6-12、图 6-5 所示)。

表 6-12　宁波 2011—2013 年公共建筑电力消耗及碳排放量

年份	公共建筑总面积/万平方米	总耗电量/亿千瓦时	碳排放量/万吨	单位面积电力消耗碳排放量/千克
2011	735.8	5.59	4.2	5.7
2012	1067.4	5.87	4.4	4.1
2013	1738.3	8.40	6.3	3.6

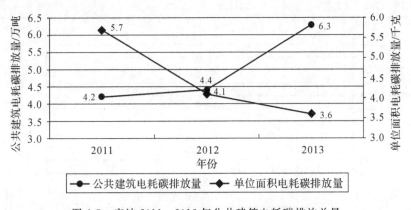

图 6-5　宁波 2011—2013 年公共建筑电耗碳排放总量

2.公共建筑热力消耗及碳排放。考虑到数据的可获得性,宁波市公共建筑热力消耗统计主要集中于煤、天然气、液化石油气和柴油这四类。2011 年宁波公共建筑热能消耗共计 1.57 万吨标准煤,2013 年消耗热能 1.93 万吨标准煤。其中天然气的消耗量大幅增加,液化石油气的消耗量稳中有增,煤和柴油的消耗量大幅下降。公共建筑热能消耗造成的碳排放总量从 2011 年的 3.9 万吨上升至 2013 年的 4.8 万吨,然而单位公共建筑面积热力消耗造成的碳排放量却由 2011 年的每平方米 5.3 千克下降到 2013 年的每平方米 2.8 千克(如表 6-13、6-14,图 6-6 所示)。由此可见,建筑规模增加是建筑碳排放量增大的一个因素,但采用节能减排的措施后,单位建筑面积能耗的碳排放量却有所下降。

表 6-13　宁波 2011—2013 年公共建筑各项热能消耗对比

(单位/吨标准煤)

年份	天然气消耗量	液化石油气消耗量	煤消耗量	柴油消耗量
2011	10534.1	57.2	2628.6	2503.5
2012	82372.0	121.1	6930.4	489.6
2013	17215.1	153.9	1319.5	623.1

表 6-14　宁波 2011—2013 年公共建筑热力消耗及碳排放量

年份	公共建筑总面积/万平方米	总热力消耗/吨标准煤	碳排放量/万吨	单位面积热力消耗碳排放量/千克
2011	735.8	15723.4	3.9	5.3
2012	1067.4	89913.1	22.4	20.9
2013	1738.3	19311.6	4.8	2.8

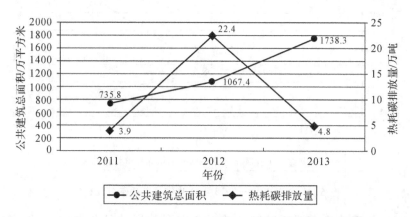

图 6-6　宁波 2011—2013 年公共建筑总面积与热耗碳排放量

3.公共建筑总能耗及碳排放。公共建筑的碳排放总量与建筑规模具有一定的正相关性,随着建筑面积的增加,碳排放量也随之增加。但单位建筑面积的碳排放总体呈下降趋势,说明节能减排措施已起到一定效果,一些优质能源开始逐步替代传统能源,许多新增建筑都符合相关的节能标准,从而有效降低了公共建筑的碳排放量(如表 6-15 所示)。

表 6-15 宁波 2011—2013 年公共建筑总面积与碳排放量

年份	公共建筑总面积/万平方米	碳排放总量/万吨	单位面积碳排放量/千克
2011	735.8	8.1	11.0
2012	1067.4	26.8	25.0
2013	1738.3	11.1	6.4

4.公共建筑单位面积能耗。在研究过程中,由于公共建筑类型繁多,我们按照使用功能将大型公共建筑划分为 13 个类别,各类建筑所占面积比例如图 6-7 所示。政府办公建筑占 35.43%,大型非政府办公建筑占 22.08%,大型医疗卫生建筑占 12.00%,大型科研教育建筑占 11.12%,大型宾馆饭店建筑占 7.11%,大型商场建筑占 1.57%,大型综合商务建筑占 0.99%,这些建筑的建筑面积占总面积的 90% 以上。

通过对 2013 年各类型公共建筑单位面积能耗数据的分析,可以看出平均单位能耗较高的依次是:大型商场建筑、大型宾馆饭店建筑、大型医疗卫生建筑、大型文化场馆建筑、大型交通建筑(如图 6-8 所示)。这就意味着重点对以上五类建筑进行能耗监测和低碳建设更具意义,是宁波实现低碳城市发展的一项重点工作。

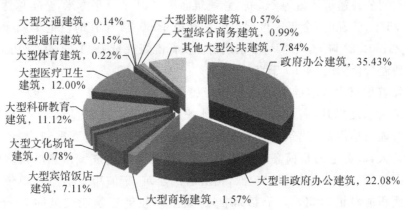

图 6-7 宁波市 2013 年各类型公共建筑面积比例

三、宁波城市建筑低碳化小结

据统计,截至 2013 年年底,宁波全市现有建筑总面积超过 4 亿平方米,达到节能标准的建筑大约为 4860.4 万平方米,占现有建筑总量的 11.5% 左右,建筑能耗约占全社会总能耗的 27.5%,折合 842.24 万吨标准煤,建筑能

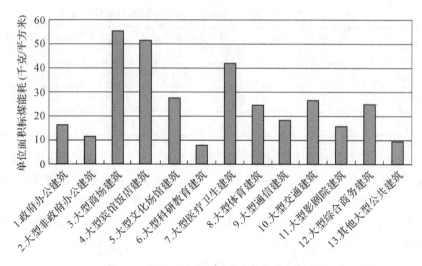

图 6-8　各类型公共建筑单位面积能耗比较

源消费产生的碳排放量占全社会碳排放量的比例大约是 30%。其中,各类机关办公建筑全年总耗电量为 20379.17 万千瓦时,全年单位建筑面积耗电量 42.72 千瓦时;全年总标准煤耗量 77685 吨,全年单位建筑面积标准煤耗量 16.29 千克/平方米,全年共耗能折合标准煤 30.38 千克/平方米;既有各类非机关大型公共建筑数量为 242 栋,总建筑面积 1261.3 万平方米,全年总耗电量 63620.57 万千瓦时,全年单位建筑面积耗电量 50.44 千瓦时。全年总标准煤耗量 231501.21 吨,全年平均单位建筑面积标准煤耗量 18.35 千克/平方米,全年共耗能折合标煤 34.99 千克/平方米。

随着城市化进程的快速推进和居民生活水平的提高,建筑能耗占比还将继续大幅度提升,而目前世界平均水平已达 1/3。调研显示,宁波市现有建筑节能改造滞后,建筑围护结构隔热保温性能差,空调夏季制冷、冬季制热能耗大,成为电力负荷高峰的主要因素,也是夏季造成城市热岛效应的主要原因。居民建筑能耗相对较低,相对居民建筑,宁波市政府事业单位全年单位面积能耗量为 30.38 千克标准煤,是全市住宅建筑能耗量的 3~5 倍。宾馆、商场、医院等公共建筑能耗巨大,能耗水平大约是居民建筑的 10 倍。由此可见,宁波既有建筑节能改造工作中的重点——大型公共建筑节能改造的潜力巨大。

第三节　宁波建筑低碳化发展的任务与实现路径

一、宁波建筑低碳化发展的任务

2013 年 4 月,宁波市政府常务会议上通过的《宁波市低碳城市试点工作实施方案》针对建筑低碳提出的建设任务,主要包括以下三点。一是要求提高建筑用能效率。开展宁波地区低碳建筑节能标准研究,推进可再生能源建筑应用示范城市建设,全面推广使用节能及再生建材、节能设备,积极开展分布式能源系统的应用试点,大力推进现有建筑的节能改造,争取到"十二五"期末,20% 新增建筑面积使用先进的热泵热水和空调系统。二是从制度上确定低碳建筑的相关规范和标准。修订完善建筑项目的设计规范,形成宁波地区建筑节能标准,指导城乡建筑的新建和改建。三是强调新技术的推广。如实施外墙屋面、空调采暖系统、供热管网、综合节能四方面的节能改造。以居住和公共建筑为重点,实施经济、安全的建筑节能改造,开展可再生能源建筑示范工程;大力推广使用绿色照明;加快实施"十城万盏"应用工程试点项目,逐步推进城镇指示标志、道路照明、民用照明等方面的节能改造。要实现宁波市政府提出的到 2020 年,碳排放总量与 2015 年基本持平(在"十三五"期间达到峰值)的总体目标,在城市建筑领域低碳规划中,可以从标准制定、新技术推广、重点建筑节能改造等几个方面制定具体措施逐步推进。

二、宁波建筑低碳化的实现路径

(一)健全完善低碳建筑政策指引

1.完善建筑节能改造标准及政策。建筑的低碳化离不开标准制定和政策引导。当前宁波市机关办公建筑和大型公共建筑节能改造的基础薄弱,因此要全面推动既有建筑节能改造工作,就需要行之有效的规划和政策激励引导。全市现有与建筑节能相关的规定还比较模糊,有些只是部门规章,缺乏强制性和执行力度,政策制定方面则相对落后。对比国外,从 2000 年开始,美国联邦、州、地方政府围绕低碳建筑出台了大量的政策法规,到 2010 年的 10 年时间内出台了 450 余项相关政策,这是美国低碳建筑发展迅猛的主要原因。因此,宁波必须加快节能建筑政策的出台,如强制施行认证标准、加快节能建筑的优先审批后续等。政策的制定和完善既要考虑既有建筑的节能现状和水平,也要考虑低碳政策的连贯性,使建筑节能工作能够持续有效地开展。政策的制定和完善应优先选择政府占主导投资的建筑作为突破口,包括公益性学校、公益性展览馆和博物馆、医院、保障性住房等,明确并理顺各方关系和责任,使节能与各方利益直接挂钩以促进各方的节能积极性,并加强限制性政策,要求此类建筑必须达到低碳建筑标准,通过实施能效标准和强制性政策对建筑物、能源系统设备的能效水平及节能管理尤其是公共建筑节能管理提出强制性要求。在有一定工作基础的新城区展开试点,要求其新建建筑必须全部满足低碳建筑的技术标准;同时,有意识地发挥该类建筑的标杆作用,通过广泛开展建筑节能宣传培训教育,提高全社会的节能意识,与时俱进地实施并推广相关规划和政策,确保政策规划的连续性和有效性。

2.建立激励与惩罚相结合的政策体系。要充分运用财政和税收手段,采取一系列经济鼓励措施,鼓励各市场主体主动开展节能改造工作。要运用预算投入、财政补贴、财政贴息、税收优惠和能耗标识、节能产品备案等措施,结合行政审批优先权、政府优先购买权等手段,引导激励市场主体大力发展科技含量高、资源能源消耗少的节能型建筑产品;对大型公共建筑制定能耗限额标准,并配套实施超定额使用能源加价的政策,促进大型公共建筑节能改造;对达到节能标准的建筑节能改造收入给予减征企业所得税、营业税、城市维护建设税和教育附加费等优惠税收;对达到节能标准的节能改造设备投资给予增值税退还、加速折旧等优惠;对经过改造达到较高节能标准的建筑在使用、出售与转让等环节给予优惠的契税、房产税、营业税等;为建筑节能改造提供贷款贴息或者优惠的贷款利率,为节能改造贷款提供信贷担保等,引导鼓励消费者积极使用节能产品。[①]

(二)加快大型公共建筑节能改造步伐

大型公共建筑是指建筑面积超过 20000 平方米的公共建筑。清华大学建筑节能研究中心主任江亿认为:大量超高层建筑、大量巨大的玻璃盒子建筑、巨大体量的机场和车站近年来成为新建公共建筑中的新潮。一座大型公共建筑单位面积的耗电量,相当于普通公共建筑单位面积能耗的 4～8 倍。早在 2007 年,住建部就有公开信息显示,中国大型公共建筑的面积虽

---

① 郑世海.宁波市机关办公建筑和大型公共建筑能耗现状及节能改造策略[J].宁波经济丛刊,2014(3):21-25.

不足城镇建筑总面积的 4%,但能耗却占城镇建筑总能耗的 20%以上;国家机关办公建筑和大型公共建筑年耗电量约占全国城镇总耗电量的 22%,每平方米年耗电量是普通民居的 10~20 倍。① 由此可见,随着我国经济的高速发展和城镇化建设的逐步推进,大型公共建筑的能耗必然逐步增加,大型公共建筑势必成为节能潜力最大的用能领域。

2013 年国务院 1 号文件《绿色建筑行动方案》要求夏热冬冷地区公共建筑和公共机构办公建筑节能改造达到 1.2 亿平方米。而《中共宁波市委关于加快发展生态文明努力建设美丽宁波的决定》任务分解中也明确要求宁波市完成建筑节能改造 50 万平方米以上。医院、商场、宾馆等大型公共建筑历来是宁波市耗能大户,因此,必须充分认识到推进既有建筑节能改造,特别是机关和大型公建节能改造的重要性和紧迫性,是建筑业加快转型升级、实现可持续发展的必然途径;应该把既有建筑节能工作作为创建宁波市资源节约型、环境友好型社会的重要工作。

1.机关办公建筑和大型公共建筑节能改造是下一阶段宁波市节能减排、转变经济发展方式的重要突破口。从国外经验来看,与工业和交通运输领域相比,建筑节能的资源节约和二氧化碳减排潜力更大。宁波是典型的夏热冬冷地区城市,夏季气候炎热,最高温度接近 40℃,闷热异常;冬季气温虽比北方高,但由于湿度大,阴冷潮湿。这样的环境也要求我们改善室内舒适度,进行必要的节能改造。从宁波市已开展的机关办公建筑和大型公共建筑节能改造来看,其节能效果是比较显著的,下一步应该将更多的大型公共建筑纳入到节能改造对象中来。有数据显示,对 50 万平方米的大型公共建筑实施运行管理优化和节能改进,每年可实现节约电量 1500 万千瓦时,可实现减排二氧化碳 1.5 万吨。可以说,机关办公建筑和大型公共建筑节能改造不仅是宁波市开展节能减排工作的重要突破口,而且对于大幅度减少社会的运行成本和转变经济发展方式具有重要意义。但是宁波市机关办公建筑和大型公共建筑数量巨大,改造工作是一个长期的复杂的过程,必须有计划、按步骤地推进。因此,机关办公建筑和大型公共建筑节能改造的总体思路应是:通过政府主导、市场运作的方式,加大宣传力度,加强监督管理,完善体制机制,以点带面,由易到难,逐步推进。现阶段,应以建筑能耗统计工作为抓手,结合前几年能耗统计工作,继续在全市范围内开展机关办公建筑和大型公共建筑现状普查,摸清建筑的面积、年代分布、结构类型、配

---

① 张莹.大型公共建筑节能陷入困局[J].社区,2015(3):56-57.

套情况、用能系统、能源消耗指标、寿命周期等,组织调查统计和分析,明确机关办公建筑和大型公共建筑节能改造的目标、任务和手段,编制节能改造分阶段实施规划,根据国家和省市的有关节能减排任务,争取完成对机关办公建筑和大型公共建筑的节能改造。

2.应稳步推进各类建筑节能改造。在建筑能耗统计和能效监测的基础上,分析不同类型既有建筑的节能潜力,并按照节能改造规划,分阶段逐步实施节能改造。要合理安排近期的既有建筑节能改造计划,根据现有的统计分析,要以大型公共建筑、机关办公建筑和医院建筑为重点,以宾馆太阳能热水改造为试点,抓好空调系统低成本节能改造及行为节能管理,大力推进节能改造工作。同时,要结合改造工程认真积累改造经验,积极摸索出一套技术路线和管理办法,编制适合宁波市的节能改造重点技术导则,以指导后续节能改造工作。

(三)强化对低碳建筑的监督和管理

1.当前,国内不少地方政府尚未将建筑低碳工作真正纳入政府承担的公共管理职能,对于低碳建筑的推广并未落实到位,对于新建建筑的监管仅仅是依靠《绿色建筑评价标准》进行定性考量,达标即可,以至于低碳建筑管理工作相对薄弱。因此,需要建立健全目标责任制,成立专门的工作机构,明确目标责任,要通过简报、专报等方式,及时总结汇报建筑节能改造成效,争取把建筑节能改造作为市委、市政府为人民群众兴办的好事、实事,纳入政府年度工作日程及单位 GDP 能耗下降的总体目标中,明确任务,完善配套措施,落实经济激励政策,进行考核评价。要通过签订目标责任书等方式,将既有建筑节能改造任务分解落实到各县(市、区),将节能减排指标分解到相关单位和个人,明确每一个相关单位和每一位成员的监督管辖区域,制定建筑节能目标进度,确保将工作任务落到实处,做到责任到人、奖罚到位。

2.要建立建筑节能专项检查制度,加强市各级单位、不同部门之间的协同配合,通过现有建筑节能工作领导小组工作会议等方式,推进各单位、各部门之间的工作联动,建立联动管理机制,开展日常建筑节能专项检查。做到事前严格执行建筑节能标准,严格按招投标程序选择施工单位,严格监督建筑规划审批流程,规范发放规划许可证的审核标准,有效控制工程质量和安全;事中开展建筑节能专项检查,控制施工期间对建筑节能低碳设计的跟踪监督;事后开展日常巡查,建立碳排放动态检测评价系统,能够动态、及时、实时地观察和控制建筑的能耗情况。建筑节能改造作为一个系统工程，要在建筑的全生命周期的各个阶段构建有效的行政监管体系和准入制度，完善检测手段，让老百姓和用户切实体会到节能改造带来的成效，支持配合节能改造工作。

（四）加强技术支撑，提高产品质量

1. 要构建宁波市建筑节能改造适宜技术体系。宁波市的地域和气候特点与北方差异巨大，建筑节能改造应采取的节能技术措施也与北方不同，本地区应在注重夏季隔热的同时兼顾冬季保温，因此，要加强本地区适宜技术的研发和试点示范，着重外遮阳、自然通风等技术应用。在建筑节能改造实践中要进一步做好总结和实测分析，通过节能改造前后能耗的比对，进一步优化不同建筑的改造技术和设计方案，逐步形成宁波市机关办公建筑和大型公共建筑节能改造技术规程，以及相应的验评规范和评估体系，从技术上保障既有建筑节能改造工作的全面开展。

2. 要加强建筑节能改造技术产品质量建设。建筑节能改造中应用的新型墙体材料、节能门窗、采暖空调系统、可再生能源技术及遮阳设施等产品的质量直接关系到建筑节能改造工程实施的效果。因此，一方面要通过宁波市的建筑节能材料产品备案登记制度，从源头上禁止非节能产品、淘汰落后产品进入宁波市；另一方面要加强建筑节能改造工程施工现场节能产品的质量监管，严格落实建筑节能材料产品入场质量查验制度，防止伪劣产品流入施工现场，确保节能改造工程质量。

（五）充分利用社会资本完善合同能源管理市场服务体系

1. 要积极拓宽融资渠道。当前，依靠市场经济手段来推动宁波市建筑节能改造的环境尚不成熟，大多数项目的节能改造仍以政府补助的形式推动实施，但建筑节能改造是一项庞大的社会工程，所需资金巨大。有数据显示，仅建筑物水源热泵技术的升级改造，每平方米就需要增加投资200多元，那么建设500万平方米的建筑，增加的投资就已超过10亿元。政府财政补助的力度毕竟有限，因此要积极拓宽现有的融资渠道。目前，机关办公建筑和大型公共建筑节能改造的筹集资金方式应该仍是以政府为主导，广泛利用市场机制吸收社会资本的融资渠道模式。机关办公建筑可由同级财政每年安排一定的节能改造资金实施改造，分阶段对高耗能机关办公建筑实施改造。对于医院、商场、酒店等公共建筑，可通过一定的政府补助及示范奖励，引导进行节能改造。此外，还可借鉴国外发达国家的经验，通过国债资金、国际投资、能源消费税、超额电费加价等建立专门的建筑节能改造基金,提供贷款担保、贷款贴息等,为节能改造提供资金支持。

2.完善合同能源管理市场服务体系。合同能源管理是在合同能源管理机制框架下,以盈利为直接目的的一种专业化服务模式,具体由节能服务公司与用户签订能源管理合同,为用户提供节能改造的诊断、融资、实施、维护等服务,成本的回收及利润的获取来自与用户分享项目实施后产生的节能收益。这是一种运用市场手段促进节能的机制,可以通过鼓励第三方企业积极加入来挖掘宁波全社会的节能潜力。对于建筑节能改造单位来说,可以不花一分钱,将高耗能的设备转换成高能效的设备,还能分享到节能收益。这是解决当前宁波市建筑节能改造资金瓶颈问题的重要措施。针对政府机关办公建筑存在的建筑用能费用财政统包的体制,节能省下来的钱无法与合同能源公司分成,不利于合同能源管理节能的推广,因此,建议对机关办公建筑能耗单独核算,实行用能考核奖罚。宁波市应重点关注完善合同能源管理市场服务体系所存在的现实问题,如能源诊断、安全评估、节能量认定、担保等,加快建立科学合理的行业规范,如技术服务标准、合同规范、招投标程序、统一的节能效益验收体系标准等。考虑到节能改造工程存在着前期投资巨大、项目回收期长、回报见效慢等特点,需要政府财政一方面设立合同能源管理资金池给予补贴,加快出台相关扶持政策,如合同能源管理免税政策等,另一方面着力于服务型政府的打造,精简交易环节,降低提供节能服务的公司与建筑改造单位、金融机构的交易成本,努力为节能服务公司提供信贷支持,从而让节能服务公司实施更多的项目,吸引更多的外部投资者和银行参与到节能服务产业。例如充分利用宁波市亚行贷款合同能源管理资金池项目,推进既有合同能源管理改造。

(六)完善能耗监测,建立能耗标杆

1.完善能耗监测体系。政府机关办公建筑和大型公共建筑是耗能大户,也是节能潜力挖掘的重点。因此,从源头上有效管控大型公共建筑的用能,对显著降低总体建筑能耗具有十分显著的作用。按照《民用建筑节能条例》(国务院令第530号)第三十一条要求,国家机关办公建筑和大型公共建筑应当安装能耗监测系统,通过对建筑空调、照明、用水等能耗进行监测,有效控制不合理的建筑用能,实现建筑能耗的降低,同时也可科学诊断高能耗缘由,促进建筑节能改造。因此,大力推进建筑能耗监测体系建设,对高能耗建筑实现能耗监测,是控制建筑能耗的有效手段。为此,要进一步完善宁波市建筑能耗监测平台。通过与全球环境基金和世界银行的合作,建立和完善宁波市建筑能耗监测平台,将全市能耗监测数据及其他能耗监测系统的已有监测数据纳入该平台。建议市政府明确对宁波市的机关办公建筑进行能耗分项计量改造,由市机关事务管理局联合市住建委等单位实施,改造资金由宁波市机关办公建筑能耗监测平台示范市补助资金中列支,以进一步完善宁波市建筑能耗监测平台,为后续节能诊断和改造奠定基础。

2.逐步建立建筑能耗标杆。在国家相关技术规程的基础上,尽快制定并发布《宁波市建筑能效公示管理办法》《宁波市能源审计管理办法》及《宁波市国家机关办公建筑和大型公共建筑能耗监测系统建设、验收与运行管理实施细则》等,对新建机关办公建筑和大型公共建筑要求强制安装建筑能耗监测系统,从源头上预防和控制高能耗情况的产生。在此基础上,通过建筑能耗监测,加快制定宁波市不同类型建筑的能耗标准,并建立起建筑用能超定额加价制度,对用能超过标准的高耗能建筑强制实施节能改造。

参考文献

[1] 杨喆.低碳城市建筑手册[M].北京:经济管理出版社,2013.

[2] 李江涛.迈向低碳——新型城市化的绿色愿景[M].广州:广州出版社,2013.

[3] 陈飞.低碳城市发展与对策措施研究——上海实证分析[M].北京:中国建筑工业出版社,2013.

[4] 中国城市科学研究会.中国低碳生态城市发展报告[R].北京:中国建筑工业出版社,2011.

[5] 许珍.我国城市低碳建筑发展缓慢的原因分析[J].城市问题,2012(5):50-53.

[6] 宁波市人民政府办公厅.宁波低碳城市试点工作实施方案[Z].2013.

[7] 王璿.我国低碳建筑的发展现状与对策[J].现代经济信息,2010(19):162-163.

[8] 上海建筑节能办公室.上海市建筑节能和绿色建筑政策与发展报告(2013)[J].上海建材,2014(4):1-5.

[9] 郑世海.宁波市机关办公建筑和大型公共建筑能耗现状及节能改造策略[J].宁波经济丛刊,2014(3):21-25.

[10] 孙雪.低碳建筑评价及对策研究[D].天津:天津财经大学,2011.

[11] 郑俊巍.低碳建筑评价指标体系分析研究[D].成都:西南石油大学,2012.

[12] 王珏.我国低碳建筑市场体系构建及对策研究[D].重庆:重庆大学,2011.

[13] 孔祥姝,纪明.中国低碳建筑发展的对策研究[J].吉林水利,2013(5):23-26.

[14] 蒋璐.欧洲低碳建筑发展及其技术应用研究[D].天津:河北工业大学,2012.

[15] 齐海泉.谈低碳建筑的方法与策略[J].建筑科学,2013(6):234.

[16] 王瑞,温怀德.宁波碳排放形势评估及低碳发展对策[J].三江论坛,2013(2):12-17.

第七章　宁波能源综合利用及低碳化实现路径

伴随着各国先后步入工业化阶段,能源消费飞速增长,在不断促进各国经济社会发展的同时,以矿物能源为主的单一能源结构、粗放式的能源消耗方式也正逐步显现其负面效应,传统能源发展模式难以持续,清洁化、低碳化、多元化成为能源发展的必然方向。自 2003 年英国能源白皮书《我们能源的未来:创建低碳经济》发布起,欧盟、日本、美国等发达国家和地区陆续跟进,"低碳经济"、"低碳能源"逐步成为各国重要的战略选择。而对中国来说,改革开放 30 年走完西方大多数国家 200 多年工业化历程的超速发展,导致能源方面出现了"未富超标"现象,如何在以煤炭为主的能源结构较难改变的前提下实现能源的低碳化发展已成为新时期必须有效解决的关键问题。

就宁波而言,目前正值工业化和城镇化的重要发展阶段,国民经济发展对能源需求巨大,能源消费量不断增长。但作为一个资源小市,宁波市陆域"无煤、无油、无气",是一个典型的常规一次能源"空白区",所需能源 99% 以上依赖外部输入,人均资源拥有量较低,能源供需矛盾日益凸显。如何有序推进能源低碳化——即从碳源上进行控制,发展对环境、气候影响较小的低碳替代能源,将成为未来经济可持续发展的关键环节。为此,本课题组特结合低碳城市试点工作的能源任务要求,比对目前宁波能源综合利用及低碳化建设的实际,厘清宁波能源低碳化发展的现状,进而在分析制约因素的基础上,提出新形势下宁波能源低碳化发展的实现路径和措施保障。

第一节 宁波城市能源综合利用与低碳化发展概述

一、相关概念界定

(一)能源

全称"能量资源",是可产生各种形式能量(如热量、机械能、电能、化学能、光能或核能等)或可做功的物质的统称。它指能够直接取得或者通过加工、转换而取得有用能的各种资源,包括煤炭、原油、天然气、煤层气、水能、核能、风能、太阳能、地热能、生物质能等一次能源和电力、热力、成品油等二次能源,以及其他新能源和可再生能源。

能源作为人类生存和社会经济发展的重要物质基础,是现代生活必不可少的组成部分。纵观人类社会发展的历史,人类文明的每一次重大进步都伴随着能源的改进和更替。而随着各国先后步入工业化阶段,能源消费飞速增长,在不断促进各国经济社会发展的同时,以矿物能源为主的单一能源结构、粗放式的能源消耗方式的负面效应也正逐步显现,传统能源发展模式难以持续,清洁化、低碳化、多元化是能源发展的必然方向,是未来经济可持续发展的关键。

(二)低碳能源

低碳,意指较低(更低)的温室气体(二氧化碳为主)排放。低碳能源主要有两大类:一类是清洁能源,如核电、天然气等;一类是可再生能源,如风能、太阳能、生物质能等。核能作为新型能源,具有高效、无污染等特点,是一种清洁优质的能源。天然气是低碳能源,燃烧后无废渣、废水产生,具有使用安全、热值高、洁净等优势。可再生能源是可以永续利用的能源资源,对环境的污染和温室气体排放远低于化石能源,甚至可以实现零排放。特别是利用风能和太阳能发电,完全没有碳排放。利用生物质能源中的秸秆燃料发电,农作物可以重新吸收碳排放,具有"碳中和"效应。

(三)能源低碳化

能源低碳化就是要从碳源上进行控制,发展对环境、气候影响较小的低碳替代能源。具体过程包含三个层次:第一,从源头上改变能源供给;第二,提高能源利用效率;第三,降低能源消耗强度。

二、"能源低碳化"提出背景

低碳能源是低碳经济的核心要素和基本保证,能源低碳化伴随着低碳经济概念的提出应运而生。

低碳经济是指在可持续发展理念指导下,通过技术创新、制度创新、产业转型、新能源开发等多种手段,尽可能地减少煤炭石油等高碳能源消耗,减少温室气体排放,达到经济社会发展与生态环境保护双赢的一种经济发展形态。发展低碳经济实质上是对现代经济运行与发展进行一场深刻的能源经济革命,力求打破原来高度依赖化石能源的"技术—制度综合体",形成以零碳或低碳技术为主导的"技术—制度支撑体系"。

"低碳经济"最早见诸政府文件是在 2003 年的英国能源白皮书《我们能源的未来:创建低碳经济》(*Our Energy Future:Creating a Low-Carbon Economy*),指出低碳经济是通过更少的自然资源消耗和环境污染,获得更多的经济产出,创造实现更高的生活标准和更好的生活质量的途径和机会;并确定了约在 2050 年之前,将英国的二氧化碳排放量减少 60% 左右的减排目标。其推出引起国际社会广泛关注,欧盟、日本等发达地区和国家也陆续跟进。2007 年 7 月,美国参议院提出了《低碳经济法案》,发展低碳经济成为美国重要的战略选择;2007 年 12 月,联合国气候变化大会正式通过决议,要求发达国家在 2020 年前将温室气体减排 20%~40%,向低碳经济转型成为世界经济发展的大趋势。在此背景下,"低碳足迹""低碳技术""低碳发展""低碳生活方式""低碳社会""低碳城市""低碳世界""生态经济""绿色经济"等一系列新概念、新名词应运而生。

就我国而言,能源安全问题已成为新的发展时期中必须有效解决的关键问题。改革开放 30 年,我们走完了西方大多数国家 200 多年的工业化历程,出现"未富超标"现象,我国能源消耗产生的各类污染物的排放量均居世界前列,温室气体排放量也超过了许多发达国家,如果不实现能源低碳化,不抓紧进行清洁化和低碳化的能源革命,我国在能源发展方面回旋的余地将很小。尤其就目前的发展现实来看,以煤炭为主的能源结构在未来相当长时期内较难改变,因此能源的低碳化显得尤为重要。这是摒弃以往先污染后治理、先低端后高端、先粗放后集约的发展模式的现实途径,是实现经济发展与资源环境保护双赢的必然选择。

三、宁波能源禀赋概况

宁波市地处我国东部沿海,作为全国首批对外开放城市之一,经济开放程度较高,地区经济发达,在资金、技术、人力资本、经济信息、企业管理、对外经济联系渠道等方面有累积优势。2008年,宁波市人均GDP便已达到中等发达国家的水平。目前,宁波正处在工业化和城镇化的重要发展阶段,国民经济发展对能源需求巨大,能源消费量不断增长;但作为一个资源小市,宁波市陆域无煤、无油、无气,是一个典型的常规一次能源"空白区",所需能源99%以上依赖外部输入,人均资源拥有量较低,能源供需矛盾日益凸显。

第二节 宁波能源低碳化程度及其制约因素

考虑到宁波能源生产和消费的情况,我们在本节中所讨论的能源主要是指煤炭、原油、天然气、电力、热力、成品油等数据可得的能源生产和消费。

一、宁波能源低碳化程度分析

(一)能源综合利用情况

1.经济增长与能耗变动

2005—2013年,宁波市经济增长与能源消费增长基本同步(如图7-1所示),且GDP增长率始终高于能源消费增长率,表明在工业化和城镇化的重要发展阶段,宁波市以较低的能源消费支撑起了较高的经济增长。

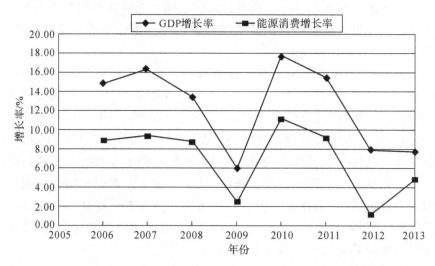

图 7-1 2005—2013 年宁波市 GDP 增长率与能源消费增长率走势

　　总体来说,宁波市能源消费总量和人均能源消费量均呈现逐年递增态势,前者从 2005 年的 2449.3 万吨标准煤增加到了 2013 年的 7128.9 万吨标准煤,年均增幅逾 8%,后者年均增幅也达到 5.04% 左右(如图 7-2 所示)。从具体年份上看,2009 年受全球性金融危机的影响,当年 GDP 增速和能源消费增速分别下降了 7.41% 和 6.27%,2010 年经济回暖,两者增速均反弹甚至赶超金融危机前最高水平。而"十二五"期间,随着经济发展增速趋于稳定及低碳城市建设目标的提出,能源消费增长率出现大幅回调。

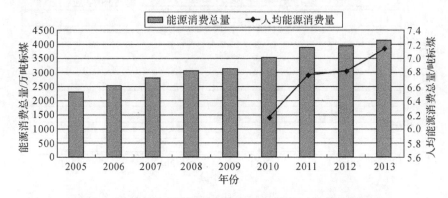

图 7-2　2005—2013 年宁波市能源消费总量及人均能源消费量

2. 能源消费结构

　　(1)一次能源消费结构。作为华东地区重要的能源加工基地和能源消费大市,宁波市一次能源消费量 2009—2013 年基本趋于每年 7000 万吨标煤左右,结构上仍以原油和煤炭为主,两者占一次能源消费量的总和超过 95%。其中,原油超 50%,非化石能源占一次能源消费比重低于 5%;煤炭比重总体呈现下降趋势;天然气比重随着西气东输工程的推进逐年提升,2013 年占比达 2009 年的 8 倍。其他清洁能源和新能源也有一定发展,但相对增幅较缓。

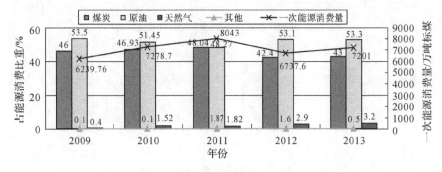

图 7-3　2009—2013 年宁波市一次能源消费结构

(2)产业能耗结构。综合能耗上呈现逐年递增的趋势,2013 年年耗量为 4139.7 万吨标煤,较 2010 年的 3536.25 万吨标煤实现年增长 5.39%,这主 要由第三产业的发展和生活能源消费的快速增长所致。用能分布上,第二 产业占比最大,年平均超过 76.5%,近年来略有下降;第三产业及生活用能 比重稳中有升,两者比重之和达到 22%左右;第一产业占比最小,不到 2%。 这与宁波市的城市定位基本吻合。

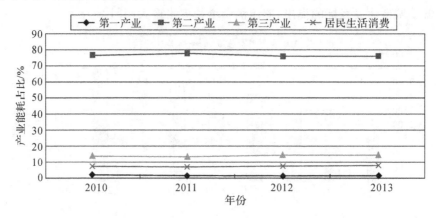

图 7-4　2010—2013 年宁波市产业能耗结构

(3)产业电耗结构。电耗方面,电网最高负荷逐年提升,全社会用电量同 样逐年上涨,两者年增长率分别达到 10.5%和 6.8%(如图 7-5 所示)。用电分 布上与能耗结构基本一致,第二产业是最大耗电领域,年平均占比超 77%,略 有下降趋势;第三产业和居民生活用电平稳上升,2013 年达到 23.75%,较 2010 年增长 8.84%;第一产业占比仅为 0.6%左右(如图 7-6 所示)。

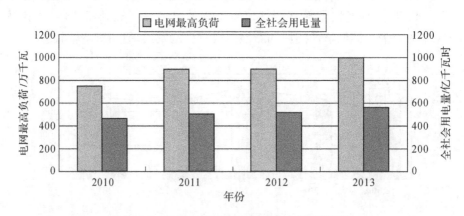

图 7-5　2010—2013 年宁波市电力消费情况

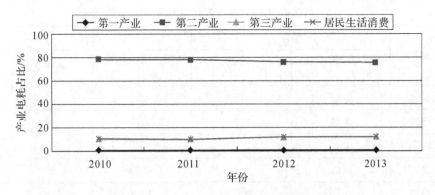

图 7-6 2010—2013 年宁波市产业电耗结构

3. 能源效率

（1）能源消费万元 GDP 能耗与电耗。按等价值和 2005 年可比价，2005—2013 年宁波市万元 GDP 能耗量和万元 GDP 电耗量均呈显著下降走势。其中万元 GDP 能耗量呈现平稳递减，从 2005 年的 0.94 吨标准煤到 2013 年 0.75 吨标准煤，下降逾 20%；万元 GDP 电耗量则呈现 M 型波动下滑，2013 年数值为 1014 千瓦时，较 2005 年下降 7.48%（如图 7-7 所示）。但如表 7-1 所示，与杭州、温州等市乃至全省平均水平（0.53 吨标准煤/万元）相比，仍存在较明显差距，未来仍有待进一步突破。

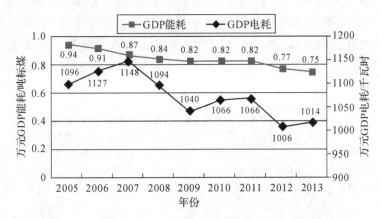

图 7-7 2005—2013 年宁波市能源效率

表 7-1   浙江省 2013 年各市万元 GDP 能耗和电耗一览

城市	能耗		电耗	
	万元 GDP 能耗/ 吨标煤	降低率/%	万元 GDP 电耗/ 千瓦时	降低率/%
杭州	0.52	3.5	829	0.1
宁波	0.56	2.1	1014	−0.7
温州	0.47	3.2	957	2.5
嘉兴	0.62	4.0	1270	−0.4
湖州	0.70	3.5	1048	−1.2
绍兴	0.63	4.1	996	1.9
金华	0.57	4.4	1065	2.8
衢州	1.22	4.3	1272	0.7
舟山	0.60	3.4	528	6.1
台州	0.41	1.8	810	−0.1
丽水	0.52	2.9	867	−0.4

注:本表数据来源于《2013 年浙江省能源发展报告》。

(2)能源消费弹性系数与电力消费弹性系数。如图 7-8 所示,2010—2013 年宁波市能源消费弹性系数和电力消费弹性系数基本维持在 0~1.2 之间,平均值分别为 0.72 和 0.87,能源利用效率较早期有了显著提升。而与浙江省同期平均水平相比,能源消费弹性系数仍相对较高,节能减排任务仍有可期。

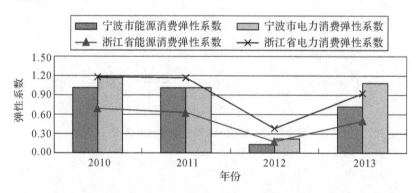

图 7-8   2010—2013 年宁波市与浙江省能源/电力消费弹性系数比较

（3）能源加工转化率。随着技术的进步，宁波市的能源加工转化率呈现逐年递增的良好态势，总效率由 2009 年的 73.4％提升到 2013 年的 77.9％，其中，火力发电和热电分别提升 2.1％和 1.5％，而炼油加工转化率则自 2012 年起出现了下降。这与该阶段起宁波市开展的工业结构调整不无关联。

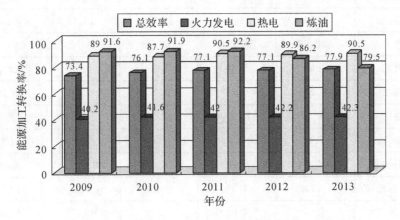

图 7-9　2009—2013 年宁波市能源加工转换率

（二）能源消费的碳排放分析

煤炭、石油等化石能源燃烧排放的二氧化碳是大气中二氧化碳的主要来源，影响碳排放的主要是一次能源投入及消费。宁波临港重化工业、能源基地特色定位等导致宁波存在能源消耗总量过大和能源结构、发电结构比例失调等问题。作为能源消费型大市，宁波市目前第二产业中的规模以上工业企业，第三产业中的交通运输业、大型公共建筑能源消耗，居民生活中私家车出行的能源消耗等是二氧化碳的高排放领域。

在能源消费的碳排放测算上，因统计数据获取受限，本课题组借鉴许海燕在《宁波市工业能源消费的碳排放分析》一文中的研究成果①，主要围绕占最大份额的工业能源消费的碳排放进行实际评估，时间跨度上依旧选取 2010 年至 2013 年的四年间，对象为宁波市规模以上工业企业。根据各能源品种的终端消费量及碳排放系数，测算出 2010—2013 年宁波市规模以上工业企业能源消费的碳排放情况，具体估算结果见表 7-2。

---

① 许海燕.宁波市工业能源消费的碳排放分析[J].宁波经济丛刊,2014(3):15-17.

表 7-2　2010—2013 年宁波市规模以上工业企业能源消费碳排放情况

（单位：万吨）

能源品种	2010 年	2011 年	2012 年	2013 年	小计
原煤	198.30	210.67	211.28	219.50	839.75
洗精煤	4.57	4.62	6.60	6.48	22.26
煤制品	9.53	14.79	15.50	15.62	55.44
焦炭	136.83	159.57	153.03	145.24	594.67
汽油	7.60	5.50	5.39	5.18	23.66
煤油	1.02	0.85	0.70	0.63	3.19
柴油	18.72	14.54	12.99	12.05	58.30
燃料油	17.21	11.44	8.01	5.29	41.96
其他石油制品	133.64	204.43	202.03	209.32	749.41
液化石油气	4.19	4.47	5.30	4.32	18.28
天然气	5.61	7.63	12.38	18.56	44.18
焦炉煤气	0.93	0.94	0.91	0.87	3.66
炼厂干气	45.11	58.00	54.19	56.81	214.11
电力	669.93	696.61	686.37	737.18	2790.10
热力	86.49	133.81	137.70	138.96	496.96
合计	1339.68	1527.86	1512.37	1576.00	5955.91

通过对以上数据的分析，不难得出以下结论：

1.宁波市能源碳排放量逐年上升。2010 年至 2013 年的四年里，宁波市规模以上工业的能源消费产生的碳排放总量为 5955.91 万吨，折算成二氧化碳排放量为 21858.2 万吨；2010—2013 年的年度碳排放总量分别为 1339.68 万吨、1527.86 万吨、1512.37 万吨和 1576 万吨，除 2012 年略有回落外，其他年份均呈稳步增长。

2.碳排放强度有所回落。2011—2013 年，宁波市规模以上工业增加值碳排放强度同比分别上升 1.8%、下降 5.7% 和 3.5%。宁波市规模以上工业经济发展较快时，碳排放增长较快，增加值碳排放强度也相对较高，同比不降反升；经济发展较慢时，碳排放增长更慢，碳排放强度下降较快（如图 7-10 所示）。

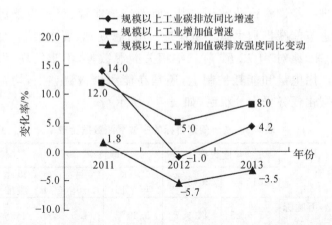

图 7-10　2011—2013 年宁波规模以上工业企业碳排放量、增加值与增加值碳排放变动情况①

3.碳排放源相对集中。原煤是宁波市最大的碳排放源（电力和热力中的大部分来自原煤燃烧），四年累计约占全市工业碳排放的 69.3%；其他石油制品是宁波市第二大碳排放源，四年累计消费 1279.5 万吨标煤，产生碳排放量 749.4 万吨，占总排放量的 12.6%；焦炭是第三大碳排放源，四年里累计消费 695.5 万吨标煤，产生碳排放量 594.7 万吨，占总排放量的 10%。而尽管原油在一次能源消费中占了相当高的比例，但由于它在宁波市用于加工转换进行炼油，碳分子进入了石油制品中，并非终端消费，因此原油并非宁波市的主要碳排放源。

4.高碳含量能源碳排放比重略有下降。2013 年煤炭类能源碳排放占比为 80.1%，比 2010 年下降了 2.4%；而含碳量相对偏低的油制品类能源碳排放比重有所上升，由 2010 年的 13.6% 上升到了 2013 年的 15%；含碳量最低的气类能源占比很小，四年来总体稳中有升。

二、宁波实现能源低碳的主要瓶颈

"十一五"时期，宁波市能源发展快速，作为华东地区重要的能源基地，功能得到进一步强化，一大批能源项目相继建成，能源综合保障能力明显增强，能源利用效率显著提升，全市以年均 8.9% 的能源增长支撑了年均 11.8% 的经济增长，顺利完成节能减排指标任务。

2012 年 5 月，《宁波市能源发展"十二五"规划》审议通过（后简称《规

---

① 许海燕.宁波市工业能源消费的碳排放分析[J].宁波经济丛刊,2014(3):15-17.

划》),力求进一步调整优化能源结构,加大清洁能源、可再生能源的开发利用力度,推进节能减排和生态环境保护。根据《规划》要求,结合低碳城市建设的相关指标,比对"十二五"前三年相关能源数据,不难发现,无论是在能源消费总量、用电量和能耗控制上,还是在能源结构调整上,均存在显著落差,能源低碳化任务仍十分艰巨(如表 7-3 所示)。

表 7-3　基于规划目标的宁波能源数据比较

数据名称	年度数据		增长率		2015 年数据	
	2010 年	2013 年	实际年增长	目标年增长	以此类推	目标数据
能源消费总量/万吨标准煤	3536.25	4139.7	5.39%	4.5%	4598	4406.8
万元生产总值能耗/吨标煤	0.8209	0.75	2013 年较 2010 年降低 8.64%	2015 年较 2010 年降低 18.5%	0.706	0.669
非化石能源消费量占一次能源消费量比重	0.1%	0.5%	—	—		2.1%
用电量/亿千瓦时	459.04	559.39	6.81%	—	638.17	613.25

而在新能源、清洁能源和可再生能源开发上,近年来宁波已取得显著成效,北仑穿山、象山涂茨等一批风电场陆续建成,杭州湾、北仑小港等光伏发电示范项目成功并网发电,地源热泵应用面积显著扩大。截至 2013 年年底,宁波市可再生能源发电量折标煤 34.02 万吨/年,占全市能源消费总量的 0.8%。然而对比要实现的规划目标,仍有较大突破空间。按具体类别指标分析,水力发电已于 2013 年提前达到 2015 年发展目标,而风能、太阳能、生物质能、低热能和空气能等仍有明显差距,特别是风能、太阳能差距很大,是宁波实现能源低碳的主要瓶颈。能源低碳化状况及其发展目标如表 7-4 所示。

表 7-4　宁波可再生能源开发及发展目标

类别		2013 年现状	2015 年目标	2020 年目标
风能	风电装机容量/万千瓦	18.3	43	75
	年发电量/万千瓦时	39932	98900	175500
太阳能	光伏发电 装机规模/万千瓦	2.96	20	40
	光伏发电 年发电量/万千瓦时	1443	20000	40000
	光热应用 集热面积/万平方米	161	184	240

类别			2013 年现状	2015 年目标	2020 年目标
生物质能	垃圾焚烧	装机规模/万千瓦	9	11	19
		发电量/万千瓦时	44275	55365	95365
	生物质燃料利用量/万吨		18	22	32
	沼气产气量/万立方米		1577	1668	1700
	污泥利用量/万吨		22	40	50
地热能	应用面积/万平方米		133.7	138	163
空气能	总装机功率/万千瓦		50	55	65
水能	总装机容量/万千瓦		12.54	12.54	12.54
	发电量/万千瓦时		23608	25000	25000

三、制约宁波能源低碳发展的因素[①]

（一）经济发展阶段的制约

宁波工业重型化特征明显,对于能源有高度依赖性。2013 年电力热力的生产和供应业、石油加工炼焦及核燃料加工业、化学原料及化学制品制造业、黑色金属冶炼及压延加工业四个重化工行业规模以上企业产值达到4481.1 亿元,占规模以上工业产值的 35.0%,比 2010 年提高 5.9 百分点。2010 年和 2013 年以上四个重化工行业规模以上企业综合能耗分别为2342.0 万吨标准煤和 2835.8 万吨标准煤,占全社会综合能耗的比重分别为66.2%和 68.5%。结果是重化工行业快速发展抬高了单位 GDP 能耗,2013年宁波万元工业增加值能耗仍为 1.1483 吨标准煤,比 2010 年仅下降7.93%,低于同期单位 GDP 能耗降速 0.74 百分点;加上第三产业比重依旧偏低和居民能源消费的刚性增长,这个阶段对能源消费量和能耗的控制压力重重。

（二）长短期目标冲突的"效益悖反"

低碳城市建设、能源低碳化目标属于中长期政策目标,而为了应对 2008年国际金融危机、实现保增长的短期目标,宁波于 2009 年相继出台钢铁、石

---

① 励效杰.“十二五”以来宁波节能减排目标完成情况及对策建议[J].港口经济,2014(12):21-23.

化、轻工业和纺织工业等产业的调整和振兴行动计划,因此迎来了 2010 年和 2011 年宁波电力热力的生产和供应业、石油加工炼焦及核燃料加工业、黑色金属冶炼及压延加工业、化学原料及化学制品制造业、造纸及纸制品业和纺织业六大主要高耗能行业的飞速增长,产值增速由 2009 年的－1.31%变为 2010 年的 29.49% 和 2011 年的 24.18%,分别高于同期地区生产总值名义增速 10.23 百分点和 6.82 百分点。相应地,能源低碳化指标也出现了全面反弹,如何最大限度地消除不同政策目标间的"效益悖反",亦是确保低碳城市建设稳步有序推进的关键所在。

(三)体制机制的制约

第一,在现有技术水平和政策环境下,开展产能环保升级、开发可再生能源成本较高,在政策扶持有限的情况下,企业缺乏改革的动力。例如,国家虽出台强制性脱硝的行政命令,但未出台脱硝电价补贴政策。而一台 100万千瓦的脱硝机组年运行费大约需 4000 多万元,氮氧化合物排污费则只有600 多万元,火电企业宁愿缴纳排污费而不愿运行脱硝设施的现象比比皆是。可再生能源开发方面亦是如此。目前除国家出台扶持风电、太阳能光伏、沼气利用等可再生能源开发的政策外,宁波市扶持可再生能源开发政策体系还不够完整,经济激励力度弱,政策稳定性差,没有形成支持可再生能源持续发展的长效机制。

第二,低碳城市建设、能源综合化利用涉及面广,各职能部门间缺乏统筹,管理体制有待完善。无论是节能环保还是可再生能源开发均涉及城市管理的方方面面,目前推进工作分散在市发改、工业、农业、水利、住建、交通、环保、城管和海洋等多个职能部门,系统的统筹规划、建设、统计体系和协调推进工作机制还有待完善。再加上财政计划单列的体制,迫切需要加强工作统筹,强化资金引导和支持的力度。

第三,能源行业涉及的各类资源要素多、统筹决策层面高,发展战略、投资等宏观决策和价格、税收等主要政策手段都掌握在中央政府手里,作为地方政府,调控能力有限,唯有通过关停并转一批污染企业及淘汰落后产能等行政手段来实现低碳化的建设目标,而这种行政手段相较于市场调节手段往往缺乏效率。

第三节　宁波能源低碳建设目标、任务与路径选择

一、宁波能源低碳建设目标及主要任务

(一)建设目标

按照《宁波人民政府办公厅关于印发宁波市低碳城市试点工作实施方案的通知》(甬政办发〔2013〕77号)、《宁波市人民政府办公厅关于印发宁波市低碳城市试点工作实施方案任务分解的通知》(甬政办发〔2013〕236号)、《宁波市人民政府办公厅关于印发宁波市低碳城市试点2013年推进方案的通知》(甬政办发〔2013〕237号)等文件精神,力求实现:到2020年,能源结构继续改善,煤炭消费实现负增长,非化石能源占一次能源消费比重明显提高,天然气消费占化石能源消费比重上升到20%以上;能源效率进一步提高,能源弹性系数降低到0.3以下。

(二)主要任务

把"重保障"放在第一位,科学有序地推进能源基础设施建设,继续提升综合供应能力;把"调结构"作为重点,应用各种先进技术和设备优化存量、提升增量,加大清洁能源、可再生能源的开发利用力度;把"增效益"作为突破口,集约利用资源,完善体制机制,深入推进节能减排和生态环境保护。

1.提高天然气消费比重

多渠道拓展天然气气源,提高天然气供应能力;扩大天然气管网覆盖范围;积极推进中心城区锅炉"煤改气"、"油改气"工作,鼓励发展分布式能源系统,三江片全部建成无燃煤区。

2.扩大非化石能源利用规模

加大风电开发力度,重点发展象山檀头山、高塘等海岛风电场,推进象山、慈溪海上风电场建设;鼓励太阳能开发利用,实施阳光屋顶计划,开展分布式太阳能光伏发电示范;加快生物质能利用,实施慈溪、鄞州、宁海和象山的大型畜牧养殖场和垃圾填埋场的沼气发电工程;大力推广使用地源(水源)热泵空调系统、空气源热泵热水系统。

二、宁波能源低碳化建设实施路径

对于宁波而言,区域内的资源禀赋无法改变,港口城市、能源基地的身

份不容动摇，发展阶段也难以逾越，但是宁波的能源低碳化建设仍存在着较大的探索和改善空间。在现阶段的经济增长模式下，要保持经济的高速增长就得依赖能源的消费。经济的发展是导致碳排放量增加的主因，但减少碳排放并不能通过减缓经济增长来实现，降低能源消费强度是抑制碳排放量增加的主要手段。从长远来看，改善能源消费结构、调整产业结构；从近期来看，提高能源利用效率、着力于技术改造等节能措施是推动能源低碳化的主要途径。

（一）高碳能源低碳化利用

以煤炭为主要能源的火力发电和供热的碳排放量很高。2010—2013年，这两项碳排放量占宁波工业总排放量的55％以上。应大力通过存量和增量两手控制，提高能源技术水平，达到抑制碳排放增加、节约能源的目的。

1. 提高产业门槛，实施增量控制

实行煤炭消费总量控制制度，严格控制新上燃煤项目，禁止新、改、扩建除"上大压下"和热电联产以外的燃煤电厂，严格控制新上工业项目用煤炭作为燃料。新建工业项目必须符合区域环境容量、污染物排放总量和用能总量控制要求，严格执行节能评估审查、环境影响评价等制度，实行环保和节能一票否决，节能评估审查不仅要成为项目审批前置条件，项目建成落实后还需进行能效水平考核，出现相脱节的情况应严格实施处罚。对环境污染问题突出、达不到环境功能区划要求的县（市、区），实施区域限批。

2. 强化倒逼机制，实施存量控制

第一，坚决取消对高能耗、高污染企业实行的所有优惠政策，深入实施差别水价，差别电价和超计划、超定额加价等资源价格调整手段。不断提高能耗和污染排放标准。加强对能源利用和污染排放的监督管理，对违规排放的企业从严处理，提升高能耗、高污染企业的违规成本。

第二，通过煤炭洗选、加工转化、先进燃烧、烟气净化等技术创新，积极推进现有煤电机组的综合升级改造，推进燃煤、燃油机组锅炉的燃料替代改造，充分利用自身余热、余压资源，推进集中供热，实现热能的梯级利用，提高粉尘、废渣等"三废"利用率，打造电力循环利用体系。

第三，不断提高能源技术水平，广泛推广洁净煤等先进能源技术，减少污染物的排放。国家还可出台相应的税收减免、成本补贴政策，推动煤炭利用从燃料向原料转变，促进煤化工产业的发展。

(二)优化结构发展低碳能源

2010—2013年煤炭类作为高碳能源的碳排放量占了碳排放总量的80.6%,而相对低碳的气类能源只占4.4%。虽然在短期内很难改变以煤炭为主的能源消费结构,但若能进一步加大对水电、天然气、风能及太阳能等清洁能源的开发使用力度,可以在一定程度上减缓碳排放量的增长速度。

1.大力发展基于天然气的清洁能源供应保障体系

第一,积极推进燃气热电联产,以城市和工业园区为重点地区集中供热,扩大供热管网覆盖范围,提高热电联产比重。第二,推进城市供热由燃煤向燃气转变,探索开展天然气分布式能源系统示范项目建设。积极争取天然气上游资源,积极向上衔接,争取管道天然气的计划指标,做好天然气供应保障;在一期工程建成投产的基础上,力争浙江LNG接收站二期工程尽早建成,积极争取调峰储运中心项目获得国家和省政府支持。第三,加快天然气管网建设,扩大供气范围,加快推进甬台温天然气(成品油)管道建设,为象山、宁海和奉化尽早使用天然气创造条件。第四,调整消费企业的税费减免政策,不断扩大居民、公共建筑、工业等天然气使用主体,推进并逐步扩大城市"禁燃区"范围;推进市区公交、出租、港区集卡车等高频使用车辆"油改气",积极探索其他交通工具的"油改气"工作。

2.有序推进可再生能源的开发利用

第一,研究出台《宁波市可再生能源发展规划》,摸清"家底",为合理有序地推进宁波市太阳能、风能等可再生资源的开发利用提供保障。第二,充分利用沿海风力资源丰富的优势,因地制宜推进风电的开发利用,稳妥推进穿山半岛、檀头山、高塘、茶山等山上风电场和象山海上风电场等重点项目工程。第三,加快建设国家分布式光伏发电规模化应用示范区,推进太阳能光伏和光热项目建设。第四,以生物质发电、沼气、生物质固体成型燃料为重点,大力推进生物质能源的开发和利用。第五,重点选择在行政、商务、商业等大型公共建筑设施推广使用地源、水源热泵空调,在学校、医院、酒店等公共建筑及有条件的住宅推广空气源热泵应用。

3.探索开发其他新型能源

就目前而言,改造煤电环境难以实施,推进天然气热点价格难以疏导,推进可再生能源发展需要大量政策扶持,因此,应加强对波浪能、潮汐能、海藻能、核能等其他新型能源的研究探索。① 紧跟技术进步,加大对新型能源利用方式的研究、应用和宣传力度。

(三)节能降耗提高能效

据统计,我国能源系统效率为 33.4%,比国际先进水平低 10%,节能提效潜力巨大。宁波市应严格按照国家和省、市产业政策,做好项目规划控制、行业对标控制,增加高附加值行业比例,积极引进低碳行业,加紧对高耗能行业的改革,提高产品的技术含量,大力发展先进制造业,严格控制高耗能行业、高耗能项目的低水平扩张。

1.加强技术创新,深入推进工业领域节能增效

严格执行单位 GDP 能耗和碳排放强度考核体系,实行行政领导问责制,保证能耗指标整体快速下降。以发展循环经济为重点,加快实施节能工程和节能改造项目。重点组织开发具有普遍推广意义的能量梯级利用技术、相关产业链接技术、"零排放"技术、有毒有害原材料替代技术、回收处理技术、绿色再制造技术等,特别是对大型电厂兼顾区域集中供热等优化电力结构、"扶大关小"、提效增收项目予以重点推进。

2.加强典型示范,推广合同能源管理的节能新模式

宁波市的燃煤锅炉燃烧效率目前大多在 60% 左右,与发达国家相差近15%。全市有中小型燃煤锅炉 4000 多台,在提高能源利用效率方面有很大的潜能。如全部进行提效改造,每年可节约原煤 100 万吨左右。应加大宣传力度,大力扶持节能服务公司发展,鼓励用能单位实施合同能源管理等专项项目。

3.优化交通结构,深入推进交通领域节能增效

一方面,优化交通运输结构,着力开拓公共交通、水运、铁路运输潜力,在货物运输上注重挖掘内陆水运、铁路运输的潜力,系统优化海、陆、空、管结构比例,加速推进海铁联运、无水港、甩挂运输、双重运输等先进运输组织模式;另一方面,优化交通用能低碳,积极推进新能源动力的推广应用,强制性约束交通运输的碳排放,大力发展新能源车和混合动力车,加大对天然气供应站、充电站等清洁交通能源供应设施的投入,鼓励清洁柴油、生物燃料、电力、天然气在公共交通、公用事业车辆中的使用。

---

① 宁波市能源局课题组.推动宁波能源清洁化发展的对策研究[J].宁波经济丛刊,2014(3):26-29.

第四节　加快宁波能源低碳化建设的保障措施

一、培育低碳经济意识，提供消费保障

低碳意识即树立低碳环保的价值观，在生活中自觉履行环保公民责任，多树立碳预算、个人碳预算意识，为低碳经济发挥出应有的作用。低碳意识不仅是人类自觉地进行低碳生产和低碳生活的前提，也是真正引导公民从简单的生活习惯做起，充分挖掘消费与生活节能减排潜力的关键要素。应通过开展多形式、多层次、多渠道的宣传、培训和交流活动，充分利用电视、广播、网络、报刊等多种媒介，广泛宣传开展低碳化建设的重要意义，提高责任意识和参与意识，营造全社会重视低碳环保、低碳经济的良好氛围，为低碳城市建设奠定意识基础。

二、推动能源价格形成机制改革，提供市场保障

根据国家相关政策引导，积极寻求和推进石油、天然气、电力等领域的价格改革，放开竞争性环节，完善市场决定价格的机制，凡是能由市场决定价格的都交给市场，政府不进行不当干预。在今后一段时期，要进一步完善能源性产品价格机制，统筹兼顾，解决好改革取向、利益协调、改革时机等重要问题，真正体现能源的稀缺性，反映能源的真实成本，进一步增强居民的节能意识。

三、增强科技创新能力，提供技术保障

加快建设和完善以企业为主体、产学研相结合的能源科技创新体系。以中国科学院宁波工业技术研究院新能源技术研究所和宁波大学为主，鼓励高校、科研院所和企业协同创新，发挥科研基础优势，发展一批技术先进、市场前景好、实现性高、具有自主知识产权的新兴能源技术。在新能源开发上，重点开展燃料电池和氢能技术、薄膜光伏技术、海上风能及海洋能综合利用技术、先进动力电池技术等方面的科学研究。在可再生能源开发上，重点突破兆瓦级光伏逆变器，大容量、低风速、高效率、高可靠性风机整机制造，高能量密度储能电池等技术，不断降低可再生能源的利用成本，消除可再生能源利用中的障碍，促进可再生能源的推广应用。

四、健全各项支持体系，提供政策保障

（一）制定财政扶助政策。发挥战略性新兴产业发展专项资金的引导作

用,带动民间资金和外资投资新能源产业。积极推进新能源示范工程建设,加大政府采购,向新能源利用产品倾斜力度,支持在公益性项目中采用新能源利用产品。

(二)制定税收倾斜政策。继续运用税收政策对可再生能源的开发利用予以支持,对可再生能源技术研发、设备制造企业给予适当的税收优惠。鼓励国家政策性银行及商业银行出台可再生能源开发融资政策,通过直接贷款和统借统还等多种方法加大可再生能源开发投入,并对影响力大、示范带动力强的优质项目给予利率优惠。积极开展可再生能源开发利用抵扣能耗指标方法和标准研究,促进可再生能源开发持续、健康地发展。

(三)制定技术促进政策。在光伏、风电、地源热泵、智能电网、动力和储能电池及海洋能利用等主要领域,重点支持研究机构和企业对产业核心技术开展联合攻关,深化产学研合作。鼓励企业引进新技术,加快技术吸收和产业化。加大对科技成果产权的保护力度,鼓励科技成果投资入股。制定新能源产业"孵化器"培育政策。对获得国家、省和市科技奖项的企业和个人,给予相应的物质奖励。

五、加强对外借鉴合作,提供理念保障

积极探索与央企的合作,在核电利用等方面开展合作。加强新能源产业的招商引资,加强与国际金融组织、技术组织的合作,采取多种途径和方式,引进项目、资金、技术和管理经验。鼓励企业与国内外知名公司合作建设技术中心,提高技术引进的消化吸收和再创新能力。积极组织企业参加国际、国内新能源产业博览会、项目洽谈会和高峰论坛等活动,举办新能源产品展示活动,鼓励有实力的企业"走出去"参与国际合作与竞争,帮助企业开拓国际、国内两个市场。落实出口优惠政策,支持企业扩大出口,引导优化产品出口结构,深化区域合作。

参考文献

[1] 许海燕.宁波市工业能源消费的碳排放分析[J].宁波经济丛刊,2014(3):15-17.

[2] 励效杰."十二五"以来宁波节能减排目标完成情况及对策建议[J].港口经济,2014(12):21-23.

[3] 宁波市能源局课题组.推动宁波能源清洁化发展的对策研究[J].宁波经济丛刊,2014(3):26-29.

[4] 孙春媛.城市智慧能源的发展环境与发展思路探讨——以宁波为例[J].宁

波经济(三江论坛),2014(10):19-21,25.

[5] 宁波市新能源产业三年行动计划(2013—2015)[J]. 宁波节能,2013(6):18-22,25.

[6] 宁波市人民政府. 宁波市人民政府关于印发宁波市"十二五"控制能源消费总量工作方案的通知(甬政发〔2014〕82 号)[Z]. 2014-09-01.

[7] 宁波市环保局. 宁波市碳排放现状及低碳发展的对策建议[EB/OL]. [2012-10-12]. http://gtog. ningbo. gov. cn/art/2012/10/12/art_16688_951891. html.

[8] 2010 年宁波能源利用报告[J]. 宁波节能,2011(6):16-20,28.

[9] 2011 年宁波能源利用报告[J]. 宁波节能,2012(6):14-18.

[10] 2012 年宁波能源利用报告[J]. 宁波节能,2013(1):22-27.

[11] 2013 年宁波能源利用报告[J]. 宁波节能,2014(1)25-32.

第八章　宁波生活低碳建设的目标及实现路径

　　生活低碳建设已经成为当今世界各国应对气候变化、协调经济发展和环境保护关系、保障经济社会可持续发展的一种基本理念和战略抉择。对于宁波而言,这既是挑战,又是机遇。然而,长期以来形成的生活习惯和消费观念是很难在短时间内改变的,因此,在生活低碳建设中,政府要充分发挥主导作用,完善并优化政策体系,宣传、引导和规范低碳行为,构建合理的低碳生活方式和消费方式。而公众是生活低碳建设的最终受益者和主要执行者,让低碳意识深入人心,让全民参与其中,对于生活低碳建设至关重要。这就需要"从我做起,从现在做起",树立节能、减排、降耗、适度的消费观念,把生活低碳提升为一种观念引领的自觉行动和社会责任,形成政府推动、市场引导、全民参与、共同推进的良好氛围。

第一节　宁波生活低碳建设现状

一、现状调查

　　从低碳意识、低碳生活方式、低碳消费方式三方面进行调查,可知宁波生活低碳建设的现实情况。

　　(一)低碳意识

　　低碳意识就是人意识到自己的生产消费活动所产生的碳排放对自然、他人、自己是有消极意义的,从而自觉自愿地在生产生活中减少对自然资源的索取利用,提高有关碳排放的道德自觉意识。

对于公众在日常生活中的每一种行为,都可以通过测量碳排放量来衡量个人保护环境的程度,这样直观的计量方式使公众能够深切感受到自身对维护地球生态系统及自身生存环境可贡献的力量,从而不断增强低碳意识。低碳意识既涵盖经济和政治领域,也涉及公众日常生活的各个方面;其中不仅包含生态观念和平等观念,也蕴含新时代特有的节约的财富观念和创新意识。

宁波市人民政府办公厅于 2013 年 10 月 19 日发布了《关于印发宁波市低碳城市试点 2013 年推进方案的通知》。得益于政府的重视,宁波全社会的低碳意识在文件发布前一段时间已得到显著提升。在学校层面,中小学教育、高等教育、职业教育均已开展低碳教育和低碳活动,如寒暑假社会实践活动、参观低碳博物馆、低碳知识竞赛等;在企业层面,已经有不少企业瞄准低碳产业,将其作为未来的盈利增长点进行布局,偶有商家开展低碳产品宣传;在社区层面,2013 年 3 月公布了《宁波市生活垃圾分类处理与循环利用工作实施方案(2013—2017 年)》,宁波市和世界银行合作开展了"宁波市城镇生活废弃物收集循环利用示范项目",预计五年内投入 15.26 亿元人民币(其中世界银行贷款 8000 万美元),推进垃圾分类处理工作,目前已经取得显著成效。

调查显示,宁波市民的低碳意识普及率较高,有一半以上的受访者表示对低碳"了解,知道其含义和内容",完全不知道低碳为何意的人为零。所有受访者均认为低碳"非常重要"或"比较重要"。较强烈的低碳意识是推行和宣传低碳生活方式和低碳消费方式的前提。

(二)低碳生活方式

低碳生活方式是指在生活中要尽量减少所消耗的能量,特别是要尽量减少二氧化碳的排放量,从而减少对大气的污染,减缓生态的恶化。

不同于低碳意识的较高普及率,宁波市民在低碳生活方式上的表现并不那么尽如人意。"生活垃圾分类处理"作为最基本、最有代表性的低碳生活方式之一,是宁波市政府近年来在全市范围内全力推动的主要低碳措施之一,其情况或许能折射出宁波市民低碳生活方式的现状。

本课题组于 2012 年 10 月完成的《宁波市垃圾分类处理现状调查报告》显示,在共计 659 份调查问卷中,在"您认为推广生活垃圾分类处理是否必要?"这一问题中,选择呈现以下分布(如表 8-1 所示)。

表 8-1 性别 * 十足必要率交叉制表

性别	您认为推广生活垃圾分类处理是否必要					总人数	十足必要率
	非常必要	必要	一般	没必要	完全没必要		
男	109	161	33	4	1	308	35.39%
女	176	147	24	4	0	351	50.14%
合计	285	308	57	8	1	659	—

注:十足必要率为认为"非常必要"的人数除以性别总人数。

按性别变量分层,以宁波市 2012 年人口性别比例为权重(宁波市 2012 年人口性别比例为男性 51.06%,女性 48.94%),计算出"总体必要率":

总体必要率＝35.39%×51.06%＋50.14%×48.94%＝42.61%

调查显示,宁波市民从价值判断上对生活垃圾分类还是比较认可的,普遍认为垃圾分类会给自己的生活带来积极的改变。

然而在另一个问题"您是否愿意对生活垃圾进行分类收集和投放?"的选择上,数据却让人有些意外(如表 8-2 所示)。

表 8-2 性别 * 强烈意愿率交叉制表

性别	您是否愿意对生活垃圾进行分类收集和投放				合计	强烈意愿率
	非常愿意	愿意	不愿意	看情况		
男	87	172	24	25	308	28.25%
女	94	206	18	33	351	26.78%
合计	181	378	42	58	659	—

注:强烈意愿率为认为"非常愿意"的人数除以性别总人数。

按性别变量分层,以宁波市 2012 年人品比例为权重(宁波市 2012 年人口性别比例为男性 51.06%,女性 48.94%),计算出"总体意愿率":

总体意愿率＝28.25%×51.06%＋26.78%×48.94%＝27.53%

统计显示,宁波市民进行垃圾分类的"总体意愿率"为 27.53%,远远低于"总体必要率"。

"必要率"和"意愿率"的区别在于,"必要率"所反映的是受访者在没有任何附加条件下客观理性地对垃圾分类这一事件本身所做的"价值判断",而"意愿率"所反映的是将受访者置于"执行者"角色时,他对垃圾分类这一事件所做的"行为选择"。

虽然这一现象的产生有各种原因，但是不得不承认，受访群体对垃圾分类的"总体必要率"要远远高于"总体意愿率"，这意味着认为"实行垃圾分类是十分必要"的人要远远多于"非常愿意进行垃圾分类"的人。也就是说，有相当多的受访者对垃圾分类的意义是给予肯定的，认为垃圾分类是有益于社会和自身的，但是当被问及自己是否愿意进行垃圾分类时，却表现出了较低的意愿。

在对待低碳生活方式的态度上，宁波市民的态度大体也是如此，即对于低碳生活方式的"价值判断"要明显高于"行为选择"。

(三)低碳消费方式

低碳消费方式是一种以低碳为导向的共生型消费方式，消费者在消费选择的过程中按照自己的心态，根据一定时期、一定地区低碳消费的价值观，在决策时把低碳消费的指标作为重要的考量依据和影响因子，在实际购买活动中青睐低碳产品。低碳消费方式代表着人与自然、社会经济与生态环境的和谐共生式发展。

低碳并非针对某一类商品，事实上，低碳涉及生活的各个方面，低碳商品在我们的日常消费中处处可见。有关专家认为，只要在生产、消费过程中符合低能耗、低污染、低排放要求的商品，都可归入低碳商品的行列。如节能灯、夜灯、竹筷、LED 彩电、石头环保纸(以石灰石为原料)、手帕、充电电池、环保袋等，均属此列。甚至由于包装简洁而减少了包装过程中的碳排放的简装商品，也可算是低碳商品。

宁波市民普遍对于低碳这一理念有比较清晰的了解，但是也仅仅停留在"理解"这一层面，多数人都比较认可低碳作为一种更加文明的生活和消费理念及其对人类社会的整体贡献，但"践行"却滞后于"认识"。整体而言可以概括为：低碳是"热点"，但低碳消费很"低调"。对于大部分市民而言，他们都听说过"低碳"，但"哪些是低碳商品"却几乎没多少人知道。在各大商场，除了节能灯等少数产品是显而易见的低碳商品外，几乎没有一件商品标明自身是"低碳商品"，也没有相关的碳排放标识。而营业员也大都对低碳商品一头雾水。如果没有事先做足"功课"，要买到低碳商品是件相当困难的事情。

宁波近几年的碳排放形势不容乐观。以 2009 年采集的数据为例。根据 IPCC 碳排放计算指南，参考宁波能源统计数据的评估结果表明：宁波市 2009 年全社会能源消费的碳排放总量为 0.21 亿吨，一次能源消费实际产生的碳排放总量为 0.273 亿吨，人畜呼出的二氧化碳为 51 万吨，土壤呼出 9 万吨；森林、农作物等植物储存 53 万吨，碳源和碳汇两者折合后的年二氧化实际排放量为 0.99 亿吨,约占全国排放总量的 1.5%。按户籍人口计算,人均二氧化碳排放量为 16.87 吨,是全国平均水平的 3 倍;按实际在甬人口计算,人均二氧化碳排放量是全国平均水平的 2 倍多。

而《宁波市低碳城市试点工作实施方案》所设定的目标是:到 2015 年,全市碳排放总量进入平缓增长期,碳排放强度得到有效控制,万元生产总值碳排放比 2010 年下降 20% 以上,万元生产总值能耗比 2010 年降低 18.5%;到 2020 年,全市碳排放总量与 2015 年基本持平,碳排放强度呈加速下降态势,万元生产总值碳排放比 2005 年下降一半以上。两相对照,目标与现实还是有着不小的差距,形势并不乐观。

二、比较分析

居民家庭的碳排放以能源消耗碳排放、物质消费碳排放、交通出行碳排放、生活垃圾处理碳排放为主要方式。其中,能源消耗碳排放所占比重最大,当然,其减碳潜力也最大。

(一)能源消耗碳排放

从《宁波市"十二五"控制能源消费总量工作方案》设定的"'十一五'至'十二五'全社会能源消费总量和全社会用电量控制指标"(如表 8-3 所示)来看,"十二五"时期宁波市能源消费总量年均增长率控制在 4.9% 以内,用电量年均增长率控制在 6.7% 以内。

表 8-3 "十一五"至"十二五"全社会能源消费总量和全社会用电量控制指标

指标	数值
2010 年能源消费总量/万吨标准煤	3536
2015 年能源消费总量控制目标/万吨标准煤	4407
2010 年用电量/万千瓦时	4590431
2015 年用电量控制目标/万千瓦时	6132545

如表 8-4 所示,2010 年全社会能源消耗达 3536.3 万吨标准煤,居民生活用能消耗达 258.4 万吨标准煤,占全社会能源消耗的 7.3%;2013 年全社会能源消耗达 4139.7 万吨标准煤,居民生活用能消耗达 325.5 万吨标准煤,占全社会能源消耗的 7.9%。按单位 GDP 能源消耗为 0.75 吨标准煤/万元(2005 年)折算,2010 年每千克标准煤能源产出 GDP 为 13.3 元,2013 年每千克标准煤能源产出 GDP 为 14.6 元。

表 8-4　2010 年和 2013 年居民生活用能情况

指标	2010 年	2013 年
全社会能源消耗/万吨标准煤	3536.3	4139.7
居民生活用能/万吨标准煤	258.4	325.5
每千克标准煤能源产出 GDP/元	14.6	13.3

如表 8-5 所示,2010 年全社会能源消耗人均用量为 6.2 吨标准煤,居民生活用能人均用量为 0.5 吨标准煤。每吨标准煤按经验系数 2.5 折算为二氧化碳排放量,则全社会能源消耗人均碳排放量、居民生活用能人均碳排放量分别为 15.5 吨、1.3 吨。

表 8-5　2010 年居民生活用能人均用量

指标	人均用量/吨标准煤	人均碳排放量/吨
全社会能源消耗	6.2	15.5
居民生活用能	0.5	1.3

居民生活碳排放与居民直接消耗的能源(电、油、煤、燃气)有很大关系。2010 年居民生活用能中,电力为 49.8 亿千瓦时,占居民生活用能的 23.8%;成品油为 107.1 万吨,占居民生活用能的 60.9%;煤炭为 45.8 万吨,占居民生活用能的 12.7%;燃气为 5145.84 万立方米,占居民生活用能的 2.7%。人均用量分别为 0.1、0.2、0.1、0.1 吨标准煤,占居民生活用能人均用量比例分别为 20.0%、40.0%、20.0%、20.0%;折算为人均碳排放量分别为 0.3 吨、0.5 吨、0.3 吨、0.2 吨,占居民生活用能人均碳排放比例分别为 23.1%、38.5%、23.1%、15.3%(如表 8-6 所示)。

表 8-6　2010 年居民生活用能碳排放

指标	人均用量/吨标准煤	占居民生活用能人均用量比例/%	人均碳排放量/吨	占居民生活用能人均碳排放比例/%
电力	0.1	20.0	0.3	23.1
成品油	0.2	40.0	0.5	38.5
煤炭	0.1	20.0	0.3	23.1
燃气	0.1	20.0	0.2	15.3

城市居民的炊用燃料中,罐装液化石油气、管道液化石油气、管道煤气

的使用率不断降低,煤自 2005 年以后已基本不用作炊用燃料,而管道天然气、其他燃料的使用率则不断增加。炊用燃料的变化充分体现了时代特色。2005 年,使用最多的是管道液化石油气,占 80.3%;其次是管道煤气,占 19.5%;而煤占 0.3%。2010 年,使用最多的是罐装液化石油气,占 49.5%;其次是管道天然气,占 38.5%;而管道液化石油气、其他燃料分别占 11.5%、0.5%。2013 年,使用最多的是管道天然气,占 63.7%;其次是罐装液化石油气,占 25.5%;而管道液化石油气、其他燃料、管道煤气分别占 7.8%、2.8%、0.2%(如表 8-7 所示)。

表 8-7　2005—2013 年城市居民炊用燃料使用情况

指标	2005 年	2010 年	2011 年	2012 年	2013 年
罐装液化石油气/%	—	49.5	28.9	27.1	25.5
管道液化石油气/%	80.3	11.5	6.0	6.0	7.8
管道煤气/%	19.5	—	—	—	0.2
管道天然气/%	—	38.5	64.0	66.3	63.7
煤/%	0.3	—	—	—	—
其他燃料/%	—	0.5	1.1	0.6	2.8

近年来,宁波居民生活用电量不断增加,生活用电量占全社会用电量的比例从 2005 年的 9.7% 增加到 2010 年的 10.9%、2013 年的 11.8%;人均生活用电量从 2005 年的 467 千瓦时增加到 2010 年的 870 千瓦时、2013 年的 1142 千瓦时(如表 8-8 所示)。

表 8-8　2005—2013 年居民生活用电量

指标	2005 年	2010 年	2011 年	2012 年	2013 年
全社会用电量/亿千瓦时	268	459	505	514	559
生活用电量/亿千瓦时	26	50	54	59	66
生活用电量占全社会用电量的比例/%	9.7	10.9	10.7	11.5	11.8
人均用电量/千瓦时	4811	7997	8767	8893	9638
人均生活用电量/千瓦时	467	870	932	1028	1142
人均生活用电量占人均用电量的比例/%	9.7	10.9	10.7	11.5	11.8

　　居民电力消耗主要来源于家用电器。从电力消耗情况来看,家用电器大致可以分为三大类。第一类是耗电量大、"使用价值"高的电器,如空调、微波炉、热水器、电饭煲、热水壶等。第二类是开启时间长、使用频繁的电器,如洗衣机、电冰箱、彩色电视机、家用电脑、组合音响、脱排油烟机、饮水器、电风扇、电熨斗等。第三类是拥有量少或使用频率不高的电器,如录像机、暖风机、浴霸、电烤箱、排气扇、干衣机、消毒柜、电炒锅、影碟机等。

　　在不同时期,居民家用电器的增长趋势是不同的,洗衣机、电冰箱、彩色电视机等传统家电早就已经趋于饱和,这些家用电器未来主要面临的是更新换代的需求。与 2005 年的数据相比,每百户城市居民家用电脑的拥有量2010 年增长了 40.9%,2013 年增长了 59.1%;空调的拥有量 2010 年增长了43.8%,2013 年增长了 51.8%;微波炉的拥有量 2010 年增长了 23.0%,2013 年增长了 27.9%;热水器的拥有量 2010 年增长了 7.4%,2013 年增长了 11.7%。与 2005 年的数据相比,每百户农村居民家用电脑的拥有量 2010年增长了 157.9%,2013 年增长了 173.7%;空调的拥有量 2010 年增长了98.0%,2013 年增长了 160.0%;微波炉的拥有量 2010 年增长了 42.9%,2013 年增长了 71.4%;热水器的拥有量 2010 年增长了 31.4%,2013 年增长了 51.0%(如表 8-9 所示)。

　　从空调和热水器每百户拥有量的近年走势看,数据依然有一定的上升空间。由于家用空调功率较大,每小时用电量在 1.4 度左右,因此,合理设定空调的目标温度(26℃),可以有效节约家庭用电,降低能源消耗。

表 8-9　2005—2013 年每百户居民家庭主要电器拥有量　　　(单位:台)

家用电器	2005 年		2010 年		2011 年		2012 年		2013 年	
	城市	农村	城市	农村	城市	农村	城市	农村	城市	农村
洗衣机	91	56	95	74	96	71	96	74	95	77
电冰箱	99	84	99	99	100	95	100	96	100	96
空调	137	50	197	99	214	105	215	109	208	130
微波炉	61	21	75	30	79	37	80	38	78	36
热水器	94	51	101	67	103	72	104	74	105	77
彩色电视机	171	150	185	181	193	172	197	174	192	179
家用电脑	66	19	93	49	103	46	108	47	105	52

　　随着居民收入的增加、住房条件的改善和电价政策的逐步到位,空调、

热水器、热水壶、消毒柜及各种电炊具的销量持续增加。从各家用电器单台功率(每小时耗电量)排行榜来看,热水器、电炒锅、浴霸、电磁灶和空调每小时耗电量排家用电器前五位,因此,未来居民用电量还会有较大的增长。

表 8-10　常用家用电器单台功率(每小时耗电量)

序号	家用电器名称	单台功率(瓦)	序号	家用电器名称	单台功率(瓦)
1	热水器	1750	12	饮水机	500
2	电炒锅	1650	13	消毒柜	450
3	浴霸	1480	14	洗衣机	320
4	电磁灶	1450	15	家用电脑	220
5	空调	1380	16	脱排油烟机	180
6	暖风机	1300	17	组合音响	160
7	微波炉	1260	18	电冰箱	140
8	电熨斗	1120	19	彩色电视机	110
9	电烤箱	1000	20	电风扇	60
10	干衣机	850	21	录像机	50
11	电饭煲	700	22	排气扇	40

(二)物质消费碳排放

近年来,居民消费支出不断增加,由 2005 年的 532 亿元增加到 2010 年的 980 亿元、2013 年的 1319 亿元,最终消费支出由 2005 年的 839 亿元增加到 2010 年的 1835 亿元、2013 年的 2658 亿元。不过,居民消费支出占最终消费支出的比例从 2005 年的 63.4％降低到了 2010 年的 53.4％、2013 年的 49.6％(如表 8-11 所示)。

表 8-11　2005—2013 年居民消费支出占比

指标	2005 年	2010 年	2011 年	2012 年	2013 年
居民消费支出/亿元	532	980	1119	1225	1319
最终消费支出/亿元	839	1835	2188	2405	2658
居民消费支出占最终消费支出的比例/％	63.4	53.4	51.1	50.9	49.6

居民人均消费支出不断增加,人均消费/生活消费支出占人均总支出的

比例也呈现增长趋势（如表 8-12 所示）。城市居民人均总支出从 2005 年的 16761 元增加到了 2010 年的 26815 元、2013 年的 33654 元，涨幅分别为 60.0%、100.8%。人均消费支出从 2005 年的 11818 元增加到了 2010 年的 19420 元、2013 年的 24685 元，涨幅分别为 64.3%、108.9%。人均消费支出占人均总支出的比例从 2005 年的 70.5% 提高到了 2010 年的 72.4%、2013 年的 73.3%，分别提高了 1.9 百分点、2.8 百分点。在人均消费的各项支出中，最多的是食品支出，其次是交通和通信支出，位列第三的是文教娱乐用品及服务支出。

农村居民人均总支出从 2005 年的 8777 元增加到了 2010 年的 13266 元、2013 年的 16967 元，涨幅分别为 51.1%、93.3%。人均生活消费支出从 2005 年的 6623 元增加到了 2010 年的 9794 元、2013 年的 13915 元，涨幅分别为 47.9%、110.1%。人均生活消费支出占人均总支出的比例从 2005 年的 75.5% 降低到了 2010 年的 73.8%，2013 年又提高到 82.0%。在人均生活消费的各项支出中，最多的是食品支出，2005 年排名第二的居住支出到 2010 年以后已经降至第三；2005 年排名第三的文教娱乐用品及服务支出到 2010 年以后已经降至第四；而 2005 年排名第四的交通和通信支出到 2010 年以后进至第二。

表 8-12　2005—2013 年居民人均消费支出

指标	2005 年		2010 年		2011 年		2012 年		2013 年	
	城市	农村	城市	农村	城市	农村	城市	农村	城市	农村
人均总支出/元	16761	8777	26815	13266	30111	13935	33098	15583	33654	16967
人均消费支出/元	11818	6623	19420	9794	21779	11253	23288	12699	24685	13915
衣着支出/元	1134	454	2000	774	2207	888	2278	918	2593	946
食品支出/元	4337	2715	6547	4049	7808	4905	8518	5293	8466	5503
居住支出/元	984	959	1519	1305	1628	1404	1437	2228	1628	2051
交通和通信支出/元	1889	765	3395	1407	3936	1244	4536	858	4619	2315
家庭设备、用品及服务支出/元	615	340	1044	398	1167	578	1128	702	1400	616
文教娱乐用品及服务支出/元	1874	781	2962	939	3098	960	3203	1328	3741	1056
人均消费支出占人均总支出的比例/%	70.5	75.5	72.4	73.8	72.3	80.8	70.4	81.5	73.3	82.0

每百户居民家庭主要耐用消费品拥有量基本呈上升趋势（如表 8-13 所示）。城市每百户居民家庭家用汽车拥有量从 2005 年的 4 辆增加到了 2010 年的 25 辆、2013 年的 42 辆，增幅分别为 525％、950％。移动电话拥有量从 2005 年的 164 部增加到了 2010 年的 195 部、2013 年的 203 部，增幅分别为 18.9％、23.8％。摄像机拥有量 2005 年为 4 架，2010 年和 2013 年均增加到了 10 架；照相机拥有量 2005 年为 51 架，2010 年和 2013 年均增加到了 54 架。从 2010 年和 2013 年的一致数据中可见，摄像机和照相机均已接近饱和。固定电话拥有量 2005 年为 96 部，2010 年和 2013 年均减少到了 88 部，可见已基本饱和，并呈现下降趋势。

农村每百户居民家庭家用汽车拥有量从 2005 年的 2 辆增加到了 2010 年的 7 辆、2013 年的 12 辆，增幅分别为 250％、500％。移动电话拥有量从 2005 年的 129 部增加到了 2010 年的 186 部、2013 年的 191 部，增幅分别为 44.2％、48.1％。摄像机拥有量 2005 年为 0 架，2010 年和 2013 年均增加到了 2 架；照相机拥有量 2005 年为 14 架，2010 年和 2013 年均增加到了 17 架。可见，摄像机和照相机亦均已接近饱和。而固定电话拥有量 2005 年为 97 部，2010 年增加到了 98 部，2013 年却减少到了 78 部，可见市场已基本饱和并呈现下降趋势。

表 8-13　2005—2013 年每百户居民家庭主要耐用消费品拥有量

指标	2005 年		2010 年		2011 年		2012 年		2013 年	
	城市	农村	城市	农村	城市	农村	城市	农村	城市	农村
家用汽车/辆	4	2	25	7	33	9	37	10	42	12
固定电话/部	96	97	88	98	88	87	87	86	88	78
移动电话/部	164	129	195	186	203	175	212	180	203	191
摄像机/架	4	0	10	2	9	2	10	2	10	2
照相机/架	51	14	54	17	53	17	56	18	54	17

电信业用户增减分明。固定电话用户从 2005 年的 339 万户减少到了 2010 年的 317 万户、2013 年的 298 万户，降幅分别为 6.5％、12.1％。而移动电话用户从 2005 年的 467 万户增加到了 2010 年的 846 万户、2013 年的 1228 万户，增幅分别为 81.2％、163.0％；国际互联网用户则从 2005 年的 171 万户增加到了 2010 年的 172 万户、2013 年的 259 万户，增幅分别为 0.6％、51.5％（如表 8-14 所示）。

表 8-14　2005—2013 年电信业用户　　　（单位:万户）

指标	2005 年	2010 年	2011 年	2012 年	2013 年
固定电话用户	339	317	312	308	298
移动电话用户	467	846	1029	1088	1228
国际互联网用户	171	172	190	236	250

注:2008 年起,国际互联网用户不含移动用户。

人均建筑/住房面积不断增加。城市人均建筑住房面积从 2005 年的 25 平方米增加到了 2010 年的 30 平方米、2013 年的 34 平方米,增幅分别为 20%、36%。农村人均建筑住房面积则从 2005 年的 51 平方米增加到了 2010 年的 56 平方米、2013 年的 59 平方米,增幅分别为 9.8%、15.7%。

表 8-15　2005—2013 年人均建筑/住房面积　　　（单位:平方米）

指标	2005 年		2010 年		2011 年		2012 年		2013 年	
	城市	农村	城市	农村	城市	农村	城市	农村	城市	农村
人均建筑/住房面积	25	51	30	56	33	57	33	58	34	59

（三）交通出行碳排放

近年来,宁波市每万人拥有的公共交通车辆不断增加,从 2005 年的 4.4 辆增加到了 2010 年的 6.5 辆、2013 年的 12.3 辆,增幅分别为 47.7%、179.5%。

表 8-16　2005—2013 年每万人拥有公共交通车辆　　　（单位:辆）

指标	2005 年	2010 年	2011 年	2012 年	2013 年
每万人拥有公共交通车辆	4.4	6.5	7.0	8.1	12.3

对交通出行碳排放有显著影响的因素包括居住区位、居住地公交地铁可达性、家庭收入、家庭人口规模、个人年龄、文化程度、职业等。其中,又以居住区位为最主要因素,居住地距离城市中心越远,人均交通出行的碳排放量就越大。同时,人均交通碳排放量随着 1 公里范围内公交和地铁线路数的增加总体上呈现递减趋势。家庭人均收入则与交通出行碳排放量具有正相关性。不同年龄、职业、文化程度都对人均交通出行碳排放量产生影响。

不同的交通方式产生的碳排放量存在显著差异,按碳排放系数从高到低排列分别为：小汽车、地铁、常规公交、非机动车和步行。调查显示，远郊区选择地铁出行的居民比常规公交多，说明地铁在远距离出行方面发挥了重大作用，在一定程度上减缓了郊区居民小汽车出行的大幅增多；而自行车出行比例较低，说明自行车出行环境还有待改善。此外，社区周边配套设施越完善，居民步行出行的比例越高。

(四)生活垃圾处理碳排放

从区位来看，中心城区老区的生活垃圾处理碳排放量最低，其次为中心城区新区，最高为外围城区新区。生活垃圾处理碳排放与物质消费碳排放的特征相似，与中心城区与外围城区的楼盘定位、家庭收入相关。从生活垃圾处理方式来看，目前宁波市主要有回收利用、填埋、焚烧发电、生化处理等形式，其中，回收利用可减少进入终端系统的生活垃圾处理量，从而减少生活垃圾处理的碳排放，而填埋沼气发电和焚烧发电可对社会碳排放总量产生减少的效果。

由以上分析可以看出，影响居民人均碳排放的因素可以分为三类：一类是住宅特征相关因素，如居住面积、楼层、朝向、区位、公交地铁可达性等；一类是生活方式相关因素，如空调功率、空调使用习惯、家庭作息、洗澡方式、小汽车使用频率、低碳态度等；还有一类是个人和家庭特征相关因素，如年龄、文化程度、职业、家庭收入、家庭人口规模等。在这些因素中，政府可以通过完善规划对居住区位、公交地铁可达性等因素加以调控，可以通过低碳技术和产品推广、宣传、经济调节等手段引导生活方式相关因素向低碳化转变。

第二节　宁波生活低碳建设存在的问题及原因

一、城市规划不够科学

(一)人口聚集，拥堵状况严重

随着经济发展的加快，宁波市原有城市规划已经渐渐无法满足城市飞速发展的需要，突出表现在交通拥堵问题日益严重和汽车保有量快速增加而导致的环境污染上。

在高峰期内，宁波市中心区14条主要道路的交通流量基本饱和或接近饱和。其中饱和度最高的路段是中山东路、解放南路和甬港南路，大部分交叉口已经达到堵塞状况;13 条过江通道也基本达到饱和或者接近饱和状态。核心区交叉口高峰期的平均交通负荷度已经达到 0.93,约 70% 的交叉口都处于较拥堵状态。

目前中心区城市道路等级结构不合理,支路系统不完善。规划部门研究得出的结论是:目前中心区内快速路、主干道、次干道、支路长度的比例为 0:1:0.74:1.60,海曙核心区这一比例是 0:1:0.67:2.67。与国家规定的道路等级比例 0.5:1:1.68:3.55 相比较,宁波中心区的快速路目前是完全缺失的,次干路与支路比例也偏低。另外,目前宁波市核心区的支路网密度仅为 5.43 千米/平方千米,远低于正常的 10~12 千米/平方千米的标准。

汽车保有量的增加使本就有待完善的城市规划"雪上加霜"。2011 年 9 月,宁波汽车保有量达到 100 万辆,年均增长率超过 20%,道路建设虽然每年都在进行,但仍跟不上汽车的增长速度。2010 年年底,宁波市三区(海曙、江东、江北)汽车拥有量为 22.22 万辆。按照最低标准 1:1.2,三区需要停车位约 26.7 万个,实际只有 10.75 万个,缺口 15.95 万个。[①]

(二)绿地建设滞后,温室效应凸显

在城市这个生态系统中,正常的生产和消费活动在进行的同时,也产生大量的余热、噪音和"三废"。这些污染物质在城市生态阈值之内时,可以通过城市生态系统的自我净化功能得到消解。这一自我净化的能力,很大程度上来自城市园林绿地的生态效应。形成一定规模和系统的绿地具有强烈的生态效应,因此城市绿地被看作城市环境的"绿肺",受到了各国的重视。

宁波市城市绿地系统主要由公园绿地、生产绿地、防护绿地、附属绿地和其他绿地组成。宁波市园林管理局公布的数据显示,虽然自 2007 年至 2013 年以来,人均公园绿地保有量一直在不断上升,但增速非常缓慢(如表 8-17 所示)。而据杭州网 2011 年 4 月 2 日的一则报道显示:到 2010 年年底,杭州市城区绿地面积 148.45 平方千米,城区绿地率 35.98%,绿化覆盖率 39.3%,人均公园绿地从 2005 年的 10.44 平方米上升到 15.1 平方米。[②]

---

① 蒋雪飞、蒋荣桦、贾春玉、郭璘.缓解宁波交通拥堵的对策研究[J].宁波工程学院学报,2013(2):38。

② 杭州人均公园绿地 15.1 平方米　今年要增 10 万平方米屋顶绿化[EB/OL].[2011-04-02].http://hznews.hangzhou.com.cn/chengshi/content/2011-04/02/content_3679086.htm.

表 8-17　2010—2013 年宁波市中心城区园林绿化情况统计表

指标	2010 年	2011 年	2012 年	2013 年
建成区面积/平方公里	271.6	284.9	289.8	295.0
建成区人口/万人	164.5	170.5	175.5	182.2
绿化覆盖面积/公顷	10332	10863	11080	11290
绿地面积/公顷	9372	9872	10113	10327
公绿面积/公顷	1725	1799	1853	1927
绿化覆盖率/%	38.0	38.1	38.2	38.3
绿地率/%	34.5	34.7	34.9	35.0
人均公园绿地/平方米	10.5	10.6	10.6	10.6

　　另外,宁波的园林在整体建设上也存在某些不足。一是城市绿地分布局部不均。从城市整体区域看,老工业区分布多而散,江北区的绿地分布少且不均匀,远远低于海曙区、江东区和鄞州区。质量高的绿地集中在三江口一带,而且街旁绿地规模非常有限。二是现有绿地建设存在强调观赏性、轻视生态效益的弊端。宁波水系众多,而目前两岸绿地建设人工化严重,过分强调观赏性,许多河道硬化,也导致河流的天然形态改变,两岸的植被和生物栖息场所遭到破坏。道路两侧的防护绿地也比较缺乏,特别是高速公路和铁路缺乏宽面积的防护隔离林带,不利于城市内部的自我净化。三是虽然宁波城市绿地类型相对比较全面,但整体而言防护绿地面积有所不足。工业区规模的扩大,居民日常生活产生的生活垃圾和污水污染,新建的居住区和酒店违规占用绿地……这些生产和建设活动都导致自然绿地受人为影响,被蚕食和分解。宁波绿地数量上的缺乏和质量上的缺陷,导致城市温室效应凸显,城市生态系统自我净化能力下降。

二、以高碳为特征的生活方式及观念根深蒂固

　　(一)人们倾向于以便利、享受为目的,以高碳消费偏好为特征的生活方式

　　随着工业文明的快速发展,西方消费主义主流文化开始渗透到人们的日常生活中。是穿李宁还是耐克,是用香奈尔还是夏尔美的香水,是开宝马还是奥迪车……许多人消费商品可能并非出于真实需要,而因为其是时尚、身份、地位等的符号代码。物化的生活方式中,人们以时尚至上的审美感官物化,物化的泛滥导致消费主义的流行,人们的奢侈消费、炫耀消费、面子消

费不是对商品使用价值的追求,而是对商品所承载的"符号意义"的占有,是对其符号所代表的社会意义即身份、地位、声誉的占有。商品本身所具有的使用价值则变得不那么重要了。

以便利、享受为目的,以高碳消费偏好为特征的生活方式已经十分普遍。出门即坐车,不管路远还是路近;买车贵贱是其次,大排量才有面子;东西只买最贵的,不买最好的。诸如此类以消耗大量能源、排放大量温室气体为代价的"面子消费"、"奢侈消费"在国内不断升级。私家车无节制增长,住房面积追求越大越好,造成大量资源和能源的浪费。国内大众的消费观念还是处在消费越多、越贵就越光荣的阶段。消费越多伴随的是资源的浪费及碳排放量的增长。

(二)与低碳生活冲突的传统生活观念已深入人心

二氧化碳排放总量的 30% 是由居民生活行为及满足这些行为的能源消费造成的,这一比例将随着人民生活水平的提高逐年上升。经测算,每少用 100 度电,就能少排放 78.5 千克的二氧化碳;自驾车消耗 100 公升汽油,就得排放 270 千克二氧化碳。宁波市有 570 多万人口,约 222 万户家庭,加上近 400 万外来人口,每人节约 1 度电、1 升油,整合起来的碳减排量是相当可观的。

然而与低碳生活冲突的传统生活观念已深入人心,非一朝一夕可以改变。据统计,全国车市销量增长最快的是豪华车和大排量运动车;相反,不少发达国家都愿意使用小型、小排量汽车。日本私家车一般年行驶 3000 至 5000 公里;而宁波私家车一般年行驶 1.2 万公里左右。家庭生活的电气化渗透到生活的每一个细节。过度的家庭装修,全自动化高功率家用电器,从洗碗机到吸尘器、私家车等,家庭生活的全自动化和电气化,代替了人们部分器官和组织的功能,使人们缺少应有的锻炼和运动。一次性生活用品给人们带来便利的同时,也带来了对健康的危害,而且浪费了大量的资源。贪图享受的生活,过度的营养摄取,导致"富贵病"在现在社会中很常见,肥胖症也成为当前不良生活方式带来的又一问题。就算是肥胖的人群也极希望用一种懒惰的方式——在跑步机上运动来减肥,享乐成为人生的唯一旨趣和最高目标。

随着中国经济持续 30 年的高速增长,以高污染、高浪费、高排放为特征的高碳生活方式俨然已经成为一种习惯,且深入人心。环境问题日益凸显的当下,虽然低碳生活方式渐渐成为一种共识,但是由于长期以来的生活习惯非一朝一夕可以改变,城市低碳之路还任重而道远。

三、低碳产品的市场阻力较大

(一)"低碳产品认证"尚未健全,市场上低碳产品鱼龙混杂

近年来,世界上许多国家都陆续开展了国家层面的低碳产品认证计划。一方面,低碳产品认证可以对生产中各类活动的温室气体排放设定相关标准,对于产业内部节能减排和提高市场竞争力很有帮助;另一方面,低碳产品认证也可以为社会树立良好的消费价值导向,促进新的消费价值观加速形成,构建全方位的生态消费体系,成为联系公众与可持续发展战略的纽带。在现阶段开展低碳产品认证计划,也有利于打破国外"碳关税"贸易壁垒,维护我国在全球气候变化中的国家利益,同时也有利于促进节能减排目标的实现,并有助于我国碳排放指标的科学制定和落实。2010年9月,国家发展和改革委员会、国家认证认可监督管理委员会组织召开"应对气候变化专项课题——我国低碳认证制度建立研究"启动会暨第一次工作会议。本次会议标志着我国低碳认证制度的研究全面启动,我国也在《国民经济和社会发展第十二个五年规划纲要》中明确指出要探索建立低碳产品标准、标识和认证制度,建立完善温室气体排放统计核算制度,逐步建立碳排放交易市场。

从国际发展趋势来看,国际通行的标准和评价方法普遍采用第三方认证机构实施评价、权威的认可机构对认证机构的能力进行审核和监督、政府和社会采信认证结果的机制。发达国家很早就开始了第三方认证工作,如德国、瑞士、英国、法国、美国等,现今世界上享有国际声誉的独立第三方权威认证机构几乎都出自这几个国家。国内比较权威的第三方认证机构主要由以国家质检总局领导下的各个质量监督检验部门组成,从国际知名度和认可度来讲,与上述的国际著名第三方机构相比还有一定的差距。总体来说,我国的低碳产品认证体系还处于起步阶段,低碳产品认证体系的不健全给低碳产品市场化带来了巨大的阻力。

(二)低碳产品成本较高,难以让消费者接受

《中国青年报》社会调查中心对1893人进行的一项调查显示:31.5%的人感觉"低碳生活成本高,难以承受",73.0%的人建议"进一步降低节能产

品价格",63.6%的人希望"推进民用节能产业创新"。①

市面上有不少节能电器,消费者在购买这些产品时,可以获得一定的国家补贴。这一举措有利于节能电器的推广,但节能电器不仅仅只有冰箱、洗衣机,节能产品也不只限于电器和汽车。而且,现在的很多节能产品即使有补贴,价格也很高。

另外,节能产品有时使用起来并不方便。虽然大家都知道太阳能热水器节能环保,但不如电热水器和燃气热水器省时好用。加上目前很多节能电器价格昂贵,很多人有节能减排意识,但在成本权衡之下,面临两难选择。

四、对低碳生活的宣教力度不够

(一)市民对低碳生活的重要意义及严峻形势认识不清

环境问题已是共识,低碳生活势所必然。但是对于许多宁波市民来说,即使他们知道低碳、认可低碳,他们也认为低碳离他们很远。习惯了盯紧房子、票子、车子,物质消费主义和个人主义价值观的盛行让许多市民形成了这样一种集体潜意识:低碳是所有人的事,但不是我的事。于是许多市民对低碳仅仅停留在认可上,却并不会去践行低碳生活和低碳消费。这样看来,宁波市面临的形势是十分严峻的。

宁波一次能源严重依赖外部输入,土地人均占有量低,水资源存在区域性短缺。这种"先天不足"客观上要求建设低碳城市。改革开放以来,宁波等沿海地区成为承接发达国家重化工等高碳产业和技术转移的重点区域。宁波倘若继续发展高碳产业,未来需要承担温室气体定量减排或限排的义务和强制约束,可能被高碳产业所"锁定"。在2009年哥本哈根气候大会上,中国对国际社会做出庄严承诺后,国内在碳减排和生态环境保护领域的政策力度加大,碳排放约束性指标被纳入"十二五"规划,并且对排放总量指标的约束有所加强,对区域碳排放约束力度越来越大;同时,碳减排的边际成本与减排难度客观上随减排量的增加而增大。因此,宁波要努力使整个社会的生产消费系统摆脱对资源能源的过度依赖。

2009年6月,美国众议院通过了《清洁能源与安全法案》,从2020年起对未达到碳排放标准的国家的产品征收惩罚性关税。法国也有开征碳关税的计划。如果欧美等发达国家利用碳关税将应对气候变化与国际贸易挂

---

① 67.3%受访者相信低碳生活有益健康　三成人顾虑成本高[EB/OL].[2011-11-02].http://zqb.cyol.com/content/2010-11/02/content_3436501.htm.

钩,就会改变国际贸易竞争格局,对发展中国家的出口贸易构成挑战。我国作为一个出口大国,是发达国家征收碳关税的重要目标。宁波是一个出口大市,2010 年出口依存度达 64%,从出口额占宁波自营出口总额 37.1% 的前 20 项商品来看,服装及衣着附件、塑料制品、灯具照明装置及类似品、家具及其零件等劳动密集型产品就占到了 14 项,这些出口产品将面临碳关税的严峻考验。无论是对碳关税的未雨绸缪,还是出于提升出口产品的竞争力,都需要宁波着力推动产业向低碳方向升级转型。

"大河没水小河干。"宁波持续快速发展,自然会惠及所有宁波市民;同样,宁波发展停滞不前,全体市民也必然一损俱损。宁波面临的严峻形势必须通过更大力度的宣教使广大市民知悉,刺激民众参与其中。通过积极有效的宣传方式和渠道,大力宣传、普及低碳知识,转变公众和社会的消费观念,使之认识低碳的重要性,倡导绿色消费理念和低碳生活方式;倡导全市每个家庭和市民从身边的小事做起,从一点一滴做起,养成良好的生活习惯,比如使用节能灯、少开空调、多绿色出行、循环使用生活用水、少用塑料袋和一次性筷子等以减少碳排放。要从方方面面培养市民的低碳觉悟,形成全民参与的低碳发展氛围。

(二)青少年教育中的缺位

宁波市人民政府办公厅于 2013 年 10 月 19 日发布的《关于印发宁波市低碳城市试点 2013 年推进方案的通知》已经有了"开展低碳学校系列创建活动"的要求。而在此之前,则是低碳教育在青少年教育中的长期缺位。

笔者通过百度搜索发现,宁波中小学有关"低碳教育"的信息大多数时间在市政府文件发布前后,而在此前则鲜有中小学开展低碳教育和低碳实践活动。然而教育是"慢工出细活",不是一朝一夕即可奏效的。再以大学生为例,当前高校存在重视大学生的科学文化教育而忽视低碳生活方式教育的倾向,导致大学生危机意识、节约意识和环保意识薄弱。在高校校园里不同程度地存在过度消费、奢侈消费、高碳消费的不良现象。如今大学生通过网络等媒体可以快速了解掌握很多前沿的科学知识和理念,也能够对其进行理性的思考和分析。但真正地把这些科学理念贯穿于自己的学习生活中并作为良好习惯坚持下来的大学生可谓少之又少。国家统计局 2012 年公布的相关数据指出,我国大学生每年的平均消费支出在一万元以上,超过了全国城镇居民的人均年度可支配收入。大学生消费愈来愈显示出其非理性的一面,盲目追求高消费的"贵族化"趋势不容乐观。

　　低碳教育要从青少年抓起,才能实现低碳理念的传承和可持续发展。将低碳教育纳入中小学教育、高等教育、职业教育和技术培训体系,组织开展有针对性、有效率、有强度、有力度的低碳宣传和实践活动,将为宁波市建设"低碳城市"提供源源不断的人才和智力支持。

第三节　宁波生活低碳建设的目标与任务

一、宁波生活低碳的建设目标

　　深入实施宁波市"六个加快"战略,牢固树立低碳发展理念,以国家低碳城市和循环经济试点示范城市建设为契机,优化生活低碳发展新机制,探索生活低碳发展新模式,不断构建生活低碳发展新优势,促进全市经济社会的可持续发展。到 2016 年,全市生态环境综合指数保持在 85 以上,人均公共绿地面积达到 11.5 平方米,中心城区绿化覆盖率达到 40%,中心城区非步行公共交通出行分担率达到 35%,中心城区生活垃圾分类收集率达到 40%,农村垃圾集中收集的行政村达到 98%,生态文明宣传教育普及率达到 95%。到 2020 年,低碳城市试点工作扎实推进,碳排放总量与 2015 年基本持平,碳排放强度呈加速下降态势,万元生产总值碳排放与 2005 年相比下降 50%以上。

二、宁波生活低碳的建设任务

　　加强体制机制建设,完善组织架构、考评体系和激励机制,加强队伍建设。形成以轨道交通和快速公交为骨干,常规公交为主体,出租车为补充,公共自行车为延伸的多模式、一体化的城市公共交通体系,建成国内先进的"公交都市"示范城市,使公共交通成为缓解交通拥堵的有效支撑和公众基本出行的首选方式。建立垃圾资源化综合利用体系,加快形成分类投放、分类收集、分类转运、分类处置的生活垃圾收运处置模式,不断改善城乡生态环境。普及低碳知识,推广低碳标识应用,完善低碳消费政策,积极引导合理选购、适度消费、简单生活等绿色消费理念,积极创建低碳社区、低碳学校、低碳家庭。

第四节　宁波生活低碳建设的措施

一、完善体制机制建设

一是完善体制建设。生活低碳建设是一项长期的系统工程,需要建立齐抓共管的长效工作机制和组织领导体系,强化部门联动,形成工作合力,切实推进生活低碳建设。要进一步细化生活低碳建设的工作目标、重点任务和具体措施,制定和完善生活低碳建设的实施方案,逐级分解落实目标任务,形成一级抓一级、层层抓落实的工作格局,有计划、有步骤地加以实施。要出台相应的考核评价体系,落实责任制,考核结果作为单位和领导干部业绩考核的重要内容。要进一步完善公众监督体系,加大社会公众的参与和监督力度。引入第三方评价,依托生活低碳信息化管理平台开展评估。开展生活低碳先进单位和个人评比,促进各层面参与生活低碳建设的热情。

二是编制生活低碳专项规划。国内外生活低碳规划的经验表明,编制并实施"低排放"、"零排放"城市或区域规划,对推动城市生活低碳建设而言至关重要。2012 年,宁波市政府针对宁波的实际情况,向全社会发布了《宁波市低碳城市发展规划编制项目公开招标公告》,并于 2013 年年底完成了编制。2013 年又制订了《宁波市低碳城市试点工作实施方案》,取得了阶段性成果,但是一直尚未制定生活低碳专项规划。下一步,要尽早制定《宁波市中长期生活低碳建设规划》,确立今后各发展阶段推进生活低碳建设的目标、任务、途径和工作重点,明确一系列重点支持的优先领域和重大项目,为生活低碳建设提供指导。

三是制定扶持激励政策。政府应强化低碳认证,加强低碳产品的标识管理,加大对低碳产品生产销售中违法行为的打击力度,培育低碳市场,充分发挥低碳价格促进生产和消费的作用。要出台政策和法规鼓励公民和社会组织实行低碳消费,防止出现过度奢侈消费、高消费现象。如在新产品培育方面,通过税收、财政政策保证其能源产品的竞争力;在生活方面,抓住国家扩大内需的机遇,鼓励家电"以旧换新",通过财政补贴的方式加大节能灯、高效节能空调和冰箱等的普及力度;在交通方面,通过适当减免购车税、燃油税等,从而鼓励消费者购买和使用环保汽车。但绿色节能产品的价格毕竟高于普通产品,让那些现有产品已基本能满足生活所需的人接受新产品,还需要一个过程。在这个过程中,政府要切实扮演好"中间人"角色,既要鼓励使用低碳节能产品,又要给予商家一定的补贴,实施差别电价、水价、气价及"以旧换新"等政策,让居民得到真正的实惠。

二、倡导低碳生活方式

一是推行绿色公务。恰当的政府行为对推行低碳生活方式起着不可低估的作用。各级地方政府要从自身做起,将低碳生活理念和低碳办公理念融入日常工作中,切实提高资源利用效率,在低碳办公、低碳出行、低碳消费等方面起到模范带头作用。政府的表率作用可以通过政府采购来实现,确定购买循环经济产品的比例,优先采购经过生态设计或通过环境保护认证的产品,以政府绿色采购引导社会低碳消费。在日常事务中,要做到节水、节电、节能,用品反复使用和主动回收。全面推进电子政务建设,提倡无纸化办公,减少纸张消耗。① 当然,也要积极举办低碳认知推广培训活动,提高各级政府和部门对绿色低碳理念的重视程度和认识水平。

二是增强全民低碳意识。我国低碳生活方式起步较晚,民众的低碳意识还很欠缺,在消费观念上还存在以高消耗、高浪费为特点的"面子消费",严重影响了低碳生活方式的发展、低碳消费观念的转变。政府应引导市民注重实用和节约,消除奢华和浪费的现象,鼓励购买节能、节水和环境友好的产品,从合理节约、重复使用和废物回收等环节来改变生活细节,形成低碳的生活和消费习惯。积极倡导低碳出行和绿色出游,多使用公共交通工具,减少私人小汽车和机动摩托车上道。探索实施"绿色电力机制",鼓励企事业单位、市民购买绿色电力。

三、改善低碳生活环境

一是大力发展公共交通系统。低碳交通体系建设是城市可持续发展的必然选择。随着城市人口的增长、城市化水平的提高及市民"以车待步"的机动化出行方式需求增加,再加上城市功能过于集中、公交线网不合理、静态交通设施供应不足等,宁波市的交通拥堵现象越来越严重,极大地影响了居民的正常出行。因此,必须坚持公交优先的发展战略,合理布局各种交通设施,切实提高交通运输系统的组合效率,形成布局合理、衔接顺畅、转换高效、运行安全、环保舒适的综合交通体系。

二是推进环境整治。宁波的大气污染是目前市民反映最强烈的环境问

---

① 孙珺祎.政府主导的城市低碳生活研究[J].青年文学家,2011(24):394-395.

题,相关部门公布的环境质量和市民的实际感觉反差较大。根据宁波工业发展情况,要解决好这一问题的关键是实施原煤消费总量控制,政府部门可以根据区域环境承载能力和当前的节能减排技术水平,确定原煤消费总量上限,作为经济发展的一条硬杠子和大项目取舍的决策门槛,以此为"红线",不可逾越,促使项目寻找清洁能源替代或通过置换腾出环境容量。通过清洁能源行动、清洁空气行动、清洁水源行动、提升森林碳汇能力行动"四大行动",切实改善市民居住环境,以环境综合治理带动低碳生活发展,展现美丽宁波新面貌。

四、开展低碳教育

一是低碳进学校。低碳教育是青少年获取低碳信息最方便、最快捷、最有效的方式。学校要将低碳理念引入学校的教育教学,努力打造低碳型学校。要加强对低碳认知的深度宣传。开展"低碳环保课堂"活动,将节能低碳、节水、节地、节粮、节材等内容纳入课堂教学,引导并组织学生通过小组讨论、课外活动、"小手拉大手"等形式,传播低碳环保知识,增强学生的低碳环保意识。要开展低碳环保社会实践和科技创新活动。充分利用教学实践和主题教育活动,促进学生学习低碳环保知识和技能,鼓励学生进行低碳环保小发明,开展低碳环保科技创新。要积极营造低碳校园文化。通过校园网、广播、板报、宣传栏、挂图、标语等多种途径,在校园中广泛进行低碳环保主题宣传,让低碳行为成为青少年的生活规范。

二是低碳进社区。社区是居民日常生活的重要场所,社区的宣传引导对居民的低碳意识的提高有着明显的促进作用。要结合群众喜闻乐见的形式,积极宣传普及先进节能理念、知识及相关法律法规,大力倡导节约型生活及消费方式。要编印《低碳环保手册》,制作低碳宣传展板,在社区(村)进行巡回展,增强居民的低碳生活意识。要使宁波市节能宣传月活动、国际应用能源(宁波)论坛等"1+12"系列宣传活动走进社区,结合各社区(村)"低碳知识"宣传专栏,举办居(村)民低碳畅谈会,组织"健步走"等低碳文体活动,传播节能环保理念,普及低碳环保知识,增强群众的环保意识。要加大力度推进各类绿色小区、生态村创建,以生态乡镇、生态街道为试点,认真开展社区(村)环境整治、垃圾分类、节水节能、绿化美化、卫生防疫等工作,以点带面促使更多小区、街道加入到绿色小区、生态村庄、街道创建中。要努力打造低碳型家庭。开展"低碳家庭"评比活动,给予积极践行低碳生活方式的居民以一定的物质和精神奖励。社区则要及时总结涌现出来的好经验、好做法,并加以宣传推广,不断扩大活动的影响力。

　　三是低碳进企业。落实企业的主体责任,发挥企业节能和淘汰落后产能的主动性、创造性。要落实企业节能目标责任制,大力推进企业节能低碳行动,深入挖掘企业节能潜力。在各县市区成立能源监察机构,对全县市区范围内的企业进行能源监察,对违规企业加大处罚力度,全面推进节约型、环境友好型示范企业评比、表彰工作,树立企业环保形象。要鼓励和引导企业"上对标杆,下对限额",推动企业"比、学、赶、超"国内外领先者的能源管理、装置效率、产品单耗先进水平,积极培育"双百示范企业"(百家节能降耗标杆企业、百家工业循环经济示范企业),树立先进典型,发挥示范引领作用。要加快实施"淘汰落后产能,推进腾笼换鸟"专项行动,加大对重点耗能、耗水、污染企业的清洁生产审核力度,淘汰一批落后产能。要积极举办以"创新能源应用、发展低碳产业"为主题的宁波节能环保技术和产品博览会,邀请多家企业前来参会,增加企业产品竞争力,增强企业的责任意识、环保意识。

参考文献

[1] 李江涛.迈向低碳——新型城市化的绿色愿景[M].广州:广州出版社,2013.

[2] 潘家华,等.中国城市智慧低碳发展报告[R].北京:中国社会科学出版社,2013.

[3] 胡建一.城市居民低碳生活方式基础研究——基于上海徐汇示范区居民调查[M].上海:上海社会科学院出版社,2012.

第九章　宁波市碳汇结构动态变化及其增量路径

"碳汇"的概念来源于《联合国气候变化框架公约》缔约方签订的《京都议定书》,该议定书于 2005 年 2 月 16 日正式生效,由此形成了国际"碳排放权交易制度"(简称"碳汇")。通过对陆地生态系统的有效管理来提高固碳潜力,所取得的成效抵消相关国家的碳减排份额。

碳汇主要指地球生态系统吸收并储存二氧化碳的量,或者植物吸收大气中的二氧化碳并将其固定在植被或土壤中,从而降低大气中的二氧化碳浓度。在陆地生态系统二氧化碳总储存量中,森林约占 39%,草原约占 34%,农耕地约占 17%。上述三大生态系统的植被通过光合作用吸收了大气中大量的二氧化碳,减缓了温室效应。二氧化碳是植物生长的重要营养物质。植物把吸收的二氧化碳在光能作用下转变为氧气和有机物,为生物界提供最基本的物质和能量来源。这一转化过程就形成了生态系统的固碳效果。自然界中森林和草原是二氧化碳的重要吸收器、贮存库和缓冲器。而森林和草原一旦遭到破坏,甚至可能变成二氧化碳的排放源。

有关资料表明,森林面积虽然只占陆地总面积的 1/3,但森林植被区的碳储量几乎占到了陆地碳库总量的一半。森林是陆地生态系统中最大的碳库,在降低大气中温室气体浓度、减缓全球气候变暖方面具有十分重要的作用。树木通过光合作用吸收了大气中大量的二氧化碳,减缓了温室效应,这就是通常所说的森林的碳汇作用。

为缓解全球气候变暖趋势,1997 年 12 月由 149 个国家和地区的代表在日本京都通过了《京都议定书》,2005 年 2 月 16 日在全球正式生效。旨在减少全球温室气体排放的《京都议定书》是一部限制世界各国二氧化碳排放量的国际法案。它规定，所有发达国家在 2008 年到 2012 年间必须将温室气体的排放量在 1990 年的排放量基础上削减 5.2%。同时规定，包括中国和印度在内的发展中国家可自愿制定削减排放量目标。在此后一系列气候公约国际谈判中，国际社会对森林吸收二氧化碳的作用越来越重视。《波恩政治协议》、《马拉喀什协定》将造林、再造林等林业活动纳入《京都议定书》确立的清洁发展机制，鼓励各国通过绿化、造林来抵消一部分工业源二氧化碳的排放，原则同意将造林、再造林作为第一承诺期合格的清洁发展机制项目，意味着发达国家可以通过在发展中国家实施林业碳汇项目抵消其部分温室气体排放量。2003 年 12 月召开的《联合国气候变化框架公约》第九次缔约方大会上，国际社会已就将造林、再造林等林业活动纳入碳汇项目达成了一致意见，制定了新的运作规则，为正式启动实施造林、再造林碳汇项目创造了有利条件。[①]

第一节　城市碳汇功能的再认识

人类活动对碳循环的干扰，早期以农业活动为主，突出表现为农田人工系统的增加和天然的森林、草地等系统的锐减。随着人类文明进入工业社会时期，伴随着工业发展而来的城市化对全球碳循环的影响，无论是在强度还是广度上，都是史无前例的。城市作为人类活动的重要场所，是全球碳循环不可忽视的重要区域。首先，地球上有将近一半人口居住在城市区域[②]，伴随着乡村向城市演化，据预测，到 2030 年，世界上将有超过 60% 的人口居住在城市[③]，城市的扩张必然伴随土地利用、土地覆盖的变化及其他对自然生态系统的干扰。其次，城市中的物质代谢不同于自然生态系统，城市密集的人口和人类活动需要消耗大量的能源和资源。据估计，由于交通运输、工业、土地利用和土地覆盖的转变及水泥生产等原因，约 97% 的人为二氧化碳

[①]　赵敏.上海碳源碳汇结构变化及其驱动机制研究[D].上海:华东师范大学,2010.

[②]　Miller G T, Spoolman S E. Living in the Environment[M]. Stanford:Cengage Learning, 1988.

[③]　Churkina G. Modeling the carbon cycle of urban systems[J]. Ecological Modelling, 2008, 216(2):107-113.

排放来自城市地区。① 在全球二氧化碳平均浓度为379ppm的情况下,城市中心区的二氧化碳日均浓度超过500ppm。② 尽管城市区域仅占了地球表面的一小部分③,但是它们在促使碳循环改变的过程中发挥着巨大的、逐渐增强的作用,而且其影响不仅仅局限于城市边界之内。④因此,将碳管理融入城市化过程是实现区域可持续发展的关键。从这个意义上讲,城市是全球碳循环研究的特殊组成部分和重要环节之一。它对理解人类社会经济活动对碳循环的驱动作用、为碳管理提供科学支持具有重要意义。2004年美国碳循环多边工作组起草的《北美碳计划科学实施战略草案》中已明确表示,要在城市生态系统中进行碳循环的研究。2005年全球碳循环计划启动"城市和区域碳管理"(Urban and Regional Carbon Management),也说明了城市碳循环研究的重要性。

　　目前,对城市复合生态系统碳循环的研究较少。已有研究主要从城市土地利用和城市绿地的角度对碳的储存和通量展开分析⑤,如广州、余姚等城市绿地系统碳的贮存、分布及其对广州碳收支的贡献⑥;芝加哥绿地碳通量估算及草地、乔木、灌木的差异,以及减少向大气排放二氧化碳的有效种

---

① Svirejeva-Hopkins A,Schellnhuber H J,Pomaz V L. Urbanised territories as a specific component of the global carbon cycle[J]. Ecological Modelling,2004,173(2-3):295-312.

② Pataki D E. Inferring biogenic and anthropogenic carbon dioxide sources across an urban to rural gradient[J]. Oecologia,2007,152(2): 307-322.

③ Potere D , Schneider A . A critical look at representations of urban areas in global maps[J]. Geojournal, 2007, 69(1-2):55-80.

④ Svirejeva-Hopkins A,Schellnhuber H J,Pomaz V L. Urbanised territories as a specific component of the global carbon cycle[J]. Ecological Modelling,2004,173(2-3):295-312.

⑤ Churkina G . Modeling the carbon cycle of urban systems[J]. Ecological Modelling, 2008, 216(2):107-113.

McPherson E G. Atmospheric carbon dioxide reduction by Sacramento's urban forest [J]. Journal of Arboriculture,1998,24(4):215-233.

⑥ 管东生,陈玉娟,黄芬芳.广州城市绿地系统碳的贮存、分布及其在碳氧平衡中的作用[J].中国环境科学,1998,18(05):437-441.

李惠敏,陆帆,等.城市化过程中余杭市森林碳汇动态[J].复旦学报(自然科学版),2004 (06):1044-1050.

植方式和管理策略研究①；纽约等城市的城乡梯度和土地利用类型对城市生态系统中土壤碳库的影响；堪培拉城市森林的碳固定②；韩国中部城市绿地对碳释放补偿效应的影响及三个城市的碳通量估算③；城市植被管理中的能量消耗和碳释放研究④；此外，还有人研究了城市碳代谢和城市生活垃圾导致的碳输出⑤。可以看出，已有的研究尚未从城市复合生态系统的角度，以城市中高强度的人类活动切入碳循环研究，考虑的主要还是城市绿地系统，对城市经济活动、居民消费、文化、技术、政策等碳循环变化的驱动力加以研究，未能将城市碳循环与城市的经济发展和管理措施联系起来。另外，由于上述案例多来自发达国家，在城市发展变化不大的情况下分析了碳汇的现状，没有研究生态过程与人类活动相互作用下城市区域碳循环的动态特征和过程机制。城市区域的碳收支既然与工业和农业经济活动、能源消费、土地利用变化等因素之间存在复杂的交互作用，要分析这些因素对碳管理的影响及采取的碳管理措施，必须考虑经济增长、生态环境保护、碳减排、科技进步等多目标需求，需要建立综合性的分析，对城市区域碳收支进行定量化

①　Nowak D J，Crane D E．Carbon storage and sequestration by urban trees in the USA[J]．Environmental Pollution，2002，116(3)：381-389.

Soegaard H，Moller-Jensen L．Towards a spatial CO_2 budget of a metropolitan region based on textural image classification and flux measurements[J]．Remote Sensing of Environment，2003，87(2-3)：283-294.

Degryze S，Six J，Paustian K，et al．Soil organic carbon pool changes following land-use conversions[J]．Global Change Biology，2004(7)：1120-1132.

②　Brack C L．Pollution mitigation and carbon sequestration by an urban forest[J]．Environmental Pollution，2002，116(1)：195-200.

③　Jo H K．Impacts of urban greenspace on offsetting carbon emissions for middle Korea—ScienceDirect[J]．Journal of Environmental Management，2002，64(2)：115-126.

④　Pataki D E，Alig R J，Fung A S，et al．Urban ecosystems and the North American carbon cycle[J]．Global Change Biology，2006，12(11)：2092-2102.

⑤　Sahely H R，Dudding S，Kennedy C A．Estimating the urban metabolism of Canadian cities：Greater Toronto Area case study[J]．Canadian Journal of Civil Engineering，2003，30(2)：468-483.

罗婷文，欧阳志云，等．海口市生活垃圾碳输出研究[J]．环境科学，2004(06)：154-158.

Chen T C，Lin C F．Greenhouse gases emissions from waste management practices using Life Cycle Inventory model[J]．Journal of Hazardous Materials，2008，155(1-2)：23-31.

模拟和多目标预测。[①]因此,如何认识城市复合生态系统中的碳收支变化过程、驱动机制,进而为城市碳管理提供决策支持,仍有待深入研究。[②]

　　未来城市化进程主要集中在发展中国家。高速发展背景下的城市环境变化对碳汇的动态影响非常剧烈,为在较短时间内研究人类活动对碳循环影响的过程和机制提供了很好的机遇。其研究成果不仅对全球碳循环研究具有理论贡献,而且可以从碳循环调控的角度为城市发展和管理策略提供科学依据。过去十年来,宁波的社会经济始终保持着高速增长,其经济体量、产业结构、产业布局、能源消耗、技术水平、土地利用、城市环境、生活方式、城市碳代谢过程的变化程度和速度,在世界上都是少有的。从碳循环着眼,在城市发展和管理策略的驱动下,一方面,宁波市一次能源资源贫乏,所需能源九成以上需从外部调入;能源消费结构严重不合理,煤炭和化石能源在能源消费总量中占主导地位;能源消费的行业分布很不均衡,电力、石油加工、金属冶炼、造纸等工业能耗始终占主要地位,加之能源技术水平及其利用率低,个体能源消费及汽车尾气排放有增无减。另一方面,城市绿化建设以前所未有的速度持续了数年,人均绿地面积增加了十几倍。由此可见,宁波为高速发展背景下的城市碳汇动态变化及碳循环调控研究提供了条件。以这样一个处于快速变化时期的大都市作为研究对象,其学术价值与实践意义是不言而喻的。

一、碳汇与碳汇评估指标

　　当前城市碳汇不应该仅仅看重森林的固碳能力,更应该同样注重除森林以外的园林、农田、湿地、海洋等,它们在城市碳汇功能上同样发挥着重要的作用。所谓城市碳汇,是指在人类活动的影响下,植物通过光合作用吸收、固定大气中的二氧化碳,并将大气中的温室气体储存于城市周边的生物碳库中,如森林、园林、湿地、农田、海洋等系统,它们构成了城市碳汇的主体系统。

　　目前,生态植被温室气体排放和碳汇估算的工作受到环境生态学的学

---

　　① 刘慧,成升魁,张雷.人类经济活动影响碳排放的国际研究动态[J].地理科学进展,2002,21(5):420-429.

　　后立胜,许学工,等.经济层面和技术层面的碳减排研究[J].地理科学进展,2004,23(2):68-76.

　　② 赵林,殷鸣放,陈晓非,王大奇.森林碳汇研究的计量方法及研究现状综述[J].西北林学院学报,2008(1):59-63.

者关注,他们建立了碳汇评估模型,即将城市生态绿色用地分类,通过相应的系数,建立与碳汇的关系。森林碳汇计量方法是评价森林碳汇生态效益的基础工作,在此基础上可以开展森林碳汇管理和经济评价,为全面开展以碳汇为目的的森林经营打好基础。除森林碳汇计量方法外,目前还有农作物及土壤等碳汇计量方法。

(一)生物量法

生物量法是目前应用最为广泛的方法,其优点是直接、明确、技术简单。其根据单位面积生物量、森林面积、生物量在树木中的分配比例、树木的平均碳含量等参数计算而成。最早应用生物量法时,是通过大规模的实地调查得到实测的数据,建立一套标准的测量参数和生物量数据库,得到植被的平均碳密度,然后用每一种植被的碳密度与面积相乘,估算生态系统的碳储量。

方精云等就是利用生物量方法推算中国森林植被碳库,采用土壤有机质含量估算我国土壤碳库。[①] 计算结果表明:我国陆地植被的总碳量为 6.1×10^9 吨,其中森林 4.5×10^9 吨,疏林及灌木丛 0.5×10^9 吨,草地 1.2×10^9 吨,作物 0.1×10^9 吨,荒漠 0.2×10^9 吨,沼泽地 0.8×10^9 吨,其他 0.3×10^9 吨。陈遐林运用生物量法对华北各主要森林类型生态系统总碳贮量进行了计算,分别为油松 235.082 吨/公顷、落叶松 54.1408 吨/公顷、桦木林 269.8966 吨/公顷、杨树林 170.9112 吨/公顷、柞木林 642.6994 吨/公顷。各主要森林类型生态系统平均贮碳密度从小到大依次为油松 132.88 吨/公顷、杨树林 140.10 吨/公顷、柞木林 188.79 吨/公顷、落叶松 203.38 吨/公顷、桦木林 448.04 吨/公顷。[②] 由于树木既有低碳组织,又有高碳组织,所以生物量转化为碳含量时的转换系数大多在 0.45～0.55 之间,但究竟在什么状态下运用什么系数只是凭经验来选择,并没有相应的准确的规定。树木生长是一个动态的过程,生物量的积累不仅和树种本身有关,还与立地质量、气候条件等多方面因素有关。即使是相同的树种,在相同立地条件、相同气候条件下,其一生的生物量积累也会有明显的差别。同时,计算生物量时往往只考虑地上部分,即便考虑了地下部分,由于取样困难,往往也很难得到精确的数据。这样一来,运用生物量法对森林碳汇进行计量势必会造

---

① 方精云,等.全球生态学[M].北京:高等教育出版社,2000.

② 陈遐林.华北主要森林类型的碳汇功能研究[D].北京:北京林业大学,2003.

成很大的误差,使计量的精度下降。

(二)蓄积量法

蓄积量法是以森林蓄积量数据为基础的碳估算方法。其原理是根据对森林主要树种进行抽样实测,计算出森林中主要树种的平均容重($t \cdot m^{-3}$),根据森林的总蓄积量求出生物量,再根据生物量与碳量的转换系数求森林的固碳量。

郎奎建等认为森林固碳的"因变量是一个附加在林木蓄积生长率上的变量"。[1] 杨永辉等主要通过森林蓄积的增加与森林内其他生物成分之间的关系,求取森林蓄积的变化带来的整个森林碳库的变化。[2] 法国 Peyron 等通过用不同树种的立木材积乘以它们的换算因子,计算得出了碳汇。从木材体积到碳吨数的换算因子为:1 立方米木材＝0.28 吨碳(针叶树和杨树);1 立方米木材＝0.30 吨碳(除杨树外的阔叶树)。李意德等人采用蓄积量法对云南南部热带森林的碳库总量进行了估算,结果表明,海南热带天然林(含原始林和天然更新林)的碳库总量为 0.719~0.734 亿吨,云南南部的热带天然林的碳库总量在 0.653 亿吨以上。因此,我国热带林目前的碳总量在 1.372~1.387 亿吨以上。[3] 康惠宁等对中国森林固碳的现状和潜力进行了估计和预测,结果表明,中国森林目前碳积累高于碳释放,年平均净碳汇量为 0.8627×10^8 吨/每年,在未来 20 年内,中国森林净碳汇能力约增加 773×10^8 吨/每年。[4]

可以说,蓄积量法是生物量法的延伸,它继承了生物量法的优点,如操作简便、技术直接,有很强的实用性。但由于它是生物量法的继承,也就在所难免会产生一些计量误差,在对转换系数的选择上只区分了树种,而对其他因素并没有加以考虑,因此并没有实质性的突破,在使用时仍然存在很大的误差。[5]

---

① 郎奎建.林业生态工程 10 种生态效益计量理论和方法[J].东北林业大学学报,2000(1):4-8.

② 杨永辉,毕绪岱.河北省森林固定二氧化碳的效益[J].生态学杂志,1996(4):51-54.

③ 李意德,等.我国热带天然林植被 C 贮存量的估算[J].林业科学研究,1999,11(2):156-162.

④ 康惠宁,等.中国森林 C 汇功能基本估计[J].生态应用学报,1996,7(3):230-234.

⑤ 钱杰.大都市碳源碳汇研究——以上海市为例[D].上海:华东师范大学,2004.

（三）生物量清单法

生物量清单法就是将生态学调查资料和森林普查资料结合起来进行。首先计算出各森林生态系统类型乔木层的碳贮存密度（Pc，mgC/hm²）。

$$Pc = V \cdot D \cdot R \cdot Cc$$

式中，V是某一森林类型的单位面积森林蓄积量，D是树干密度，R是树干生物量占乔木层生物量的比例，Cc是植物中碳含量（常采用0.45）。然后再根据乔木层生物量与总生物量的比值，估算出各森林类型的单位面积总生物质碳贮量。

王效科等利用这种方法对各森林生态系统类型中的幼龄林、中龄林、近熟林、成熟林和过熟林的植物碳贮存密度进行估算，再根据相应森林类型的面积得到中国各森林生态系统类型的植物碳贮量，最后得出中国森林生态系统现存的植物碳贮量为3.255～3.724PgC，而且不同龄级的碳密度差距明显。[①]

生物量清单法的优点是显而易见的。由于有了公式作为基础，其计量的精度大大提高，应用的范围也更加广泛。但为了获得需要的数据，往往要消耗大量的劳动力，并且只能间歇地记录碳储量，因此不能反映出季节和年变化的动态效应。同时，各地区的研究层次、时间尺度、空间范围和精细程度不同，样地的设置、估测的方法等各异，使研究结果的可靠性和可比性较差。另外，以外业调查数据资料为基础建立的各种估算模型中，有的还存在一定的问题，而使估测精度较小，因而需要不断改进、完善。

（四）涡旋相关法

涡旋相关法是以微气象学为基础的一种方法。这一方法首先应用于测量水汽通量，20世纪80年代已经拓展到二氧化碳通量研究中。涡旋相关技术仅仅需要在一个参考高度上对二氧化碳浓度及风速风向进行监测。大气中物质的垂直交换往往是通过空气的涡旋状流动来进行的，这种涡旋带动空气中不同物质包括二氧化碳向上或者向下通过某一参考面，二者之差就是所研究的生态系统固定或放出二氧化碳的量。其计算公式为：

$$Fc = \overline{\rho' \omega'}$$

其中Fc是二氧化碳通量，ρ是二氧化碳的浓度，ω是垂直方向上的风

---

① 　王效科，等.中国森林生态系统的植物碳储量与碳密度研究[J].应于生态学报，2001,12(1):13-16.

速。字母的右上标($'$)是指各自平均值在垂直方向上的波动即涡旋波动,横线是指一段时间内(15～30分钟)的平均值。这一方法产生得较早,然而由于需要的仪器设备昂贵,这一技术直到20世纪80年代才拓展到二氧化碳通量研究中。EuroFLUX实验室的科学家应用涡旋相关法集中研究了不同纬度欧洲森林的二氧化碳通量的变化。[①] Malhi等应用涡旋相关技术对热带森林、温带森林和北方森林的季节变化模式进行的研究表明,热带森林全年都表现出净碳汇,而高纬度地区的森林在生长季节为汇,在冬季则为源。[②]刘允芬等用该方法对千烟洲人工针叶林生态系统的碳通量进行分析,得出该生态系统全年各个月都为碳汇,但碳存储量各月之间变化明显。[③]

涡旋相关法的特点是能够直接长期对森林生态系统进行二氧化碳通量测定,同时又能够为其他模型的建立和校准提供基础数据。但是,这一方法需要较为精密的仪器,这些仪器在使用上都有严格的要求,对测量者的素质要求较高。在数据处理上,还需要包括二阶距量变换、坐标轴旋转、能量守恒闭合等多种方法的校正和数据质量控制,最终才能得到令人满意的结果。

(五)涡度协方差法

以微气象学为基础的涡度协方差法是最为直接的可连续测定的方法,尽管还存在着一些不足,但该方法仍然作为现今碳通量研究的一个标准方法获得了广泛应用。采用此方法需要对能量(风)、水分、二氧化碳进行分别测定。其中能量的测定由三维超声波风速仪来完成,水分与二氧化碳浓度则由闭路式红外气体分析仪来完成。

二氧化碳通量即林分的净生态系统交换量由10Hz的CO_2/H_2O浓度与垂直风速的原始数据经过协方差计算而来,平均时间长为0.5h。

$$Fs=\overline{\rho'\omega'S'}$$

式中:ρ是空气的密度,S代表研究的对象物质(二氧化碳),上角标($'$)表示与平均值间的偏差,上划线表示平均值。

我国在陆地生态系统二氧化碳通量和其他温室气体研究方面,尤其是

①　Valentini R，Matteucci G，Dolman A J，et al. Respiration as the main determinant of carbon balance in European forests[J]. Nature，2000(404):861-865.

②　Malhi Y，Baldocchi D D，Jarvis P G. The carbon balance of tropical，temperate and boreal forests[J]. Plant，Cell and Environment，1999(22):715-740.

③　刘允芬,等.千烟洲中亚热带人工林生态系统CO_2通量的季节变异特征[J].中国科学:D辑,2006(A01):91-102.

运用涡度协方差法和弛豫涡旋积累法进行温室气体的研究刚刚起步。王文杰等应用涡度协方差法对帽儿山实验林场老山实验站落叶松林的二氧化碳通量进行了测定,并将测定的结果与应用生理生态法测定的结果进行比较,其结果是,在考虑林下植被的时候,涡度协方差法的测定结果非常准确。[①]

　　由此可以看出,涡度协方差法在对大范围的整个生态系统的碳汇测定时具有较高的精度。但该方法所需要的设备比较昂贵,操作难度比较大,实验的周期也比较长,这样势必造成实验成本的增加,所以该种方法目前在国内使用得比较少。

（六）弛豫涡旋积累法

　　随着气象技术的发展,直接跟踪大气二氧化碳与森林的交换来研究森林碳汇的方法也已经发展起来,弛豫涡旋积累法就是其中之一。弛豫涡旋积累法是对涡旋积累法的发展。Desjardins首先应用这一技术,其基本思想是根据垂直风速的大小和方向采集两组气体样品进行测量。[②] 然而,这一技术当时并没有获得成功,因为很难根据垂直风速的大小和方向进行不等时瞬时采样。这一技术的实用型直到在涡旋积累的思想中引入弛豫（relaxed）的思想,使得不定时采样转换为定时采样,这一实用型因此被定名为弛豫涡旋积累法。这一方法需要一维声速风速仪、红外线二氧化碳分析仪、快速反应螺旋管阀门、数据比较器、数据记录仪、导管系统及空气泵等。数据比较器用于比较从声速风速仪所得到的即时垂直风速信号与数据记录仪所得到的一定时间（200秒）的平均值。通过这种比较,数据记录仪就可以估计涡旋是上行还是下行,继而开通或关闭连接两个空气收集袋的阀门。通过数据记录仪的程序化设计,红外线二氧化碳分析仪间隔一定时间（3分钟）开启或关闭其通道即可以连续监测两个收集袋内二氧化碳的浓度。

　　由于该方法所应用的仪器都是比较精密的昂贵设备,加之实际操作过程中要把设备架设到林冠的上方,这就使监测有一定的困难,所以该方法目前在国内并没有得到很好的应用。在国外,该方法在进行森林碳汇计量的时候应用较多。

　　① 王文杰,祖元刚.基于涡度协方差法和生理生态法对落叶松林CO₂通量的初步研究[J].植物生态学报,2007,31(1):118-128。

　　② Desjardins R L. Description and evaluation of a sensible heat flux detector[J]. Bound-Lay，Meteorol，1977(11):147-154.

(七)V. Whitford 的简易计算法[①]

2001 年,英国曼彻斯特大学的 V. Whitford 发表了《城市的自然过程形态——城市区域生态运行的指示剂研究》一文。作者在总结研究 1991 年 Rowntree 和 Nowak 对美国芝加哥城市绿化生物量与树木储碳量和呼吸量关系的基础上,提出了通过估算树冠单位面积来计算树木储碳量和呼吸量的方法。第一步,根据 1986 年 McPherosn 和 Rowntree 所作研究的方法估算城市森林的直径尺寸及分布状况,并进行分类。第二步,计算单位面积树木数量。根据 1988 年 Flemnig 建立的阔叶林径—冠方程式和 1983 年 Winer 推导的针叶林径—冠方程式,得出阔叶林的径—冠比为 75%、针叶林的径—冠比为 25%。然后按照 1984 年 Wenger 的生物量计算方差,通过称重树木地上和地下部分的湿重计算得到生物量。最后,根据阔叶林干重的 60% 和针叶林干重的 46% 来分别计算储碳量,最终将生物量的干重进行总合并乘以 45% 得到储碳量,从而得出储碳量的简单计算式:

$$储碳量(吨/公顷)=1.063×绿化覆盖率$$

(八)城市农作物碳的储存量计算

农作物是植物生物量中重要的组成部分之一。方精云等提出了计算中国农作物生物量的关系式,并计算了中国的生物量。其计算式为:

$$农作物生物量=(1-农作物经济产量的含水率)×农作物经济产量/收获系数$$

式中,农作物经济产量的含水率和收获系数,根据经济科学出版社《植物生产概论》所提供的数据:大豆、小麦和水稻的含水率分别为 20%、17.4% 和 14.06%;大豆、小麦和水稻的收获系数分别为 25%、40% 和 50%。根据以上算式得出农作物的生物量,然后将农作物的生物量乘以作物储碳量系数 0.45 得出农作物的储碳量。[②]

(九)城市土壤碳储存量的计算

土壤是巨大的有机碳库。它在全球碳循环中的重要性表现在三个方面:(1)它占全球陆地总碳库的 2/3～3/4,比全球陆地植被和全球大气的碳库总量还要多;(2)土壤是全球碳循环最重要的基本构成要素之一;(3)土壤

---

① 郭运功.特大城市温室气体排放量测算与排放特征分析:以上海为例[D].上海:华东师范大学,2009.

② 方精云,等.1981—2000 年中国陆地植被碳汇的估算[J].中国科学:D 辑,2007,37(6):804-812.

碳库的微小变化可以导致大气二氧化碳浓度的显著变化，从而对全球气候产生显著影响。土壤有机碳库包括土壤有机质和地表凋落物两部分。对全球有机碳库的估算，Schlesinger 的结果最具代表性，得到了生态学家的认可。1996 年，方精云等人利用土壤剖面理化性质的测定资料和土类面积，得出 1472PgC 的全球估计值，并提出了中国土壤碳库的推算方法。他对我国 44 种土类的有机碳分别进行了推算，然后累加，得到我国平均深度为 862cm 的土壤总碳量为 186PgC，约占全球土壤总碳库的 12.5％（全球土壤总碳库以 1500PgC 为基数）。其计算式为：

土壤储碳量＝土类总面积×土壤平均深度×土壤平均容重×平均有机碳含量[①]

综上所述，各种方法都有各自的优缺点。在当前《京都议定书》和清洁发展机制的促动下，找到一种更直接、更精确、适合所有生态系统的计算方法，是研究者不断追求的方向。

二、碳汇交易及其发展

碳汇是指从大气中清除二氧化碳及其他温室气体的过程、活动或机制。碳汇不仅仅包含大家所熟知的林业碳汇，还有海洋碳汇、草原碳汇、农业碳汇等，只要能够从大气中消除二氧化碳，都可以囊括在碳汇的行列。目前的碳汇主要指林业碳汇，即通过植树造林增加对二氧化碳的吸收，以减少大气中的二氧化碳等温室气体。碳汇交易是基于《联合国气候变化框架公约》及《京都议定书》对各国分配二氧化碳排放指标的规定，创设出来的一种虚拟交易。因为发展工业而制造了大量的温室气体的发达国家，在无法通过技术革新降低温室气体排放量达到《联合国气候变化框架公约》及《京都议定书》对该国家规定的碳排放标准的时候，可以采用两种方法。一是通过购买其他国家的碳排放指标，从而形成二氧化碳排放权的交易，简称"碳交易"；二是通过在发展中国家投资造林，以增加碳汇，抵消碳排放量，从而降低发达国家本身总的碳排放量的目标，这就是所谓的"碳汇交易"。碳交易和碳汇交易都是通过市场机制实现森林生态价值补偿的有效途径。

（一）来源

工业革命以来，人类的生产、生活过程排放出的以二氧化碳为主的温室

---

① 郭运功.将大城市温室气体排放量测算与排放特征分析.以上海为例[D].上海：华东师范大学,2009.

气体积累到了超过地球负荷的程度。减少大气中温室气体的含量,减缓气候变暖的主要措施有两类:一是减少温室气体的排放源,二是加强温室气体的吸收。而第二种方式就是增加碳汇。

1992年5月22日,联合国政府间谈判委员会就气候变化问题达成共识而形成公约,于1992年6月4日在巴西里约热内卢举行的联合国环境发展大会上通过。154个国家和地区签署了公约,中国是签署方之一。公约于1994年3月21日正式生效。其目标是将大气中温室气体的浓度稳定在使气候系统免遭人为活动引起的危险的水平上。该公约是世界上第一个全面控制二氧化碳等温室气体排放,应对全球气候变暖的国际公约。

1997年12月,在日本京都召开的《联合国气候变化框架公约》缔约方第三次会议通过了旨在限制发达国家温室气体排放量以抑制全球变暖的《京都议定书》。按规定,工业化国家在2008—2010年内应将其以二氧化碳为主的六种温室气体的总排放量在1990年的水平上至少降低5.2%。同时规定,包括中国和印度在内的发展中国家可自愿制定削减排放量的目标。2005年2月16日,《京都议定书》正式生效。这是人类历史上首次以法规的形式限制温室气体排放。[①]

为了帮助发达国家实现《京都议定书》确定的减排目标,《京都议定书》设定了三种履约机制,即排放贸易、联合履约和清洁发展机制(CDM)。其中排放贸易和联合履约主要是针对发达国家设立的,清洁发展机制是唯一与发展中国家相关的机制。[②]

清洁发展机制是指发达国家通过向发展中国家提供资金和技术,与发展中国家开展项目合作,将项目所实现的温室气体减排量,用于完成发达国家的减排指标。发达国家帮助发展中国家每吸收1吨二氧化碳,就可以在本国获得1吨二氧化碳的排放权。对发达国家而言,清洁发展机制提供了一种灵活的履约机制,能使发达国家以低于国内成本的方式获得减排量,同时又有利于发展中国家获得一定的资金和技术援助,促进发展中国家社会经济的可持续发展。因此,清洁发展机制带来的是双赢的结局。清洁发展机制的核心是允许发达国家和发展中国家进行项目级的减排量抵销额的转让与获得。碳汇交易即是清洁发展机制项目的一种。《京都议定书》框架下的国际碳交易清洁发展机制项目大都是减少排放的工业项目,而以林业碳

---

① 汪涛.天然气汽车技术在轻型车上应用的技术经济分析[D].重庆:重庆大学,2009.
② 沈田华.峡水库重庆库区生态公益林补偿机制研究[D].重庆:西南大学,2013.

汇为主的清洁发展机制项目由于技术规则、管理运行及程序的复杂性和不确定性等诸多因素,在全球清洁发展机制项目中所占的比例和交易量都比较小。

(二)交易机制

实施造林和森林经营管理等林业碳汇项目、增加森林碳汇量是世界公认的经济且有效的缓解大气中二氧化碳上升过快的办法。研究显示,林木每1立方米蓄积量,平均吸收1.83吨二氧化碳,放出1.62吨氧气。成熟森林的土壤有机碳持续增加,具有较大的碳汇功能。联合国政府间气候变化专门委员会在评估报告中指出,林业具有多种效益,兼具减缓和适应气候变化双重功能,是未来30~50年增加碳汇、减少排放成本、经济可行的重要措施。清洁发展机制下的造林再造林碳汇项目,是《京都议定书》框架下发达国家和发展中国家之间在林业领域内的唯一合作机制,是指通过森林固碳作用来充抵减排二氧化碳量的义务,通过市场实现森林生态效益价值的补偿。[①]

世界范围内的碳汇交易,是基于《联合国气候变化框架公约》及《京都议定书》的规定而创设出来的一种拟制交易。它通过技术拟制和法律拟制,将一般意义上不能构成物权客体的气体环境容量资源导入拟制交易的环节,从而创设了一个无形物的交易市场。在严格的法律意义上,碳汇等清洁发展机制项目的参与主体是《联合国气候变化框架公约》的缔约方,因而碳汇交易的主体大多是国家。碳汇交易与其他排放权交易的重要区别在于,碳汇交易往往是跨国交易,因此需要国际经济法律制度的支持及国际公法的指引。国际政策及国际法应尽快为碳汇交易确定方向、提供法律保障,以保证其公信力。

碳汇交易应该由五个部分组成,包括生产标准、计量碳汇的标准、认证标准(即检查验收的标准)、交易的规则和交易的标准。目前,碳汇交易的标准和规则有待确定。以碳汇交易最具代表性的林业碳汇为例,中国《碳汇造林技术规定(试行)》将"碳汇造林"定义为:在确定了基线的土地上,对造林及其林分(木)生长过程进行碳汇计量和监测而开展的有特殊要求的造林活动。碳汇造林与普通造林的最大区别在于,碳汇造林的碳汇是可计量与监测的,在项目设计书和项目碳汇监测计划中有明确的要求。一是营造碳汇

---

① 付玉.我国碳交易市场的建立[D].南京:南京林业大学,2007.

林时,必须严格按照国家林业局制定的"碳汇造林系列标准";二是要有国家的相关政策规定;三是要有与国际接轨并结合中国国情的碳汇计量、监测技术体系;四是要有第三方审定、核查及规范的项目注册和碳信用签发程序。目前,全国已有十家机构具备国家林业局颁发的森林碳汇计量与监测资质,但相关的交易政策还未出台,认证、注册的相关规定也正在制定、完善中。

(三)碳汇交易的优势

1.碳汇交易制度充分利用了市场机制,在一定程度上优化了资源的配置,可能降低减排总体上的成本。较之前以行政强制减排,此举赋予企业更多自主权,从而更有利于调动企业减排的积极性。企业可以根据自己的经营状况选择最有利于自身发展的减排策略。

2.碳汇交易是一项相对开放的制度,目前参与的主体是企业,但又不限于企业。一些环境保护组织甚至个人都可以参与到这项交易中。之前,对于过度排放的问题,环境保护组织往往只能大力呼吁而无法采取实际行动。在碳汇交易市场开放之后,环保组织可以根据经济能力参与交易。虽然现在世界范围内主要的碳汇交易还是在企业之间,尤其是在大型的能源、钢铁企业之间进行的,但个人的碳信用已悄然兴起。虽然环保组织或个人的碳汇交易行为有可能形式化,但公众的积极参与无疑有助于环保的发展。

3.碳汇交易已经成为一些企业打造绿色企业形象的途径。在欧盟,减排的义务主要在于发电、纸浆和纸、炼油、建材和有色金属行业,而一些没有减排义务的企业也开始主动减排并参与到碳汇交易之中。虽然其主要目的也许在于提升企业形象、促进企业盈利,但不可否认的是,这一举措也在间接地为减排做出贡献。

4.大力发展碳汇林业不仅减少了二氧化碳,还起到了增加农民就业与收入、帮助农村脱贫解困、保护生物多样性、改善环境等多种作用,是林业多功能化的具体体现。

(四)碳汇交易的限制

1.法律与市场现状。要实现碳汇交易,必须有强有力的法律制约碳的排放,如果只是企业的自愿行为,那就无法保证碳汇的交易价值,无法形成有效的市场。从目前的情况看,世界上最大的碳排放国家——美国拒绝加入《京都议定书》,碳汇交易的国际市场远没有形成。从国内看,我国也没有相应的限制碳排放的国内法,国内的碳汇交易只是个人与企业的自愿行为。

2.交易政策及市场监管。碳汇交易中不可回避的问题是必须进行碳汇的计量和监测。联合国政府间气候变化专门委员会发布的相关指南中提供的计量监测参数多来自欧洲和北美地区,国际上采用的土壤分类系统的默认参数与我国也有较大差别,这些国际标准很难直接应用于我国。如果按照国际规则操作,难度太大,因此我国《造林项目碳汇计量与监测指南》出台的目的就是开拓中国自愿减排市场的标准。按照与国际接轨的技术要求开展碳汇造林项目产生的碳汇具备了交易的潜质,但并不是所有的碳汇造林都可以产生能在国内外碳市场交易的碳汇信用额。在国内,林业碳汇交易还没有形成成熟的市场监管机制,因此,碳汇交易还存在很多不确定性。

3.初始碳信用分配。1990 年美国颁布了《清洁空气法修正案》,其中提出了三种分配方案——公开拍卖、固定价格和免费分配,最后美国采取了免费分配的方式。欧盟也采取了同样的方式。但免费分配方式似乎对于排放量本来就少的企业或新设立的企业并不公平,因为排放量大的企业凭借其"高污染"反而获得了较多的配额。免费分配也使得企业的一部分排放是在未支付对价的情况下取得的,仍是将这部分的生产成本外化,仍未实现权利与义务的统一。不仅如此,分配的权利使得相关机构官员又增加了一个"设租寻租"的途径。固定价格和公开拍卖也存在各自的缺陷,例如会增加企业的交易成本、容易造成信息的不对称等。

(五)碳汇交易国际发展现状

据联合国和世界银行的数据,2008—2012 年间,全球碳交易的市场规模每年达 600 亿美元,2012 年全球碳汇交易市场容量为 1500 亿美元。不过,在《京都议定书》框架下的国际碳交易 CDM 项目,大都是减少排放的工业项目,而以森林碳汇为主的 CDM 项目由于技术规则、管理运行、程序的复杂性及不确定性等诸多因素,在全球 CDM 项目中所占的比例和交易量都比较小。中国东北部内蒙古敖汉旗防治荒漠化青年造林项目,根据《京都议定书》清洁发展机制下的造林再造林碳汇项目相关规定,由外方承担部分投入,是我国第一个"碳汇"造林项目。项目第一个有效期(5 年)内投资 153 万美元,在敖汉旗荒沙地造林 3000 公顷。而现在的 CDM 市场步入了"十字路口"。金融危机爆发后,国际碳市场作为实体经济和金融经济相结合的衍生市场,也遭受了较大的冲击。雷曼兄弟公司等投行的倒闭,也使得诸多碳信用额度成为遗留问题。据统计,雷曼兄弟公司破产前在 CDM 项目领域管理的碳资产总量达到 1500 万吨,其中约有三分之二来自中国。中国的碳交易市场也受到了牵连,国内碳市场动荡不安,依附于碳市场的碳汇市场也受到了巨大冲击。[①]

三、碳汇功能及其再认识

提高绿色碳汇能力,把自然、生产和生活形成的大量碳源转化成碳汇,实现废弃物资源化利用,是探索提高绿色碳汇能力、推进低碳城市建设的新路径。通过推动结构调整,多领域、全方位发展绿色碳汇,减少碳源与增加碳汇的措施并举,提升森林、园林、湿地、农业、近海渔业的碳汇功能,对完善宁波市生态功能、增强宁波市低碳发展的竞争力有着重要意义,这也是当前绿色碳汇能力的创新所在。

(一)森林系统的碳汇功能

森林作为陆地生态系统的主体,是地球生物圈的重要组成部分,占据了全球非冰层陆地表面的 40%。与其他生态系统相比,森林生态系统分布面积最大,生物生产力和生物量积累最高,还具有丰富的物种组成和复杂的层次结构,在地球生物圈的生物地球化学循环过程中起着重要的"缓冲器"和"阀"的作用。森林生态系统作为陆地生态系统的最大碳库,在全球碳循环中扮演着源、库、汇的作用,其碳蓄积量的任何增减都可能影响到大气中二氧化碳浓度的变化。对陆地生物量碳素贮量的估计差异较大,范围在 $480\sim1080$PgC 之间,目前普遍接受的估计值是 560PgC,其中森林约为 422PgC,因此森林是地圈生物圈过程的重要参与者。另外,奥尔森(Olson)等研究估计,森林地上植被碳库约占全球地上总碳库的 86%,而森林光合作用与大气之间的年碳交换量高达陆地生态系统总量的 90%。因此,可以认为,森林控制着全球陆地碳循环的动态。森林生态系统服务功能是指森林生态系统与生态过程所形成及所维持的人类赖以生存的自然环境与效用。城市森林是城市森林生态网络体系的重要组成部分,有着"城市肺脏"之称。城市森林的固碳释氧作用保持着城市碳氧平衡,对缓解城市热岛效应、改善城市生态环境有着举足轻重的作用,城市森林的碳储量是评价城市森林功能的重要指标之一。因此,开展关于城市森林碳汇功能的研究,对改善城市生态环境、支撑城市可持续发展有着重要意义。[②]

1.森林植物碳储量

估算森林植被的碳储量可以反映植被的光能利用,并衡量群落吸收大

---

① 李顺龙.森林碳汇经济问题研究[D].哈尔滨:东北林业大学,2005.

② 宁晨.喀斯特地区灌木林生态系统养分和碳储量研究[D].长沙:中南林业科技大学,2013.

气中二氧化碳的能力,是研究森林生态系统碳循环的基础。全球陆地生态系统地上部的碳为 562×10^{12} 千克,森林生态系统地上部的碳为 483×10^{12} 千克,占了 86%。迪克森(Dixon)等对全球森林植被和土壤碳库进行了估算,世界森林面积约为 4.1×10^9 公顷,森林植被碳储量为 33×10^{12} 千克,占全球森林生态系统碳库总量的 29%。[①] 我国对森林植被碳储量的研究起步较晚,且对于大尺度森林植被碳储量的研究多,而对于区域范围内的森林植被碳储量的研究较少,但区域性研究对象的广泛性和复杂性、基础数据和计算方法的不完善使计算结果差异很大。赵士洞对中国森林生态系统植被碳储量的研究结果为 5.41PgC,周玉荣的研究结果为 6.20PgC[②],李克让的研究结果为 5.40PgC[③],方精云等的研究结果为 4.63~4.75PgC[④]。其中,方精云等的研究结果被认为是同类研究中最为全面、影响最大的一项。王效科等以各林龄级森林类型为统计单元,研究得出我国森林生态系统的植物碳储量为 $(3.26~3.73) \times 10^{12}$ 千克,占全球的 $0.6\%~0.7\%$。肖英等针对湖南 4种城市森林树种的碳储量进行了研究,4 种森林植物碳储量中最大的是马尾松,最小的是枫香,4 种森林植物碳储量从大到小依次为:马尾松、樟树、杉木、枫香。湖南省在碳汇能力中起主要作用的是以马尾松和杉木为代表的种植面积最广的针叶林,樟树和枫香等阔叶林虽然具有较大的生物量和平均碳密度,但由于种植面积相对较小而在整个湖南省森林碳储量中只占很小的比重。[⑤] 赵敏等对上海市城市森林固定二氧化碳的能力进行研究。[⑥] 应天玉等对哈尔滨市碳储量进行研究,得出结论:哈尔滨市碳储量的空间分布与绿地面积分布不一致,而与绿量和生物量的空间分布一致,这是由于碳储量由生物量推算;一般来说绿化树种为乔木的碳储量大,生物量和绿量也

---

①　张志华,彭道黎.森林管理对森林碳汇的作用和影响分析[J].安徽农业科学杂志,2008,36(9),3654-3656.

②　周玉荣,于振良,赵士洞.我国主要森林生态系统碳贮量和碳平衡[J].植物生态学报,2000(5):518-522.

③　李克让,王绍强,曹明奎.中国植被和土壤碳贮量[J].中国科学:地球科学,2003(01):72-80.

④　方精云,陈安平.中国森林植被碳库的动态变化及其意义[J].植物学报,2001,43(9):967-973.

⑤　肖英,刘思华,王光军.湖南 4 种森林生态系统碳汇功能研究[J].湖南师范大学自然科学学报,2010,033(1):124-128.

⑥　赵敏,丁慧勇,高峻.城市森林固定 CO_2 价值评估[J].生态经济,2007(8):143-145.

大,而绿化树种为灌木和草坪的碳储量小,生物量和绿量也小。[①]

2.森林土壤碳储量

森林土壤碳库是地球陆地生态系统中最为重要的碳库之一,对土壤质量和生态环境特别是气候变化都有重要影响。城市是碳源产生的集中地,在生态系统中又是一个复杂的下垫面,对城市土壤开展碳源/碳汇平衡的研究对于减轻全球气候的变化具有重大的现实意义。我国有多位学者对我国森林土壤的碳储量进行了研究估算,赵士洞对我国森林生态系统土壤碳储量的研究结果为 13.68PgC,周玉荣的研究结果为 21.20PgC,李克让的研究结果为 10.50PgC。我国主要森林生态系统中凋落物层碳库碳贮量为 8.92×10^8 吨,占森林生态系统总碳储量的 3.17% 左右。由于我国对森林凋落物碳储量的研究起步较晚,目前的研究主要还是集中在乔木层、灌木层、草本层,针对凋落物层碳储量进行系统研究的很少,赵士洞对我国森林生态系统凋落物的碳储量进行研究的结果为 0.82PgC,周玉荣的研究结果为 0.892PgC。而就城市森林的特殊性质而言,为了城市绿化的需要,凋落物的存留量极小,因而对其的研究更是缺乏。森林生态系统碳储量由乔木层、灌草层、凋落物层和土壤层的碳储量组成,碳储量的估算方法是精确估算森林生态系统碳储量的基础。如今,对碳储量的测定方法有很多,针对乔木层碳储量的测定,常用的方法有测树学方法、气体交换和模型估算方法等,针对灌草层、凋落物层,常用的是样方法测定。土壤有机碳储量研究主要有土坡类型法、植被类型法、生命地带法和模型法。

(二)园林系统的碳汇功能

园林系统主要包括城市中公园与绿化广场等公共绿地、防护绿地、城市道路附属绿地、市政设施附属绿地、居住区配套绿地各单位附属绿地和风景林地等,对城市生态系统功能的提高和健康发展有重要作用。城市园林生态系统的碳汇功能类似于造林、再造林的林业碳汇。一个公园或一块草坪就是一个生态系统,具有明显的碳汇作用。但当城市化进程中城市园林绿地覆盖率偏低(低于 30%)、各类排放量较高时,城市的生态系统将失去平衡。

(1)园林的固碳机理分析

林木通过光合作用把大气中吸收的二氧化碳和土壤中吸收的水分合成

[①] 应天玉,李明泽,范文义.哈尔滨城市森林碳储量的估算[J].东北林业大学学报,2009(9):33-35.

为葡萄糖等碳水化合物,同时放出氧气,形成的碳水化合物中的碳素全部来自大气中的二氧化碳。林木利用光合作用合成的碳水化合物生成树干、根系、枝干,使树体不断长大。树木的不断生长又可将大气中的二氧化碳源源不断地吸收固定到植物体内。一般来说,植物体生物量的50％是碳素量。通过测定树木的生物量,可推算出树木体内的碳素含量,进而得出树木所吸收固定的二氧化碳的量。

(2)园林群落固碳特点分析

①不同生态群落固碳能力的差异。不同群落间的固碳量存在差异,热带林由于其速生性,生物量比较大,固碳能力最强;其他依次是日本柳杉林、日本水青冈林、稻田等;固碳量最低的是一般的耕地。由此可以得出,群落的固碳量与林木的生长速度呈正相关。一定时期内,由速生树种组成的群落生物量更大,固碳能力更强。①

②不同树种和林龄固碳能力的差异。日本的林业研究人员还对不同树种和林龄固碳能力的差异进行了研究。研究结果表明:树龄为50年的不同树种,其二氧化碳吸收量不同,日本柳杉、日本扁柏类的针叶树种明显高于日本水青冈、麻栎等阔叶树种。此外,这四大树种的林龄集中在11～40年,树木"年轻"时吸收碳的能力较强,表明林木的速生期也是碳素固定的高峰期。

③草坪和树木固碳能力的差异。草坪是城市绿化中常用的绿化手段,但它的固碳能力与乔木树种不可同日而语。有研究表明,乔木树种的生物量和生长量远远大于草坪,是草坪的4～5倍。而且,树木固定碳素是一个长期的过程,草本植物由于组织结构的原因,只能短期固定碳素,最终又会以二氧化碳的形式释放回大气中。同时,由于草坪根系较浅,高温期需要每天浇水,而树木庞大的根系能够蓄水保墒,除供给自身的需要外,还能起到涵养水分的作用,树叶也是大气的增湿器。建设草坪虽然早期投入较少,但用于草坪管理的投入远远高于对树木的管理投入,约为树木的7倍。在我国的海口、青岛、天津等城市,已开始反省"有绿缺荫"引发的严重问题。大面积的草坪半年绿,半年黄;草坪灌溉浪费了大量的水资源,有的地方甚至用自来水灌溉草坪。这些问题充分证明了城市绿化应以树木为主体;"乔灌草"合理搭配,才能形成生态功能完善的城市绿化体系,提高固碳能力。

---

① 朱建军,李秀芬,张智奇,叶正文.城市森林碳汇功能与低碳经济探讨[J].上海农业学报,2010,26(4):57-59.

(三)湿地系统的碳汇功能

根据《湿地公约》的定义,湿地包括所有的陆地淡水生态系统,如河流、湖泊、沼泽,以及陆地和海洋过渡地带的滨海湿地,同时还包括了海洋边缘部分咸水、半咸水水域。全球湿地面积约有 570 万平方千米,约占地球陆地面积的 6%。湿地同陆地、海洋相比面积相对小,但湿地生态系统支持了全部淡水生物群落和部分盐生生物群落,具有极其特殊的生态功能,是地球上重要的生命支持系统之一。因此,国际上通常把森林、海洋和湿地并称为全球三大生态系统。[①]

湿地在空间上分布于陆地和水域交接的相对稳定的过渡区和生态交错区,许多湿地在时间上呈现周期性干湿交替的动态变化;在生态表现形式上,以森林为主体的陆地生态系统主要由动植物及微生物与大气相互作用,海洋生态系统主要由水生动植物及微生物与大气相互作用,而湿地生态系统是陆地、水域共同与大气相互作用、相互影响、相互渗透,是兼有水陆双重特征的特殊生态系统。湿地生态系统通过物质循环、能量流动及信息传递将陆地生态系统与水域生态系统联系起来,是自然界中陆地、水体和大气三者之间相互平衡的产物。湿地这种独特的生态环境使它具有丰富的陆生与水生动植物资源,是世界上生物多样性最丰富、单位生产力最高的自然生态系统。湿地在调节径流、维持生物多样性、蓄洪防旱、控制污染等方面具有其他生态系统不可替代的作用,是人类文明进步和文化发展的物质和精神基础。[②]

生态系统通过光合作用和呼吸作用同大气交换二氧化碳与氧气,维持着大气中二氧化碳与氧气的动态平衡。和森林、海洋一样,湿地也具有吸纳碳的作用,而且湿地吸纳碳的能力远远强于森林和海洋。湿地由于水分过饱和具有厌氧的生态特性,微生物活动相对较弱,植物残体分解释放二氧化碳的过程十分缓慢,因此形成了富含有机质的湿地土壤和泥炭层,积累了大量的无机碳和有机碳,起到了固定碳的作用。据国际上典型的科学研究,单位面积湿地的固碳作用是森林、海洋的 9 倍。如果湿地遭到破坏,湿地的固碳功能将减弱,同时湿地中的碳也会氧化分解,湿地将由"碳汇"变成"碳源",这将大大加剧全球气候变暖的进程。

---

① 曹亮.粗放增长下杭州闲林郊区住宅的可持续发展策略[D].杭州:浙江大学,2007.
② 张哲.论非法占用农用地罪[D].郑州:郑州大学,2009.

湿地影响着重要温室气体二氧化碳和甲烷的全球平衡。一方面,湿地是二氧化碳的碳汇,即通过湿地植物的光合作用吸收大气中的二氧化碳,将其转化为有机质,植物死亡后的残体经腐殖化作用和泥炭化作用形成腐殖质和泥炭,储存在湿地土壤中。另一方面,湿地也是一定程度上温室气体的"源",土壤中的有机质经微生物矿化分解产生的二氧化碳和在厌氧环境下经微生物作用产生的甲烷都被直接释放到大气中。由于植被类型、地下水位和气候等方面的影响,不同类型湿地的碳循环和温室气体排放存在很大差异。而且,温度和水文周期变化也可以改变植物光合作用的碳吸收与呼吸作用的碳释放之间的平衡,因而湿地生态系统的源/汇地位并非一成不变。湿地是温室气体的源还是汇主要取决于二氧化碳的净汇与甲烷释放之间的平衡。尽管甲烷的温室效应大约是二氧化碳的 21 倍,但研究表明,多数湿地的二氧化碳固定量都远高于甲烷的释放量,有机质被大量储存在土壤中,湿地植物净同化的碳仅仅有 15% 被释放到大气中,因此多数天然湿地都是二氧化碳的净汇,表现为负性温室效应,是平衡大气中含碳温室气体的贡献者。[①]

湿地生态系统是地球上重要的有机碳库。由于湿地类型众多,且各国到目前为止还没有一个公认的分类办法,因此对全球湿地碳库总量的估计存在一定差异。弗兰岑(Franzen)认为,湿地积累了 200～445GtC,约占地球陆地碳总量的 10%～35%,而舍尔哈泽(Schellhase)则估计湿地碳库总量为 154GtC。[②]

(四)农业系统的碳汇功能

农业系统主要包括进行种植和养殖的农业耕地和非耕地(如园地),亦包括稻田、鱼塘等人工湿地。一般认为,稻田栽培和畜牧养殖等农业活动是温室气体的主要排放源之一。现代农业消耗了大量的农业投入,间接增加了碳排放,一年生农作物在不还田的情况下碳汇基本为零。但是最新研究表明,我国农业系统对碳的吸收大于排放,总体上保持碳汇功能。其碳汇特征表现为:一方面,农业系统是全球碳库的一个活跃的重要组成部分,农业土壤固碳被列为《京都议定书》中的重要减排措施之一;另一方面,农业系统

①　于洪贤,黄璞祎.湿地碳汇功能探讨:以泥炭地和芦苇湿地为例[J].生态环境,2008,17(5):2103-2106.

②　李孟颖.低碳新思维——浅谈湿地系统保护恢复对于应对全球气候变化的重要性[J].城市与区域规划研究,2013,6(1):274-287.

固碳提升空间较大，土壤是农业生产得以实现的最基本的资源，是碳素的重要储存库和转化器，在全球陆地生态系统碳库中，只有农业土壤碳库是受强烈的人为干扰而又可以在较短的时间尺度内调节的碳库。我国农田土壤的有机碳含量较低，约为全球平均水平的 2/3，提升的空间较大，从农业经营管理上来说，合理的农业措施和生产模式可以提高农田土壤碳储量，保持农业的可持续发展并发挥农业土壤的碳收集能力。加强农业系统碳汇功能，对于缓解气候变化趋势具有积极的意义。

研究表明，土壤对碳的固持不是无限度增加的，而是存在一个最大的保持容量，即饱和水平。初始有机碳含量离饱和水平愈远，碳的累积速率愈快，随着有机碳含量增长，土壤对碳的保持将变得愈加困难。当有机碳含量逼近或到达饱和水平时，增加外源碳的投入将不再增加土壤有机碳库。据报道，目前中国保护性耕作面积仅占全国耕地面积的 0.1%，美国、加拿大等发达国家在 20 世纪 60 年代就基本实现了农业机械化，保护性耕作和机械化的免耕覆盖模式已然兴起。这些国家通过 50 多年实施这些耕作措施，农田土壤已固定相当多的碳，继续固碳的可能性要比 50 年前小得多。而中国除东北地区外，耕地土壤的有机碳含量本身都较低，要比欧美国家大约低 30%，而且中国大范围的农业机械化才刚起步，保护性耕作和机械化的免耕覆盖模式在局部地区实施才几年。可以肯定地说，中国农田生态系统的固碳潜力要比发达国家大得多。

(五)近海渔业系统的碳汇功能

渔业碳汇是指通过渔业生产活动促进水生生物吸收水体中的二氧化碳，并通过收获把这些已经转化为生物产品的碳移出水体的过程和机制。这个过程、机制和结果使生物的碳汇功能得到了较好的发挥，实际上提高了水域生态系统吸收二氧化碳的能力。碳汇渔业是指直接或间接吸收并储存水体中的二氧化碳，进而降低大气中二氧化碳浓度的各类渔业生产活动，如藻类养殖、贝类养殖、滤食性鱼类养殖、人工鱼礁、增殖放流及捕捞渔业等。简而言之，凡不需投饵的渔业生产活动就可能形成生物碳汇，相应地亦可称为碳汇渔业。

科学研究结果表明，海洋含有的碳总量达到 39 万亿吨，占全球碳总量的 93%，约为大气中碳总量的 53 倍。人类活动每年排放的二氧化碳为 55 亿吨，其中海洋吸收了人类排放二氧化碳总量的 20%～35%，大约为 20 亿吨，而陆地仅吸收 7 亿吨。因此，海洋的先天优势使其成为一个巨大的固碳容器,这也就使得发展碳汇渔业独具战略价值。碳汇渔业在生物碳汇扩增战略中占有显著地位,在发展低碳经济中具有重要的实际意义和很大的产业潜力。发展碳汇渔业是一项一举多赢的事业,它不仅可提供更多的优质蛋白,保障食物安全,同时对减排和缓解水域富营养化有重要贡献。

对于我国来说,大规模的贝藻养殖对浅海碳循环的影响明显。中国工程院院士唐启升介绍说,目前国内海水养殖的贝类和藻类每年使用浅海生态系统的碳可达 300 多万吨,并通过收获从海中至少移出 120 万吨的碳。新的研究也表明,在过去二十年中,我国海水贝藻养殖从水体中移出的碳量呈现明显的增加趋势。如 1999 年到 2008 年间,通过收获养殖海藻,每年从我国近海移出的碳量为 30 万～38 万吨;而通过收获养殖贝类,每年从我国近海移出的碳量为 70 万～99 万吨,其中 67 万吨碳以贝壳的形式被移出海洋。两者结合在一起,我国海水贝藻养殖每年从水体中移出的碳量为 100 万～137 万吨,相当于每年移出 440 万吨二氧化碳;十年合计移出 1204 万吨碳,相当于移出 4415 万吨二氧化碳。如果按照林业使用碳的算法计量,我国海水贝藻养殖每年对减少大气二氧化碳的贡献相当于义务造林 50 万公顷以上,十年间接节省造林成本近 400 亿元。

海水养殖是海洋碳汇渔业的主体部分,就其产业性质而言可以称为战略性新兴产业。第一,海水养殖不仅改变了中国渔业生产的增长方式和产业结构,同时也改变了国际渔业生产的方式和结构;第二,从满足国家重大需求看,到 2030 年我国 16 亿人需要增加 1000 万吨水产品,海水养殖将是主要的支柱;第三,从产业产出的贡献看,发展海水养殖业可减少二氧化碳等温室气体的排放;第四,从产业发展的科学内涵看,发展生态系统水平的海水养殖将成为现代渔业发展的突破点。

第二节　宁波城市碳汇结构动态分析

世界上许多国家都极其关注和重视大都市低碳城市的建设,低碳城市的实践和概念拓展已成为低碳发展的新兴领域。在我国,低碳城市也是城市化必须经历的一个过程,定量、动态地分析和评价区域生态系统的碳汇状况成为进行城市低碳利用模式与途径研究的前提。此外,耕地、园地、林地、草地甚至近海作为一个区域内经济发展的重要构成,其覆盖植被参与了生态系统碳循环,对其碳汇状况的研究尤为重要,但过去对自然生态系统森林和草地碳储量及碳汇问题的研究较多,而对耕地等生态系统碳状况的研究相对较少。本节以宁波市为区域背景,在研究宁波市城市化过程中相关生态系统的动态变化及其与碳汇关系的基础上,分析宁波市碳增汇特征及其贡献,并评价碳增汇效应,以利于针对性措施的提出。

一、森林碳汇构成变化分析

宁波市域内植被分布南北差异不大,而东西方向差异明显。森林主要植被为马尾松,市域南北皆有分布,栽培的经济作物则大都适应性较强。随海拔差异,自西向东依次分布有针叶林、阔叶林、栽培植物和滨海植被。针叶林分布于山顶,多为次生演替形成,部分保护较好的地区也有针阔混交林。海拔 750 米以下的山地、丘陵分布有阔叶林,相当一部分为人工造林。天童森林公园、瑞岩寺林场、宁海南溪温泉等处保存有阔叶林原始群落。栽培植物多位于海拔 50 米以下。近年来,宁波市积极实施"生态立市"战略,强势推进森林城市建设。全市财政每年投入扩绿资金 2 亿元以上,全市森林面积稳定在 668 万亩以上,森林覆盖率达到 50.2%,把"四边"区域建成绿树成荫的生态线、环境优美的风景线、彰显特色的形象线、固碳减排的碳汇线和培育木材的资源线。

自 2010 年成功创建国家森林城市后,宁波市掀起了森林系列创建高潮。2011 年,宁波市全面启动创建省级森林城市工作,鄞州区、北仑区首批申报创建省级森林城市。为确保创建成功,各地均高度重视,加大投入,成立组织、落实资金、召开动员会、确定工作重点,全面推进平原绿化工作,当年新增平原绿化面积近 2 万亩,为历年之最。2012 年慈溪市创建省级森林城市,并以每年平原造林 1 万亩的速度推进。2013 年又有余姚、镇海创建省级森林城市成功。省、市级森林城镇创建工作氛围良好,2010—2013 年来共创建省级森林城镇 21 个,市级森林城镇 39 个。同时自 2011 年起在全市提出了市级森林村庄创建工作,并要求严格标准,重点造好"六片林",即进村道路两侧要造好通道林,村庄周围要造好围村林,村内要造好休闲林,河道两侧要营造生态林,房前屋后要营造果树林,农田要营造网格林。通过"六片林"的营造,进一步推进农村绿化的发展,2010—2013 年共创建省级森林村庄 98 个,市级森林村庄 795 个,全市森林村庄的休闲公园个数超 2000 个,平均林木覆盖率在 30% 以上,投入近 1 亿元。

影响宁波市碳汇能力变化的主要原因是林地碳汇能力变化,具体原因有两个,一是林地总面积的增加,二是林地单位面积固碳能力的提升。受年平均降水量的影响,宁波市的植被固碳量随降水量的显著变化而出现明显的差异,但大体呈增加的趋势。

二、园林碳汇构成变化分析

目前,宁波的园林发展迅速,城市绿量、绿化覆盖率和公共绿地都有较快的增加,但园林绿化中还存在着一些问题,如"大树移植热",为了追求短期效果,不惜高价移植大树,甚至从山上挖树运往城区,这些大树进城后由于生态环境的改变而大量死亡,这样既破坏了原生长地的资源,又给城市绿化造成了影响。又如较早前的"草坪热",一些园林工作者盲目跟从、引进国外草种,营造大片草坪,而草坪耗水量大,在制氧、滞尘、改善气候等方面的作用又不如乔灌木。① 截至 2013 年,宁波市园林绿化面积不断提升,人均绿地率不断提高,宁波城区绿化覆盖率已达 36.53%,人均公绿面积达 10.58平方米,宁波在 2012 年荣获"国家园林城市"称号,园林碳汇量不断增加。但在碳汇战略实施的过程中,宁波的园林在合理利用丰富的植物种质资源、选育具有地方特色的物种作为增加碳汇的手段、努力发挥城市树木绿量的最大化方面还有提高空间。1991—2013 年,宁波在绿化覆盖率及人均公绿方面做出了较大努力(如表 9-1 所示)。

表 9-1　宁波市园林绿化 1991—2013 年数据统计

年份	范围	建成区面积/平方千米	建成区人口/万人	绿化覆盖面积/公顷	绿地面积/公顷	公绿面积/公顷	绿化覆盖率/%	绿地率/%	人均公绿/平方米
1991	五区	—	—	818.6	758.8	88.95	11.49	11.22	1.57
1992	五区	—	—	1051.45	966.02	130.87	16.10	15.26	2.28
1993	五区	—	—	1074.82	1072.66	132.05	18.02	17.98	2.54
1994	五区	—	—	1286.82	1221.30	139.51	20.95	19.88	2.55
1995	五区	—	—	1390.41	1313.61	160.77	22.43	21.19	2.82
1996	五区	—	—	1501.8	1418.66	199.56	23.84	22.52	3.38
1997	五区	—	—	1658.45	1542.48	236.71	26.03	24.21	3.87
1998	五区	64.2	62.9	1932.42	1653.73	302.88	30.1	25.76	4.82
1999	五区	65.5	67.44	2073.31	1761.31	347.29	31.65	26.89	5.15

---

① 俞浩萍.合理建设园林绿地增加城市碳汇[J].大众文艺,2010(14):42-43.

续 表

年份	范围	建成区面积/平方千米	建成区人口/万人	绿化覆盖面积/公顷	绿地面积/公顷	公绿面积/公顷	绿化覆盖率/%	绿地率/%	人均公绿/平方米
2000	五区	68.5	70.3	2295.35	1994.17	502.19	33.51	29.11	7.14
2001	五区	73.5	71.56	2560.56	2244.64	587.76	34.84	30.54	8.21
2002	中心城区	102.21	84.78	3645.24	3302.34	860.07	35.66	32.31	10.14
2003	中心城区	109.51	108.84	4000.11	3651.66	1149.23	36.53	33.35	10.56
2004	中心城区	114.7	112.39	4230.84	3865.63	1242.37	36.89	33.70	11.05
2005	中心城区	120.6	114.03	4501.25	4075.97	1313.36	37.32	33.80	11.52
2006	中心城区	215.2	138	8070.35	7308.51	1600.83	37.50	33.96	11.60
2007	中心城区	221.4	158.99	8304	7520	1638	37.51	33.97	10.30
2008	中心城区	241.57	162.19	9064	8219	1672	37.52	34.02	10.31
2009	中心城区	250.93	163.25	9492	8629	1692	37.83	34.39	10.36
2010	中心城区	271.59	164.52	10332	9372	1725	38.04	34.51	10.49
2011	中心城区	284.91	170.5	10863	9872	1799	38.13	34.65	10.55
2012	中心城区	289.83	175.53	11080	10113	1853	38.23	34.89	10.56
2013	中心城区	294.95	182.22	11290	10327	1927	38.28	35.01	10.58

三、湿地碳汇构成变化分析

湿地与森林、海洋并称全球三大生态系统,主要分为自然和人工两大类,自然湿地包括沼泽地、泥炭地、湖泊、河流、海滩和盐沼等,人工湿地主要有水稻田、水库、池塘、运河等。全球湿地面积514万平方千米,约占地球表面积的6%,但它却是全球最大的碳库,其吸收碳的能力远远超过森林,碳储量约为770亿吨,占陆地生物圈碳素的35%,超过农业生态系统(150亿吨)、温带森林(159亿吨)及热带雨林(428亿吨)的碳储量之和。我国湿地占世界湿地的10%,位居亚洲第一、世界第四,因此,在全球碳循环中发挥着重要作用。湿地是温室气体的"稳定器",在大量吸收二氧化碳的同时,也会排放出甲烷等温室气体。保护良好的自然湿地生态系统总体上是一个强的碳汇,但当湿地遭到破坏、湿地土壤水分减少时,就会由碳汇变成碳源,因此,湿地保护的意义重大。

宁波的滩涂和滨海荒地分布有盐蒿、芦苇等耐盐植物。2011年,国家林业局批准建立了宁波杭州湾国家湿地公园。宁波杭州湾国家湿地公园总面积43.5平方千米,是著名的咸淡水海滩湿地,是澳大利亚至西伯利亚候鸟迁徙线上重要的"中转站",每年有上百种几十万只候鸟途经栖息。这也是宁波在绿化森林、碳汇交易、湿地保护等方面做出的积极探索。

四、农业碳汇构成变化分析

宁波市国土资源局、宁波市统计局联合公布全市二次土地调查主要数据成果。数据显示,相比1996年一次调查,2009年年末全市耕地面积净减少49.6万亩;人均耕地保有量从0.72亩下降到0.59亩,不到同期全国平均水平的四成。较第一次土地调查,13年间,宁波市耕地面积净减少近50万亩。人均耕地保有量远低于同期全国1.52亩的平均水平,也低于联合国粮农组织确定的人均耕地0.795亩的警戒线。尽管全市耕地面积持续下降,但随着农作物单位面积产量的提高、农业生产技术的提升和较高效率固碳农作物的种植,农作物的经济产量提高,碳汇量呈平稳保持状态。不同农作物的碳汇能力是有差异的,仅从农作物碳汇量方面来讲,可以根据城市发展需要,尽量调整小麦、玉米和稻谷这三种农作物类型与相应面积;从土地产出率来看,宁波市东南部提高的潜力很大,应制定相应的资金倾斜政策,提供技术支持,发展区域基础设施建设,提高土地利用效率。

五、近海碳汇构成变化分析

"十三五"时期,宁波的海洋牧场扩展到象山东部沿海、三门湾和宁波湾三大海区,与象山港、韭山列岛、渔山列岛三大海洋牧场示范区一起,形成"一港二岛三区"的宁波市海洋牧场建设布局,海洋牧场建设区面积达到19万亩,加上总面积55万亩的渔业资源保护区、30万亩渔业增殖放流区和海水健康增养殖区,届时,将形成一个辐射整个宁波近岸海域,总面积超过百万亩的碳汇渔业区。加快发展浅海养殖,积极发展以海洋贝、藻增养殖为核心的碳汇渔业,建立和示范基于IMTA(多营养层次综合水产养殖法)低碳养殖技术和模式,促进标准化、优质化、产业化的现代水产养殖业形成。加快发展设施养殖和生态养殖业,调整品种结构,应用和推广新型水产养殖节能保温大棚,建立和示范基于生态系统的循环养殖模式。宁波百万亩碳汇渔业区的建设,将使宁波乃至周边海域渔业资源衰退、生态环境恶化和海洋生物多样性下降的状况得到有效改善,渔业资源实现可持续利用,形成集海洋资源保护、渔业资源增殖、农牧化养殖、海上休闲游钓等功能于一体的碳汇渔业区框架。

第三节 宁波城市碳汇增量路径选择

通过对宁波市森林、园林、湿地、农业、近海渔业的碳汇功能研究,可以发现,目前宁波市最主要的碳汇增量路径在于森林,其次是园林、湿地、农业、近海渔业等。所以,宁波市应该在以上五大领域同时采取切实可行的碳增汇对策,以缓解温室气体排放的压力,增加碳汇。

一、保护提升城市森林碳汇

森林系统是应对气候变化的关键因素之一,提升森林碳汇能力与减少二氧化碳排放是对减缓气候变化同等重要的两个方面。森林在碳汇中发挥着不可替代的作用,而作为城市重要组成部分的城市森林,在低碳城市建设中的作用更是不可替代。

城市森林不仅可以直接吸收城市中释放的碳,而且还可通过减缓热岛效应调节城市气候,减少居民使用空调的次数,从而间接减少碳的排放。城市森林不单只局限于美化城市的功能,其碳汇功能在打造低碳城市的过程中起着更大的作用。因此,从低碳城市建设的角度,如何营造和维护城市森林,如何布局城市绿化,需要深入的研究和思考。在对林木固碳机理和特点进行分析的基础上,应尝试以下措施。

第一,要将城市森林整体规划纳入到低碳城市的总体规划当中,把城市森林作为城市绿色的基础设施来部署并预留其发展空间。任何城市都会存在城市林业发展与耕地资源不足的矛盾,要不断挖掘和扩大城市绿化的潜力,如在上海可以开展围垦地造林、立体绿化、屋顶绿化等,扩大绿化面积,增加城市森林碳汇作用。

第二,城市绿化的主体应该是高大乔木。通过前文分析可知,林木的固碳量与其生物量紧密相连,高大乔木树种的生物量远远大于灌木和草本植物,其固碳能力也相应较强。因此,在城市绿化中应尽量使用乔木,无法种树的地方可用花草点缀,避免只侧重草坪绿化。

第三,营造城市森林要以速生树种和慢生树种相结合,尽量选择高固碳树种。在选择绿化树种时,首先考虑生态需求和碳汇作用,其次考虑审美要求。要尽量使用小树苗进行绿化,因为移栽的大树的固碳能力较差,而树木在幼龄期的固碳能力是最强的。在湿地修复中,要有目的地增加木本树种的种类和数量。

第四,强化现有城市森林的经营管理,对现有绿地、林地、湿地进行低碳性改造,提高森林的质量。由于树木是依靠光合作用固定碳素的,鉴于成熟或过熟林木的固碳能力大幅降低,应对其及时采伐,补植幼龄林木,实现有计划的更新管理。对采伐后的木材应进行合理的加工利用,继续发挥其碳库的作用,以持续增加森林生态系统的贮碳能力。

以宁波入选国家森林城市为契机,加强管理和技术研发,保护培育森林碳汇,开发提升林业碳汇,形成城市农村碳源和碳汇互哺的格局。一是科学规划,确定优先发展区域。根据"中国清洁发展机制下造林再造林项目"要求,确定宁波市碳汇项目优先发展区域,积极引进其他造林再造林项目,建立宁波市森林碳汇优势产业区。二是加大力度,推进林分结构改造。通过全面改造和补植套种的方式,改造低质低效林的林分,调整林种、树种结构,全面提高森林质量和生态效应,拓展林业碳汇功能,增加绿色财富。三是加强管理,减少森林碳源的排放。在封山育林保护森林碳汇的同时,加强火灾预防和病虫害防治管理,强化监管,减少毁林,退耕还林,减少水土流失。

二、创新发展城市园林碳汇

城市园林植物能够释放氧气,并固定空气中的二氧化碳,是城市生态系统重要的生产者,在碳汇方面发挥着无可替代的作用。现阶段我国生态园林城市的标准包括绿化覆盖率、绿地率和人均公共绿地面积 3 个指标,统称为"二维绿化指标"。二维绿化指标在宏观上表示一个城市园林绿化的基本状况及水平,在评价城市绿化现状、指导城市绿地规划等方面发挥着重要作用。但城市绿地的生态效益不仅取决于绿地覆盖面积,还取决于绿地的空间结构及植被生长状况等。因此,二维绿化指标很难准确反映城市园林绿化的生态效益,特别是碳汇效应。譬如,成龄乔木林的固碳释氧量就相当于同面积草坪的 3～5 倍。

园林植物的叶片是园林绿地发挥生态功能的主要部分,影响着绿地冠层内的许多生物化学过程及绿地生态功能,因而叶面积绿量(简称绿量)的多少是决定园林绿地生态功能与效益的实质性因素。"三维绿量"指绿色植物的茎叶所占据的空间体积,突破了传统二维绿化指标的局限性,能较全面地反映植被空间构成的合理性和生态效益水平,正逐步成为新的城市绿化评价指标。①

宁波在城市园林建设方面还有以下三个问题:草坪比例过大;立体绿化不足;植物群落结构不合理。因此,利用现有的城市生态资源,改善绿地结构,提高城市绿地绿量,成为当前宁波城市绿地增加碳汇功能的关键途径。为此,在城市绿地系统规划设计中需要重视以下策略:第一,改善植物群落结构,减少城市草坪用地,除必要的花灌木造景外,坚持以乔木为主体,形成乔、灌、藤、花、草相结合的复层绿化模式;第二,重视立体绿化,积极推进墙面、屋顶和边坡绿化;第三,推广乡土植物及适生植物,选择光合效率高、适应性强、枝繁叶茂、叶面积指数高的园林植物。此外,应完善城市绿地评价指标,并加强城市绿量估算模型研究,为定量评价城市园林绿化的生态环境效益和构建合理的布局提供理论依据。具体措施如下。

(一)优化城市绿地结构,降低热岛效应

城市热岛效应已严重影响城市人居环境,尤其在夏季,城市热岛效应使局部气温升高,人们需要长时间使用空调以调节工作和生活环境,这导致城市耗电量大幅度增加,而空调将室内的热量及产生的温室气体排放到城市环境中,加剧了城市的热岛效应和能源消耗,导致恶性循环。园林植物能通过光合作用固定空气中的二氧化碳,释放氧气,并能吸收部分热量,增加空气湿度,从而改善区域"小气候"。因此,除增加城市绿地覆盖率外,合理布局绿地景观结构也是缓解城市热岛效应的有效措施。在城市绿地布局设计中,需充分考虑城市道路、绿地和水系的布局规划与城市外围开敞空间(林地、农田、水域等)的结合,构建有利于气体交换与污染物扩散的空气流动通道和"冷桥系统",使城市风道走向与城市主风向一致。

此外,在城市园林绿地规划设计中,应积极探索并构建多层次的、集中与分散相结合的居住配套绿地布局和建设模式,如在居民点附近建立园林绿地,可以为居民夏季纳凉提供良好的去处,也可以减少室内空调用量,起

① 滕明君,周志翔,岳辉,杨玉萍.低碳园林的生态学途径[J].中国园林,2012(1):40-44.

到节能减排的作用。在群落配置模式上,应增加乔木层植物,提高乔木层郁闭度,同时多配置固碳释氧能力强和减噪效果好的植物,提高群落紧密度。还要积极促进土地资源的再生利用,如通过土地整理促进在废弃土地上建立城市绿地,或通过屋顶绿化增加分散的小面积绿地来改善居住区的热岛状况。

(二)选育及应用功能性园林植物

由气候变化和快速城市化导致的局部气候变化主要表现在水资源变化、温度变化和空气污染等方面。这些问题不但对城市功能性园林绿地规划建设提出了更高要求,更直接影响园林植物的存活和生长。因此,要选择适合的园林植物,改善城市园林绿地生态服务功能的可持续性。在低碳背景下,园林植物的选育与应用不仅要着眼于植物的美学特征,更要注重其生态服务功能。园林植物的引种与培育要做到适地适树,使植物的生长能适应立地环境条件,这样不仅可以节约建设资金,也为后期的养护管理省去大量人力物力。为此,应重点加强以下几种城市园林植物的选育。(1)耐旱节水植物。近几年我国部分城市经受长时间干旱,这表明,节水型植物的选育已迫在眉睫。增加城市园林绿地中的节水耐旱植物,不但能有效降低干旱对城市绿地带来的威胁,还能直接减少日常管理中的碳排放。(2)抗污减污树种。近年来的研究表明,城市空气污染物已成为影响城市居民健康的重要因素。园林植物具有吸收降解空气污染物的功能,但不同植物差异较大。加强抗污减污树种的选育和应用,针对不同绿化功能区(厂区绿化、校园绿化、公园绿化、街道绿化、居民区绿化、休闲广场绿化及特殊区域绿化等)的要求,培育出合适的园林植物品种,成为应对空气污染问题的重要措施。(3)温度适应性强的植物。局部气候变化的不确定性急剧增加,城市极冷极热的现象突出,导致城市绿地园林管护成本显著增加。因此,必须优先选育和应用一批对温度适应能力较强的园林绿化植物,以保障城市绿地的生态安全性,促进低碳园林建设。(4)适宜城市园林绿化且适应性强的乡土植物。随着局部地区气候条件变化,外来物种入侵成为众多城市生态系统面临的重要问题。乡土植物生态适应性强,对于减少外来物种入侵、维护局部群落生态稳定性和正常演替具有不可替代的作用,且能极大地降低日常管护成本,因此,应进一步加强乡土植物的选育与应用。

(三)建设近自然园林

近年来,近自然园林开始受到重视。它强调园林建设中生态林的营建、地带性植被和乡土植物的应用、植物群落自然化及园林绿地的多重效益。近自然园林模拟自然景观,利用生态系统的自然力,后期几乎不需要常规的养护,极大地节约了资源、人力和财力,是实现低碳园林的重要措施。近自然园林主要从以下几方面满足低碳的社会需求。(1)在造园理念上,倡导尊重自然、充分利用自然条件和地貌。因此,园林绿地的规划设计需重视土地生态适宜性评估的基础作用。(2)在植物的选择方面,应积极选择乡土树种,以地带性植物群落为模板设计植物配置结构。(3)在建设中,采用近自然造景方法,减少大树移植,通过近自然造林技术增强园林植物的生态适应性和植物景观的可持续性,以期增加植物群落的稳定性,减少园林绿地建设过程中的碳排放。(4)在园林植物养护方面,倡导"少管型"模式,减少对植物的整形修剪,保留杂草和枯落物,一方面有利于保护生物多样性,另一方面可以减少碳排放。但需要注意的是,由于水质保护和人类游憩安全的需要,这一途径不适于滨水防护绿地和游憩强度大的公园绿地。相对于国外规划设计中近自然园林的广泛应用,国内对近自然园林的研究应用还有待进一步深入。

(四)综合利用水资源

为应对干旱、水资源短缺和污染等问题,国内外专家和学者进行了许多有利的探索和实践,提出了节水型园林、良性节水模式、可持续小区、雨水回收的景观化、水资源恢复的补偿机制等理论。在低碳城市和低碳园林建设中,尤其需要注重雨水和工业废水的回收和循环利用,使用生态透水景观材料做铺装,选择特定植物并利用其净化和持水能力建造人工湿地,从而节省绿化用水费用,降低碳排放量,还可以改善水体质量,维持景观水体的水量。低碳园林规划建设中水资源保护和利用的措施可概括为以下几个方面。(1)结合城市绿地系统规划生态理水。在城市改造时,以原有水脉为基础,进行城市绿地系统规划,可以使水顺应原有的体系流动,这样有助于提高水收集的效率,减少水在回收过程中的径流损耗。同时沿水道外侧规划绿带,可使河道景观结合城市绿地深入城市。(2)雨水的收集利用设计。居住区中回收的雨水和生活用水经过雨水花园的净化后,一部分可以满足浇灌植物、洗车等需要,并回灌地下水,减缓地下水位的快速下降;一部分可以供给下游,减小下游城市管网系统的压力。(3)园林绿化中城市污水的处理与循环利用。城市中部分工业生产和居民生活产生的优质杂排水经处理净化,并达到一定的水质标准后可作为非饮用水,运用于城市园林绿化方面。

总之,宁波市应以创建全国绿化模范城市为动力,科学规划,优化结构,创新理念,规范管理,使城市园林绿化成为城市生态系统的助推器和"城市绿肺"。一是科学规划,优化城市园林的布局。根据全国绿化模范城市创建和低碳城市建设的要求,结合重点城市生态保护工程,统筹确定城市园林的平面和垂直布局。注重壁墙、阳台、屋顶及各类建筑表面的绿化,实施"屋顶绿化"计划。二是创新理念,调整园林绿化的结构。采取乔木层、灌木层、草皮层等多层次结合的复层结构来发挥空间效益。复层结构中选择耐阴的灌木、草皮;绿化树种中扩大常绿灌木、落叶乔木、低龄树、速生树种的配置,选择耐粗放、高固碳、景观美的竹、乌冈栎、垂柳、糙叶树等;屋顶绿化选择浅根性且有一定经济收入的植物如草莓、蔬菜、中草药等。三是规范管理,确保园林绿量增长。进一步完善绿化条例,强化园林绿化部门的综合执法能力,加强对城市毁绿等违法行为的查处和对重大建设项目实施过程中砍伐或移栽树木数量的控制与跟踪监管,建立严格的问责制。

三、挖掘拓展湿地生物碳汇

依托宁波江、河、湖、海、溪的自然禀赋,深入实施杭州湾、九龙湖、韭山列岛湿地,姚江、甬江、奉化江、市区河道综合保护工程,加大疏浚、截污、引水、生物治理力度,打造"五水共导"、"生物多样"的湿地生态环境,不断挖掘拓展湿地资源的固碳功能,发挥湿地"城市绿肾"的作用。一是"五水共导",发挥湿地的复合功能。制定城市水系规划,从治理、生态、环保、交通、低碳等方面整体推进。通过引水、配水激活城区水源,将水系疏通联网,让水动起来;通过分片区分等级综合整治,让水清起来;通过保护和提升宁波水文化,让水活起来。充分发挥城市水域(湿地)在泄洪排涝、污水降解、城市水上交通和防护、城市生物多样性的集中表达、城市应急系统等方面的综合功能,逐步形成具有宁波特色的"五水共导"有机综合体。二是生物修复,挖掘湿地固碳潜能。完善湿地植被体系,在坚持种植本地植物物种的前提下,适当引种固碳量大、没有生物入侵风险且适宜在湿地生长的植物物种。注重水生植物对水质净化和生态效应的作用。三是适度控制,强化湿地生态保护。应适当控制人类(游人和货运)的活动,为湿地的生态修复和发展提供更有利的环境,发挥湿地在调节小气候、固定二氧化碳等方面的最大效用。

四、转化提高农业生态碳汇

根据对我国农业系统碳平衡的现实的分析和未来的预测,可知该系统"对碳而言不是源而是汇"这一说法的正确性。尽管农业系统的循环周期一般仅为一年,但它对大气中二氧化碳浓度的增加确实起到了减缓作用。宁波也是农业大市,农业系统每年总有一定数量的碳固定(占当年吸收量的14%左右),其碳汇功能不可忽视。为了减源增汇,在保证农业持续发展的同时,应维持生态平衡,净化生态环境,减缓二氧化碳浓度的提升。

宁波要以发展现代生态农业为目标,不断创新农作制度,大力推广生态农业模式和低碳农业技术,强化农业系统的碳源转化,发挥农业生态系统的整体碳汇功能。在农业碳增汇方面可采取以下策略。

(一)发展稻田生态耕作模式

建立碳汇的稻田生产模式,对于在保证粮食安全的前提下争取碳排放权和发展空间的意义非常重大。重点采取增加绿色作物面积、创新农田耕作模式、推广低碳农业技术等措施,实现循环农业零排放。通过创新农作制度,发展循环生态农业,实现农业系统内碳的零排放,是转化碳源提升碳汇能力的有效途径。应大力推广农牧循环高效生态农业碳汇系统、桑(梨)栽菌的农业废弃物循环利用模式等。

(二)增强园地作物碳汇功能

茶园、果园、桑园等园地经济作物均为多年生植被,每年发挥着与林业同样的碳汇功能。可采取立体栽培、科学规划、减少流失等措施,进一步增强其碳汇作用。例如推广设施农业碳基肥料。以温室大棚栽培为特征的设施农业是现代农业的典型,实验表明,大气中的二氧化碳浓度约300ppm,当温室大棚内的二氧化碳浓度为大气中浓度的2至3倍时,大部分蔬菜的产量可提高一倍。而利用二氧化碳开发的碳基肥料不仅可以提高农作物的产量,而且可以大幅度减少大气中的二氧化碳,让温室气体转化为服务农业的原料,使现代设施农业成为高效的碳汇。

(三)提高单产

由于耕地减少,提高单产是强化农业碳汇功能的关键。应不断改善生产条件,增加投入,加强农田基本建设,提高农业的科技含量。

(四)提倡非经济产量资源化利用

对农作物副产品应进行深加工利用。如:提高秸秆作为饲料、工业或手工业原料的比例;推行"过腹还田",发展沼气;直接还田的秸秆要在粉碎、沤制后施用,严禁就地焚烧;加强生物能源的商品化技术研究与推广;等等。

(五)充分利用耕地资源

气候变暖有利于多熟种植,应因地、因时制宜提高复种指数,调整耕作制度,变农业经济的二元结构为三元结构。提高耕地利用率可增加碳吸收量,减少冬闲田和裸地则有助于降低土壤的碳排放。

(六)培育推广优良品种

根据我国农业的生产实际和未来的气候变化趋势,有计划地抓紧培育(引进)对高温、干旱等极端气候及病虫害有抗性的品种,确保在新的生态环境中农牧产量的不断提高,增加碳的吸收存储量。

(七)重视土壤保护和改良

气候变暖,地温升高,土壤有机质的分解速度加快,引起碳排放增加、有机质下降。应重视土壤保护和改良,强调施用有机肥,调控化肥使用;加强对盐碱涝洼地、黄红壤等低产田的治理改良,增加土壤有机质,提高单位面积产量;扩大碳吸收,减少碳排放。

(八)合理利用和保护草地资源

改良天然草地,扩大人工草地,既能保护土壤、减少碳排放,又有利于提高产草量,促进畜牧业发展,增加碳储存。另外,还应特别注意对草地资源的保护,严禁破坏草地,防止草地荒漠化。

总之,应加强对农业系统碳减汇增源的科学技术的研究推广,广泛开展国际合作交流,吸收并借鉴国际上先进的技术和经验,使我国的农业碳汇功能不断增强。

五、开发试点近海生态碳汇

近海水域只占全球海洋总面积的7%,然而,如藻类、贝类、珊瑚礁这些生态系统的生产力与固碳能力却很高,因而在这个狭小的区域形成了世界上主要的渔场,提供了世界渔业产量的大约50%;它们为近30亿人提供了重要的营养,为世界上不发达国家的4亿人民提供了50%的动物蛋白质和矿物质。在沿海地区,植物群落所形成的"蓝汇"是最主要的生产力,为人类社会提供了广泛的服务,包括为各种动物提供索饵场和繁育场、降低沿海污染、保护海岸免受侵蚀、缓冲极端天气的影响等。

我国对碳汇渔业的基础研究不足,尚未在碳汇渔业理念的指导下开展渔业水域生态系统碳循环规律和增汇科学途径等基础性研究,也没有渔业水域生态环境碳通量观测研究网络。此外,在渔业方面也缺乏较为长期且固定的科研团队、研究平台和人才培养基地。

有目的地发展碳汇渔业,不仅可以产生巨大的经济效益,强化碳汇功能,它还具有赚取可观碳信用额度及增加国家碳汇储备的潜力。因此,迫切需要围绕与渔业活动相关的温室气体排放和碳循环的动态机制等开展综合研究,建立相应的长期监测观察台站。这些工作应该作为我国应对气候变化科技总体行动中不可缺少的部分,得到足够的重视。在碳汇渔业方面,可采取以下策略。

一是端正认识,强力推动海水养殖业发展,充分发挥渔业的碳汇功能,为发展绿色的、低碳的新兴产业提供一个示范的实例;二是大力推动规模化的海洋森林工程建设,包括浅海海藻(草)床建设、深水大型藻类养殖和生物质能源新材料开发等,进而促进近海自然生物碳汇的恢复和保护;三是尽快建立我国渔业碳汇计量和监测体系,开展针对性的基础研究,科学评价渔业碳汇及其开发潜力,探索生物减排增汇战略及策略;四是积极参与建立全球性的"蓝色碳基金",推动我国海洋固碳和碳汇渔业建设。

沿海生态系统的服务价值估计超过 25 万亿美元/年,是所有生态系统中经济价值最高的。但是,这些生态系统中的大部分已经退化,这不仅是由于不可持续性地开发利用自然资源,还因为流域、海岸带发展规划不合理,大规模围填海等海岸工程建设及废物和垃圾的随意丢弃等。只有通过完善管理机制,开展综合治理,全面协调地保护和恢复沿海地区的生态服务功能,才能维持"蓝汇"生态系统的存在与发展。具体措施应包括控制入海污染物和海水富营养化,大力发展以藻类为主的清洁海水养殖业,推广和完善以建立海藻礁和海草场为主的生态修复和资源增殖技术。这样一些做法,不仅有助于恢复"蓝汇",而且有助于在改善沿海居民生活、提高渔业劳动生产率和保障食物安全生产等方面取得成效。

第四节　提升宁波城市碳汇增量的政策建议

在全球化视角下,有效提升碳汇增量,需要各区域、城市政府进行合理的碳管理,将碳汇增量管理和城市的发展、城市各部门和地方实际工作有机结合起来,才能取得明显的效果。结合当前国际国内城市在碳汇增量方面的具体措施,本课题组提出以下几点建议。

一、加强宣传,营造良好氛围

加强宣传教育,提高全社会发展绿色碳汇的责任意识。建议在建设中国宁波低碳科技馆的同时,实地配套建设三个绿色碳汇示范实验区:一是城市湿地碳汇示范实验区,建在宁波杭州湾湿地中,以分馆＋实验区的形式,展示自然湿地生态保护、生物修复、水质净化、土壤固碳等方面的成果;二是森林碳汇示范实验区,建在四明山,以国家林业碳汇项目基地为依托,展示森林、竹林等的绿色碳汇功能;三是生态农业碳汇示范实验区,在山区、半山区的余姚、奉化,选择一两种农作制度创新的模式,展示种养结合、循环农业生态系统中的农业碳汇效果。

二、科学规划,明确发展目标

围绕宁波建设低碳城市的总目标,科学规划,明确发展绿色碳汇的具体目标。森林覆盖率达到 68％以上,森林蓄积率达 5000 万立方米,森林年固碳能力达 900 万吨;人均公园绿地达到 15 平方米,建成区绿地率达到 38％,绿化覆盖率达到 40％;生态保护良好的自然湿地不断扩大;碳汇农业覆盖率达到 70％以上。

三、注重研究,建立科技支撑

加强对绿色碳汇理论、技术的研究、引进和示范,组织合作攻关研究和学术交流。建议成立宁波市碳汇研究院,分设宁波市林业碳汇研究中心、宁波市湿地碳汇研究中心、宁波市生态农业碳汇研究中心、宁波市渔业碳汇研究中心等,加强植被、土壤、湿地吸碳功能比选研究,积极开展碳源转化(如"碳基肥料")、湿地生物修复、循环农业等低碳技术研究,优化高固碳植被,最大限度地发挥生态系统的减碳效益。

四、加大扶持,完善财税政策

一是开展森林生态税试点。征收森林生态税,通过财政转移支付途径用于植树造林和森林经营管理,形成碳源和碳汇互哺格局,促进生态环境保护。二是设立宁波市绿色碳汇专项资金。主要用于扶持固碳测算和碳汇技术研究、绿色碳汇基地建设、生态系统修复与保护、碳汇技术推广直补等。三是完善对造林再造林碳汇项目的配套扶持政策。

五、改革创新,完善运行机制

一是探索碳交易机制。为实现建设低碳城市的目标,政府以林业碳汇为试点搭建交易平台,建立碳信用注册登记制度和统一的数据库,为碳汇供给方和碳汇需求方提供碳汇交易。二是建立"碳补偿"(又称"碳中和")机制。采取倡导和强制两种方式实现"擦掉碳足迹,进行碳补偿,实现碳中和"

的目标。建立宁波城市绿色碳汇基金,主要用于提升城市绿色碳汇能力。三是建立碳汇产业的产业化运行机制。大力推进林权制度改革和土地流转,扶持龙头企业带动农户发展现代农林业。四是建立碳汇技术推广财政直补机制。对于使用"碳基肥料"等碳汇技术的农民给予一定的财政补贴,推进农林低碳技术的推广。

六、加强领导,建立相关组织

建议成立宁波市绿色碳汇发展领导小组和工作机构,由市政府分管领导为组长,市发改委、环保、农业、林业、园林、科技、交通、城管、质检等部门负责人为成员。下设办公室,负责日常工作。

总之,低碳发展是 21 世纪城市发展的必然趋势,也是目前全世界所有城市面临的挑战,在这个背景下,宁波市正在积极探索一条既适合气候变化,又有助于减缓气候变化的低碳规划方法,为宁波市发展新型城市化指明方向。通过建立宁波生态城绿色碳汇模型,采取科学化、定量化的评估手段,促进城市生态绿地空间的碳贮存量增加,进而实现减排目标,对推动低碳城市发展有着重要的意义。

参考文献

[1] 赵荣钦,黄贤金,徐慧,等.城市系统碳循环与碳管理研究进展[J].自然资源学报,2009,24(10):1847-1859.

[2] 李树华.共生、循环:低碳经济社会背景下城市园林绿地建设的基本思路[J].中国园林,2010,26(6):19-22.

[3] 匡耀求,欧阳婷萍,邹毅,等.广东省碳源碳汇现状评估及增加碳汇潜力分析[J].中国人口·资源与环境,2010(12):56-61.

[4] 李晓曼,康文星.广州市城市森林生态系统碳汇功能研究[J].中南林业科技大学学报,2008,28(1):8-13.

[5] 刘慧,唐启升.国际海洋生物碳汇研究进展[J].中国水产科学,2011,18(3):695-702.

[6] 李纯厚,齐占会,黄洪辉,等.海洋碳汇研究进展及南海碳汇渔业发展方向探讨[J].南方水产,2010,06(6):81-86.

[7] 周国模.森林城市——实现低碳城市的重要途径[J].杭州(周刊),2009(5):20-21.

[8] 于洪贤,黄璞祎.湿地碳汇功能探讨:以泥炭地和芦苇湿地为例[J].生态环境,2008,17(5):2103-2106.

［9］于洪贤,李友华.生物碳汇类型的特性研究［J］.经济研究导刊,2010(5)：
　　244-245.

［10］金琳,李玉娥,高清竹,等.中国农田管理土壤碳汇估算［J］.中国农业科学,
　　2008,4(3):734-743.

第十章　宁波实现低碳城市建设目标的制度设计

在全球经济增速减缓的背景下,发展低碳经济将成为世界各国实现经济跨越式发展的重要战略之一。宁波将坚持以科学发展观为指导,促进经济向绿色、低碳、可持续方向发展,不断提高资源利用效率和应对气候变化的能力,优化完善生态指标体系。具体来说,在生产领域,力争建成集聚优势更加明显,产业链配套更加完善,能耗、环保水平更加先进的典型产业低碳基地;在生活领域,推广以低碳消费、低碳出行、低碳居住等为主要内容的低碳生活行为,倡导低碳生活方式,改善低碳生活环境;在制度领域,进一步梳理宁波实现低碳城市建设目标的总体思路,优化各项举措,积极引导全社会各领域向低碳发展。

第一节　宁波实现低碳城市建设目标的总体思路

宁波要实现低碳城市建设的目标,涉及经济、科技、社会的各个方面。为此,政府需要努力转变现有经济方式,实现低能耗、低排放、高附加值的增长;企业需要不断创新,在产品生产和服务提供的过程中减少能源消耗和碳排放;大学和科研机构需要不断深入研究,提供先进的低碳技术;居民需要在日常生活中采取低碳行为,降低能源消耗和碳排放。宁波低碳城市目标的实现,需要全民、企业和政府的共同参与和努力。

一、建立低碳行动的全民参与机制

积极提高低碳发展的全民参与意识,建立以低碳发展为理念,以低碳生活为导向,以低碳生产为重点,以市场为基础、政府为引导、企业为主体、全民参与的低碳发展机制。政府要制定低碳发展的总体思路、重点任务部署和相关配套政策,积极引导全社会参与低碳实践;企业要以低碳发展为导向,全面推行低碳技术、低碳工艺和低碳生产;个人则要在衣、食、住、行等各方面按照低碳生活的基本要求,做到节能、节约、绿色环保生活。

现阶段,各级政府需要加大宣传力度,加强引导低碳发展的规划,加强法制建设与行政干预,加强宣传与培训力度,积极发展低碳文化,全面构建以低碳城市、低碳基地、低碳社区、低碳建筑、低碳交通、低碳企业、低碳机关、低碳家庭等为载体的低碳示范体系,从个人、家庭、社区、企业、基地等不同层面推进低碳实践,使低碳实践成为全行业和社会公众的自觉行动,引导宁波逐渐形成低碳发展的全民参与建设机制[①]。

二、推进低碳转型的全方位创新

要突破低碳约束,必须依靠全方位的创新。节能和能效的提高、低碳产业的发展、新能源光伏的应用和低碳技术的开发,无不需要通过科技创新、组织创新、建设模式创新、管理体制机制创新等多领域的全方位创新来实现。一是以企业技术创新为重点。采取财政贴息、加速折旧、税收优惠等多种措施,鼓励企业加大研发投入,以科技创新带动节能减排和低碳生产。二是大力推动产业组织创新,促进不同区域、不同产业、不同企业之间实现资源的优化配置,提高资源利用效益,降低生态成本,提高经济效益。三是城镇建设领域创新。按照低碳、生态、紧凑、舒适的要求,统筹规划城乡建设,加强城中村、边缘区整治和老城区、老建筑的节能改造,高起点、高标准、高质量地推进低碳型新城区建设,不断优化城市形态和空间结构。四是强化管理体制机制创新。构建低碳转型政策体系和低碳考核指标体系,实施政府低碳绿色化采购,从各个层面加快推动形成有利于低碳转型与发展的新机制、新体制。五是在碳金融建设中不断加大市场交易品种的创新和金融产品的研发。

---

① 国家发展改革委宏观经济研究院.迈向低碳时代:中国低碳试点经验[M].北京:中国发展出版社,2014.

三、提升低碳竞争力关键路径的选择

识别中国低碳竞争力提升路径，构建中国低碳竞争力提升路径集，是提升中国低碳竞争力的前提。一是节能先行。随着宁波经济的持续、快速增长，能源消费必将大幅增加，宁波经济将面临严峻的能源约束。节约能源是缓解宁波经济发展面临能源、气候和环境约束的现实选择。推进能源节约，是促进宁波经济社会低碳发展，实现低碳城市目标的战略任务。二是低碳人才队伍建设。人才是生产力进步的原动力，是开发低碳技术和低碳产品、促进低碳发展的关键。为此，要把培育低碳技术人才放到重要的战略定位上。今后要依托高校与科研院所及职业教育学校，积极开设低碳领域的专业课程或专业学位，培育、建设能在低碳技术、低碳能源、低碳政策管理、低碳战略制定领域的有潜力的人才队伍。三是要制定并完善各领域的低碳技术标准，积极参与制定低碳技术国际标准。低碳技术标准制定对低碳发展具有明确的指导作用。今后应一方面加强标准研究，积极参与国际标准制定，特别是要提高话语权，争取在一些关键领域发挥标准引导作用；另一方面应参照国际标准，逐步完善国内的低碳技术标准，使得相关技术规则和标准成熟化。四是完善支撑体系。通过各类政策引导，加大人、财、物的投入力度，引导各类研发机构开展对低碳理论、低碳技术、低碳产业、低碳生活、低碳管理、低碳模式、低碳战略的研究，依托重点研究项目和研究机构，建设一批低碳研究基地，使得低碳研究常态化、机制化，为低碳转型与发展提供全方位的理论指导。

四、深化各地区交流合作

气候变化问题的全球性、长期性和外部性特征决定了应对气候变化、加快低碳转型与发展需要持续加强与各地区之间的交流与合作。积极搭建各类平台，深化宁波与各地区在低碳发展领域的交流与合作，一方面要积极引进国际上先进的低碳技术、低碳发展模式、低碳实践经验、低碳管理方法与政策措施等，另一方面也要吸取国际上一些非低碳化发展的教训，防止类似的问题在本地发生。另外，宁波与各地区交流与合作的方式，可以是技术共同研发、理论与政策共同研讨、低碳发展模式共同实践、低碳知识与标准共同制定等，通过多种手段积极鼓励宁波的企业、研究机构、社会组织等各类

主体"走出去",开展低碳领域多种形式、多种方式、多个领域的交流与合作①。

第二节　宁波实现低碳城市建设目标的关键举措

实现宁波低碳城市建设目标,出发点和归宿点都是宁波的可持续发展。实现宁波低碳城市建设目标就是为了实现宁波的可持续发展。低碳城市不仅仅是一个概念,还应该包括低碳社会建设、低碳生活倡导等。宁波市政府应该通过低碳管理,积极开发低碳技术,发展低碳产业,实现低碳发展。

一、加强组织领导

(一)建立组织领导机构

建立组织领导机构是编制和实施低碳发展方案的前提。低碳发展方案是落实转变经济发展方式、实现"两型"社会战略目标在操作层面的具体化,涉及社会经济发展的多个方面、多个领域,需要各级政府统筹协调。因此,须由宁波市人民政府负责,组建多部门参与的低碳发展办公室,设在发展和改革部门,其他部门各负其责完成相应工作。由于编制低碳发展方案特别是清单编制、技术路线选择等,需要更多的专业技术力量支持,因此相关的专业技术机构应当直接参与方案编制和实施过程。

(二)明确部门职责

为保证低碳发展方案的顺利编制和有序实施,必须明确各部门的职责分工,发展和改革部门负责方案编制和实施的综合协调工作,并具体负责产业结构调整总体规划、节能目标责任管理及相关投资管理等工作;各有关部门按其法定管理职能明确在编制和实施低碳发展方案中的职责分工;如有某些职能交叉重叠,应明确第一责任主体部门及协同参与部门。

成立低碳发展办公室,由发改委负责低碳发展方案的制定、部署及综合协调;经贸局制定工业低碳发展方案;农业局制定农业及农村低碳发展方案;水利局负责节水及水资源综合利用方案;科技局负责低碳技术研发推广;环保局负责环境监测及污染整治;质监局负责监管执行国家低碳标准及

---

① 国家发展改革委宏观经济研究院.迈向低碳时代:中国低碳试点经验[M].北京:中国发展出版社,2014.

宁波市低碳标准的制定实施;财税局制定低碳发展的财政税收支持政策;国土局负责低碳发展的土地管理;统计局负责绿色 GDP、能耗及排污统计。

（三）构建协作协调机制

低碳发展方案的有些领域和事宜,如能源的输出输入,跨地区的河流、湖泊整治和生态防护林带建设等,需要在浙江省、宁波市政府之间构建与低碳发展要求相适应的横向与纵向的协作协调机制。横向协作协调机制是由浙江省政府采取联席会、区域合作协议、共同协调机构等方式,协同推进跨浙江省低碳发展项目的实施;纵向协作协调机制是由省政府主持或牵头,指导和组织宁波市政府在跨地区低碳发展项目中的协作协调事宜①。

二、设计碳金融机制

碳金融机制因其可以将经济效益与环境效益有效结合而成为应对气候变化的有效手段。自环境金融及碳金融兴起后,国际上对碳金融的理论研究及实践发展取得了显著的成效,积累了很多先进的经验。

碳金融概念可以说是在《京都议定书》框架下应运而生的。笼统地说,碳金融就是与减少碳排放有关的所有金融交易活动,既包括碳排放权及其衍生产品的买卖、投资活动,也包括发展低碳能源项目的投融资活动及担保、咨询服务等相关活动②。

（一）加快建设宁波碳排放权交易市场

要加快宁波碳排放权交易市场的建设进度,可从以下方面着手:借鉴国内外成熟市场的经验,建立适合宁波实际情况的碳排放权交易市场机制。首先在宁波市内设立低碳金融试点。另外,宁波政府的各级部门需加强立法、监督,使碳排放权交易市场的建设和运营有法可依。同时,宁波金融机构需发展能够配合碳排放权交易的中介服务。

（二）创新市场交易品种和金融产品

1.金融衍生品。借鉴国际经验,宁波可以集中开展碳现货、碳期货、碳期权等各种碳金融衍生品的金融创新。这样,碳排放就可以与债券、股票一样在市场上自由挂牌和转让,并可以在银行抵押贷款,成为项目运行的资

---

① 国家发展改革委宏观经济研究院.迈向低碳时代:中国低碳试点经验[M].北京:中国发展出版社,2014.

② 世界自然基金会上海低碳发展路线图课题组.2050上海低碳发展路线图报告[R].北京:科学出版社,2011.

本,最终通过节能改造促进碳减排。

2.绿色信贷。绿色信贷成为碳金融市场中间接融资的重要渠道,是一项有效的环境金融产品。宁波要通过政府政策及信用的介入,配套绿色信贷,合理配置金融资源,支持宁波新能源和节能减排企业的发展。

3.碳基金。借鉴国内外经验,宁波应当在碳基金方面有所作为。一方面,宁波应该通过积极引入国外碳基金,为完善碳金融发展提供良好的投资平台;另一方面,宁波应该建立自己的碳基金,完善政府的财政支出和补贴政策。

(三)完善低碳金融风险防范制度

在宁波发展低碳金融的同时,也应该关注和防范低碳金融可能带来的风险,政府、商业银行或者第三方金融机构可一起跟进绿色信贷资金的运转情况和企业环保项目的进展情况,联手建立信贷客户环保合规性审查制度及通畅的社会环保信息共享机制,从而制定适合宁波情况的信贷评估标准,以便金融机构对不同企业有针对性地采取相应的金融方案。另外,针对金融机构或企业在低碳发展中面临的资金风险,除发展绿色险种外,宁波政府还应该与金融机构、中介机构建立起一个切实可行的风险补偿机制,通过建立低碳经济风险保障基金,实施低碳经济知识产权质押、核证减排额质押等新型风险保障措施来实现。

(四)制定发展碳金融的相关激励政策

碳金融的发展离不开政府政策的支持。政府部门要进一步加大对低碳金融的支持力度,增加财政投入,投资环保企业或为环保企业提供优惠贷款,保证让更多的相关企业能够得到绿色贷款;进一步加强金融政策与财税政策的引导与激励作用,鼓励更多的金融机构积极探索碳金融发展之路。

低碳金融的发展同样离不开严格的政府监管,可通过制定碳减排总量规划,详细设计碳排放的地区配额、行业配额和企业配额,最大限度地避免在碳交易过程中可能发生的定价体系及财务核算风险,以保证资金的利用率最大化。

三、实施低碳人才储备

开发低碳技术和低碳产品,其关键就是要有掌握先进技术的科技人才。目前宁波范围内低碳技术人才短缺。以新能源领域人才现状为例,全国可再生能源学院仅有一所,而我国风电产业中受到长期专业技术培训的不超过 50 人。因此,加快低碳技术人才培养势在必行。

(一)完善低碳人才引进和培养体制机制

发展低碳经济需要有高素质、专业化的人力资本支撑。建立低碳人才选拔机制是保障低碳发展方案得以落实的重要条件。低碳发展人才包括经济、社会各个领域的各类技术、经济、法律、行政管理、企业管理等专业的人才。宁波市应着眼于低碳经济产业链、价值链和监督管理的全过程,瞄准当地低碳发展领域,在可再生能源、有机农业、工业清洁生产、低碳交通、绿色建筑、废弃物回收利用、环境与生态工程等领域加大专业人员选拔力度,尽快建立起专业全面、结构合理、基础扎实、配置适当的专业人才队伍。

(二)加强高校对低碳人才的培养

低碳经济是一种体现当代先进生产力和先进文化发展趋势的新经济形态。宁波市地区需要根据本地低碳发展需求制定合适的发展方案和行动路径,因而需要大量具备新的发展理念和新的专业知识技能的高素质人才。宁波现有专业人才远不能适应和满足低碳经济发展的需要,必须完善培养机制,加快重点领域短缺、急需人才的培养。充分利用政、产、学、研各方面的资源,一方面通过各级各类学校教育和在职培训进行专业人才培养,高等教育应把低碳能源技术、低碳能源和可再生能源方面的专业放在重要的位置,直接为企业培养大批低碳技术人才,使他们掌握最优化的设计方法,提高研究、设计和创新能力,加快低碳产品研发速度,缩短低碳产品研发周期;另一方面在实施低碳发展方案的实践中培养、锻炼专业人才,要将低碳发展理念融入基础教育,使其成为新时代国民素质教育的重要内容,使得低碳发展理念深入人心。

(三)积极引进一批适应宁波市低碳发展需要的高技能人才和学术带头人

着力引进一批适应宁波市低碳发展需要的高技能人才和学术带头人,为宁波市布局不同领域低碳研发做好人才储备。一是决策支持层人才。建立宁波市低碳发展国际脑库高级咨询委员会,吸收一批国内外在低碳经济理论方面具有很高修养的专家、知名低碳技术专家等参与宁波市有关低碳建设的咨询决策。二是低碳"白领人才"。大力引进自主创新团队和科研团队来宁波从事低碳领域的创业计划,形成低碳经济创业的科研、商业氛围。三是低碳"蓝领人才"。蓝领人才主要服务于低碳制造及低碳管理后续服务,应大力支持低碳专业的高等教育和职业技术教育,支持各层次产业人才参加低碳领域的继续教育,建设低碳高技能人才培训基地,加快打造与低碳发展相适应的实操性人才。

另外,多方面创造条件吸引海外留学生归国为低碳发展做贡献。积极引进国外从事低碳技术研发的专业人才特别是高端领军人才,促进国内专业人才合理流动,制定优惠政策鼓励和引导专业人才向低碳发展的重点领域和人才短缺领域流动,做好发达地区向不发达地区的低碳发展专业人才对口支援工作。

四、加大政策引导

宁波各级政府部门应以科学发展观为导引,树立不把低碳发展搞成政绩工程的意识,努力将低碳发展的各项政策落到实处,政府部门需要构建科学合理、硬件齐全、反应迅速的低碳政策落实机制。

(一)产业结构优化政策

1.促进产业结构优化升级。产业政策的核心是促进产业结构优化升级的政策。要把推进低碳发展作为产业结构优化升级的重要取向和内涵,引导和支持低碳型的现代服务业、先进制造业、清洁可再生能源产业、现代生态农业等加快发展,坚决淘汰高耗能、高排放的落后过剩产能,逐步提高并严格执行能效和碳排放准入标准。

2.重新审视和调整产业发展结构。宁波市应按照低碳发展要求,结合本地区主体功能定位,重新审视和调整其产业发展的结构及政策,把培育、发展具有比较优势和竞争力的特色产业与低碳转型密切结合起来。工业化水平较高的地区应率先形成以现代服务业为主导、以高技术产业为支柱的产业结构;工业化水平相对较低的地区在加快工业化的进程中,要避免和克服盲目追求提高工业尤其是重化工业比重的偏向。①

(二)财税优惠政策

低碳经济具有较强的外部性,不可完全依赖市场机制的作用来实现,需要政府进行适度的干预,财税政策就是一种比较有效的干预手段。除国家统一制定的财税政策外,宁波也应在本级财权、税权范围内,根据自身财力可能,出台相应的财税政策来推动低碳发展。

1.加大财政支持。按照财政收入实际增长情况,设立低碳经济发展专项资金,建立促进低碳发展的资金投入机制。整合现有财政专项资金,对低

---

① 国家发展改革委宏观经济研究院.迈向低碳时代:中国低碳试点经验[M].北京:中国发展出版社,2014.

碳发展的重大项目和科技产业化示范项目采取引导、激励、奖励或贴息贷款等方式给予支持。重点支持低碳经济技术研发、低碳新产品开发、清洁生产、各类示范工程、低碳经济产业园区、重点领域和重点行业的重点项目,以及资源综合利用新产品新技术推广、低碳经济宣传、教育、培训和表彰奖励等。力争将低碳经济发展重点项目和技术开发、产业化示范项目纳入各级政府年度投资计划和财政预算,给予直接投资或资金补助、贷款贴息等。制定政府绿色采购政策,将符合国内外先进标准的新能源和产品优先纳入政府采购目录,并鼓励大宗用户的采购和使用。

2. 发挥能源税的调节作用。其调整对象是各类传统的会导致高碳排放的能源,对于能源的节约利用、提高能源的利用效率、减少二氧化碳排放量具有积极的促进作用。能源税体系需要进行必要的改革和完善,首先是要扩大能源税的征税范围,除原油和煤炭等产品之外,还要将化石能源管理费及补偿费、林业资源管理费及补偿费等收费项目并入能源税中。另外要提高能源税的征税标准。开征能源税可以减少高排放能源的使用,提高高排放能源的使用效率,所以应适当提高能源税的起征标准,特别是对不可再生、不可替代、具有稀缺性且使用中二氧化碳排放量大的石油、煤炭等课以重税,用以制约宁波市仍然存在的对于传统能源的掠夺性开发和滥用,提高传统能源的使用效率。所征收的税金可用于宁波市的二氧化碳减排工作和林业碳汇工作。

3. 落实"排放者缴税"的原则。只有开征碳税,才能真正使宁波市各单位和个人的碳排放行为更为具体地得到限制。开征碳税首先需要确定征收的对象。对于生产排碳,应对生产环节课以碳税;对于消费排碳,应对一些排碳较为严重的消费品在流通环节中进行征税。其次是确定纳税人。根据"排放者缴税"的原则,纳税人包括:有碳排放污染行为的生产者,如各企事业单位和个体经营者;有排碳污染行为的消费者,如各企事业单位和市民;有开采传统能源行为者,如开采传统能源的各企事业单位和市民。再次,要确定计税依据。对于企业等法人单位,以排碳量和排碳浓度作为计税依据,根据其生产能力测算排碳量,从而计税;对于机动车的排碳量,可以根据其排量和技术指标来计税;对于其他消费品的排碳量,可根据其功能或者成本等因素进行计税。最后是确定税率。应以减少社会成本和私人成本之间的差距为原则。其中,对于企业的排碳行为可考虑按其排碳量实行差额累进税率即弹性税率。对于碳排放严重的企业应课以重税,并且应超过其碳治理成本,以促使企业自觉进行低碳改造。

4. 运用财政补助投资或贴息。运用财政补贴降低企业采用低碳技术和生产低碳产品的成本，扩大低碳、环保产品的市场份额；运用财政补助投资或贴息，引导和鼓励企业进行节能减排技术改造，采取清洁生产方式，开发利用新能源，开展废弃物综合利用等；以财政补贴车辆购置，更新交通方式，在公交车、出租车等领域推广使用新能源汽车；以公共财政支出配合政府绿色采购政策。

（三）金融创新政策

低碳产业发展的商业模式创新，往往与金融创新紧密联系。因此，为适应低碳发展需要，除了继续采取"窗口指导"、政策性贴息等传统做法，鼓励、引导商业信贷投向低碳发展项目外，还要积极探索开拓碳金融、绿色金融等新型金融产品和金融服务，碳金融的概念也由此而生。

1. 创新低碳绿色信贷产品。鼓励商业银行按照国家产业政策，在保证贷款安全性和合理收益性的前提下，将低碳项目作为优先支持对象；减少并努力消除低碳项目的融资困难，鼓励有助于节能减排的金融创新，发展节能减排融资二级市场，探索发展节能减排领域的金融租赁，积极开展对碳金融交易、气候灾害保险和再保险等金融产品的研究，对低碳产业项目给予贷款优惠。

2. 发展低碳担保与中介业务。鼓励商业银行尝试以碳减排量作为抵押物，配合 CDM 机制为低碳项目进行融资担保；利用商业银行下属的金融租赁中心或与专业租赁公司合作，为 CDM 项目提供各融资租赁服务或者借用信息优势，作为 CDM 项目的顾问，协助项目发起方和执行方顺利履行项目协议；鼓励商业银行发挥托管各种基金的经验优势参与托管正在快速成长的碳基金。限制向不符合低碳产业发展要求和在环境保护方面违法的企业及项目提供信贷，要将企业环保守法情况作为审批贷款的必要条件之一。

五、开发低碳技术

（一）建立技术标准体系

我国已相继推出了一系列绿色产品认证机制及认证标准，如 QS 认证、GMP 认证、HACCP 认证、无公害食品认证、有机食品认证及 5 级能效认证等。在此基础上要逐步建立起全面、完整的低碳技术、产品标准体系，并随着低碳技术进步和社会承受能力的提高，适时修订完善低碳标准。宁波市在执行国家标准的前提下，可根据自身条件制定优于国家标准的地方标准，并鼓励采用更为先进的国际标准或发达国家标准，以提高产品的国际竞争力。

(二)构建产学研合作的技术服务体系

各级政府要鼓励和支持以企业为主体、高校和科研院所为依托、市场为导向、产学研合作的低碳技术服务体系。各地可以从研发方向和项目的确立、创新平台建设、投融资方式、知识产权保护和使用四个方面着手构建产学研技术联盟。

根据低碳发展方案新确定的目标和市场需求,确定技术研发方向。具体研发项目可由企业提出技术需求,或由高校、科研机构提出经企业认可,公益性项目可由政府部门提出需求。在创新平台建设实施方面,属于产业共性、关键技术研发的公共平台以政府投入为主,属于为特定企业服务的专有技术研发平台以企业投入为主。在研发项目资金来源方面,公益性项目纳入财政性科研支出预算,准公益性项目可由财政和企业按适当比例提供资金,有明确商业性目的的项目以企业出资为主,并可适度使用市场融资。知识产权保护和恰当使用是产学研结合创新联盟能够巩固发展和创新成果、顺利实现产业化的关键。要依据国家关于知识产权的法律法规,由合作各方签订知识产权保护和使用协议,明确不同类型(公益性、准公益性、商业性)创新成果知识产权的权属、保护范围和责任及其取得使用许可的方式(无偿共享或优惠性有偿共享、按投入资源比例分享、完全有偿使用等)。在产学研合作的知识产权处理上,要特别注意调动和发挥科研人员的积极性,承认和保障科研人员在职务发明中合法合理的个人权益,充分体现和实现其人力资本价值。在产学研合作创新中,政府可作为推动者和服务者,发挥统筹规划、创造环境、公共服务的作用。

(三)搭建低碳共性技术创新平台

控制大气中二氧化碳水平有四条主要途径:提高能源使用效率、发展碳捕捉和封存技术、使用可再生能源、植树造林。但这四条途径都存在着目前难以克服的技术瓶颈。因此,推动低碳技术创新既是城市摒弃高碳技术模式、实现经济跨越式发展的重要途径,也是未来提升城市核心竞争力的关键所在。低碳技术涉及电力、交通、建筑、冶金、化工、石化等传统部门,也涉及可再生能源及新能源、煤的清洁高效利用、二氧化碳捕捉与埋存等众多新领域。低碳技术几乎涵盖了国民经济发展的所有支柱产业,从一定意义上说,谁掌握了低碳核心技术,谁在能源环境技术创新中领先,谁就将主宰绿色发展的潮流,谁就是未来的最大赢家。

1.提升重点行业能源生产和利用水平。在宁波产业结构调整优化的关键时期,以低碳技术为主要代表的新兴产业将逐步取代传统高耗能产业,成为宁波未来经济增长的主要推动力,以此减缓日趋严重的能源、环境、温室气体排放控制等瓶颈制约。要想实现发展目标,必须在低碳技术创新上有所考虑和谋划,在有效解决能源生产和利用问题的过程中,在技术水平落后与低碳技术创新的矛盾中寻求突破之策。目前宁波的能源生产和利用情况为:工业生产等领域的技术水平仍然比较落后,一些重点行业中落后工艺所占的比例依然较高,技术开发能力和关键设备制造能力与发达国家存在较大差距,这也导致二氧化碳排放量长期居高不下。因此,如何提升重点行业能源生产和利用水平仍是宁波低碳城市建设中必须高度重视的问题。

2. 建立具有中国特色的发展低碳经济的技术支撑体系。低碳技术是支撑低碳经济发展的基础、动力与核心,作为沿海开放城市,宁波必须尽快建立具有中国特色的发展低碳经济的技术支撑体系。获得低碳技术有两个途径:通过清洁发展机制引进发达国家的成熟技术,但这一途径往往不能获得国外的核心技术,因此要加快低碳技术的引进和研发,尝试通过商业渠道引进低碳技术,积极参与国际低碳技术交流,加强地区间关于低碳技术的合作,推进发达地区对宁波市的技术转让;鼓励企业自主研发低碳技术和低碳产品,依托丰富的智力资源,统筹开展在可再生能源、清洁能源及促进碳吸收技术等领域的研究。通过自主研发,重点攻关中短期内可以获得较大效益的低碳技术,逐步建立中国的低碳技术创新体系。对宁波而言,发展低碳能源技术的实质是可再生能源的开发和化石能源的洁净、高效利用,重点是煤炭的洁净高效利用和节能减排技术。要明确宁波在短时间内不可能从根本上扭转温室气体排放增长的势头,过早、过急或过激的减排将会严重影响宁波城市经济社会的持续增长。

3. 建立低碳技术网络平台。建立以政府为主导、企业为主体、产学研相结合的低碳技术创新体系,建立低碳技术网络平台。有关部门要密切配合,及时跟踪国际低碳经济的发展浪潮,加强与相关专业机构和高校、研究院所的技术合作,提高宁波低碳技术研发水平。加快低碳经济有关技术的研发、示范和推广,提高科技创新,推广应用水平。统筹开展在可再生能源、清洁能源、节能新技术、温室气体减排技术及促进碳吸收技术等领域的适应性技术研究。要探索一条既能满足城市发展需要,又不会对资源环境造成严重破坏的新型低碳城市道路。

4. 搭建低碳技术创新平台。联合企业、相关专业机构和高校、研究院所,共同对资源进行整合、共享、完善和提高,通过建立共享机制和管理程序,逐步做到资源有效利用,并在此基础上建立低碳公共技术服务平台,形成以政府为主导、企业为主体、产学研相结合的低碳技术创新体系。加快建立人才基地,培养一批专业化的人才队伍,提高低碳相关人才的研究、设计和创新能力,加快低碳技术和产品的研发速度。要组织对低排放项目的科技攻关,解决低碳排放的重大共性和关键性技术问题。在科技项目立项上,加大对低碳开发应用科技项目的支持力度,鼓励企业开展技术改造。鼓励企业、高等院校和科研院所加大对低碳技术领域的研发投入,培育和引进一批有较强的创新思维、掌握先进技术的人才队伍,加快建立以企业为主体的低碳开发与综合利用技术创新体系,积极推动科技成果转化,促进低碳技术产业化。开展低碳技术开发与利用的国际合作,共同攻克和破解重大、关键性技术难题。

5.发展宁波低碳技术风险投资机构。低碳技术成果从开发到大规模推广应用,过程中存在很大风险。低碳技术创新与产业化的高风险性,已成为制约低碳技术产业化发展的重要因素。可以通过建立一批低碳技术风险投资机构,承担低碳技术开发和产业化过程中的风险;在低碳技术应用成功后,投资机构可从新产品的利润中提取一定比例作为回报。另外,应该完善低碳技术创新专利保护制度。专利制度是促进低碳技术创新的有效产权制度。由于低碳技术专利发展存在缺陷,因此,必须不断构建和完善低碳技术专利申请的审查制度、低碳技术专利权的强制许可制度、低碳技术专利申请的资助制度,简化低碳技术专利的维权程序,推动低碳技术创新。

（四）加强低碳技术研发与应用

1.加快低碳技术的研发,增强自主创新能力。低碳技术是低碳经济发展的动力和核心,是否具备低碳技术的创新能力,在很大程度上决定了宁波市能否顺利实现低碳经济发展。应制定低碳技术和低碳产品研发的短、中、长期规划,重点着眼于中长期战略技术的储备,使低碳技术和低碳产品研发系列化,做到研发一代,应用一代,储备一代;加大科技投入,积极开展碳捕捉和碳封存技术、替代技术、减量化技术、再利用技术、资源化技术、能源利用技术、生物技术、新材料技术、绿色消费技术、生态恢复技术等的研发;结合宁波市实际,鼓励企业开发低碳技术和低碳产品,重点研究新一代生物燃料技术,二氧化碳捕集、运送和埋存技术,智能电力系统开发和电力储存以及提高能效的相关技术,等等。大力实施煤炭净化技术,加强相关基础设施的建设。

2.引导低碳技术及产品推广应用的制度化、规范化。积极开展对低碳技术、低碳产品认定等国际规则、标准的研究分析,主动参与国内低碳技术标准的制定,推广应用相对成熟的低碳技术标准,引导低碳技术及产品推广应用的制度化、规范化。研究制定发展低碳经济的技术指导目录和技术发展指导意见,推广一批先进、成熟、适用的低碳技术及产品,加快科技成果转化。

3.制定政府低碳采购标准、清单和指南。发挥政府示范作用,实行低碳产品优先采购,引导推广低碳产品,实施促进低碳技术创新的采购制度。政府采购是弥补市场机制不足,保护、激励技术创新的重要渠道。在低碳新产品、新技术刚刚推向市场,即产品发展的初期阶段,政府低碳采购是一种很重要的激励手段。为了促进低碳技术创新,政府应制定具有可操作性的低碳采购制度,科学制定政府低碳采购标准、清单和指南,指导具体的低碳采购活动。

4.推进能源高效利用工程。改革、创新和变革传统的生产方式和工艺流程,提高生产过程中能源的利用效率;在对化石能源进行清洁开发、高效使用、节约利用的同时,不断开辟可再生能源。加快淘汰钢铁、建材、造纸等行业的落后生产能力,鼓励常规火电厂进行供热改造,积极推进节能的余热(气压)发电、热电联产及热电冷联供的电站建设。进一步完善节能减排管理机制和体系,加强考核力度,增强对节能工作的监督和指导。研究推行合同能源管理,努力创造良好的政策环境,促进节能服务产业进一步发展。加快发展清洁能源,研究并提出宁波市太阳能光伏发电的发展思路,制定发展目标和实施计划,组织实施太阳能光伏发电工程,重点支持一批兆瓦级发电项目列入金太阳示范工程;大力实施绿色照明工程,加快推广节能路灯的改造,培育、振兴宁波市节能产业;大力推进天然气的利用和推广,加快推进天然气高压管网的规划和建设,提高管网的覆盖率,构建全市统一的天然气高压管网,积极争取上游气源,提高天然气供应保障能力;积极开发生物能源,改善全市用能结构。

(五)加强国际交流与合作

发达国家的低碳发展起步较早,积累了较丰富的经验,我国应借鉴和吸取国外的成功经验为我所用。宁波市要积极鼓励高校科研院所、企事业单位与国外机构开展多层次、多渠道的交流与合作;也可以通过选拔专业技术人员去国外进修学习,了解国外尤其是发达国家在低碳发展重点和前沿领域的最新进展;还可将国外专家请进来,帮助我们解决低碳建设中的技术难题。通过国际交流与合作,借鉴国外低碳准管理及立法经验,学习国外地方政府编制和实施低碳发展方案的经验,同时积极参与应对全球变化的国际合作行动,如国际合作研究、合作培训等,有效地利用发达国家的先进技术,推动相关技术的商业化和技术转让,促进宁波低碳经济的发展。

六、完善法律保障体系

(一)梳理基本框架

尽快制定和完善碳金融方面的法律法规,并完善操作办法,保障碳金融市场运作的规范化。应该在原有《节约能源法》《清洁生产促进法》《循环经济法》等法律法规的基础上,制定《碳金融法》和《政府低碳采购法》,规范和引导企业的生产、投资和销售活动。具体可包括《低碳城市促进法》《低碳能源资源法》《低碳经济法》《低碳社会法》《低碳技术法》及其他相关的法律法规。

(二)完善重点法律制度①

1.规划制度。应重点解决以下四方面的问题:一是如何避免重复建设、盲目建设等问题;二是空间配置问题;三是交通系统问题;四是把握城市密度与能耗的关系。

2.标准制度。一是碳核算方法标准;二是低碳城市建筑标准、低碳城市交通标准、低碳城市公共机构标准;三是综合考核标准,考核标准可以根据城市的类型,设置不同的考核项目,并将考核结果予以公布,以此作为一种激励。

3.信息披露制度。应当对信息披露制度作出规定,确保该制度具有可操作性。

4.碳金融与碳交易制度。《京都议定书》引入了三种灵活机制——排放交易、联合履行和清洁发展,大大拓展了碳排放交易的内涵与外延,也使得该项制度备受国际社会的关注与重视。如何建立和完善碳交易制度,是在立法过程中需要认真思考的问题。

5.低碳财税制度。宁波低碳城市建设应当重视低碳财税制度的作用,对能源资源的开发利用、企业生产经营行为、居民消费行为、交通出行等进

---

① 世界自然基金会上海低碳发展路线图课题组.2050上海低碳发展路线图报告[R].北京:科学出版社,2011.

行调节与控制。

6.低碳社区制度。低碳社区制度应包括以下四个方面的内容:一是确立低碳社区的建设标准;二是普及推广低碳生活方式;三是建设低碳社区管理平台;四是促进低碳化的社区公共服务。

(三)建立考评机制

为了保证低碳发展方案的落实,要将节能减排、低碳发展目标纳入地方行政政绩考核指标体系,建立统一规范的考核制度。可以采取年度考核和任期考核相结合的方式。年度考核可结合五年规划和年度计划实施情况检查评估进行,任期考核可结合干部年终述职和离任评估进行,考核方法要简便、易操作。根据职务责任和考核目的,通过自我述评、民主测评、单位领导考评、上级机构考评、服务对象考评等多层次、多角度综合考评,力求考核结果全面、客观、公正,并依据考评结论给予适当的奖励或惩处。

(四)引入公众监督机制

社会公众是低碳发展最主要的参与者,也是最大的受益者,生态环境的公共性决定了公众参与低碳方案编制实施的必要性和可能性。政府要充分重视发挥社会公众参与低碳行动的积极性和创造力。通过加强宣传教育,提高公众的低碳意识,引导和激励公众加入到低碳建设的行列中来。社区或单位可建立以志愿者和离退休人员为主体的低碳发展公众监督组织。通过设立专门的低碳建设网络监督平台,鼓励公众对低碳发展建言献策,充分发挥公众的舆论监督作用。

(五)建立信息反馈机制

在低碳发展方案的实施过程中,要定期检测评估实施效果并及时做出必要的调整,以确保低碳建设目标的实现。建立低碳项目考核评估制度,对低碳项目实施进度和效果进行认真考核和科学评估,及时发现问题、查清原因,提出整改措施并反馈给项目责任主体和低碳发展领导组办公室,建立低碳发展方案调整机制,可参照经济、社会发展五年规划中期评估的做法,在适当时间开展地方低碳方案实施中期评估,包括方案编制者的自我评估、专业团队的第三方评估、社会公众评估。根据评估结果,如有必要对方案目标和部分内容做调整,应按规定程序做出调整。

七、加强低碳理念宣传教育

和世界先进城市相比,当前宁波市民的低碳意识依然淡薄,要加大宣传推广力度,倡导低碳生活,切实提高认识,使市民深刻理解开展新型城市化学习活动的重要意义,促使广大市民自觉、主动、踊跃地投入到这项活动中来。围绕主题,因地制宜,精心策划、研究和制订具体宣传方案,把保护环境、节能减排、低碳发展思想带到每一个家庭和社区,从而影响整个城市,使低碳城市的理念深入人心。

（一）加大低碳宣传力度

要继续加大对低碳理念的宣传力度,把发展低碳经济作为各级政府的应尽职责和人们生活中应该遵守的行为准则,使低碳理念做到家喻户晓、人人明白,使低碳之路越走越宽广。要利用报纸、杂志、电视、广播,大力宣传低碳理念,增设低碳栏目,宣传介绍低碳的基本知识与国际、国内的成功范例,举办低碳培训班和讲座,宣传普及气候变化与低碳的相关性,倡导低碳的生活方式和制度文化,帮助人们更有系统、更全面地了解低碳理念,以推动低碳城市又好又快地发展。要把建设低碳城市的重要性、迫切性,主要推进和实施内容,以及市民必须具备的一些低碳基本常识以手册的形式印发,让广大人民群众对发展低碳城市有更直观、更形象的了解。通过召开低碳相关专题新闻发布会、低碳摄影大赛、低碳宣传进社区、低碳基础设施一日行、低碳歌曲大家唱等一系列范围广、声势高、影响大、形式多样的活动,在全社会掀起一股低碳环保浪潮。充分发挥新闻媒体的舆论监督和导向作用,宣传国家和地方低碳发展的各项方针政策。

开展以低碳发展和节能减排为主要内容的全民行动,广泛动员和组织企事业单位、机关、学校、社区开展创建低碳型机关、学校、社区等活动,引导崇尚节约的社会风尚和生活方式。把节约资源和保护环境、低碳发展理念列入学校教学计划,培养青少年儿童的低碳意识。

（二）普及低碳基本知识

1.提高人们的科学知识素养。推广低碳生活,需要提高人们的科学知识素养,用科学知识来改变、提升人们的生活观念和行为方式。践行低碳生活,既要靠约束,也要靠自觉。要增强这种自觉,就要加强低碳基本知识的学习和普及。林雄主编的《低碳生活三字经》(广东教育出版社出版)一书,以群众喜闻乐见的三字经形式普及低碳知识、传播生态文明,提出了人们在低碳生活实践中应当坚持的基本道德要求,比如"剩饭菜,打包还""不乱吐,莫乱抛""用有节、置有度"等实现了科学与人文、知识性与通俗性、优秀传统文化与时代精神的有机结合,对于促进人们转变思维方式、生活方式和行为方式,自觉践行低碳生活具有积极作用,是一个比较有效的普及手段。

要通过举办节能宣传月、低碳技术产品展、低碳知识普及教育、电视公益宣传等活动,大力倡导低碳的生活和消费方式,营造低碳消费文化氛围,使低碳成为市民自觉的生活理念和习惯,提高公众对低碳生活方式的认同度。

2.需要澄清一些对低碳发展的误解。普及低碳知识,需要澄清一些对低碳发展的误解,走出认识上的误区。

首先要澄清"把低碳经济等同于贫困经济,高碳经济等同于富人经济","倡导低碳就是减少消费、禁止开车,高排放才有高生活质量"等错误观点。这种误解只看到了表面现象,而没有看到在生活水平较高的情况下也可以实现低碳生活的事实。法国以使用零碳核能为主,人均碳排放比发达国家的平均水平低一半;丹麦的风电,挪威、瑞典的水电都很发达,北欧大部分国家主要依靠可再生能源,其碳生产率很高,生活水平也很高。可见,生活质量的高低并不是用碳排放量的多少来度量的。发展低碳经济并不是要走向贫困,而是要在保护环境气候的前提下走向富裕。

第二种误解是认为一旦搞低碳发展,那么高耗能、高排放的重工业就不能发展了。有些地区曾经对低碳经济、低碳城市很有热情,但最终不愿意践行,就是因为担心大型的化工、钢铁行业投资受到限制。任何社会都必须要有一些相对高能耗、高排放的产业和产品来保障经济运行、保障生活质量,要是没有钢铁、水泥、建筑材料,就没有办法进行基础设施建设,即使像欧洲,基本建设虽然都已完成,但也有寿命期限,期限到了仍需重建。所以,低碳经济绝不应该完全排斥高能耗、高排放的产业和产品,而应该想办法尽量提高碳的使用效率。

第三种误解是认为一旦搞低碳发展,就不能享受汽车、空调等现代文明成果。其实并非如此。在低碳经济状态下,交通便利、房屋舒适宽敞是可以得到保证的。欧洲有很多零排放建筑,隔热效果非常好,通过自然通风和地热可以将室内温度调控到一个合适的水平,且能保持很长时间,生活品质也会因此得到改善和提高。

第四种误解是搞低碳发展要用先进技术,低碳能源成本太高,我们不具备条件。这是一种明显错误的观点。从长远战略上来看,低碳经济是世界经济发展的大势所趋,今后的竞争不是传统的劳动力竞争,也不是石油效率的竞争,而是碳生产率的竞争。如果我们为减少成本,不进行低碳升级,将来我们的产品、产业甚至整个经济就可能没有竞争力,从而被排斥出世界经济的主流。从现实竞争力来看,现在欧洲、美国的很多产品都有"碳标签",标明该产品生命周期的碳排放,消费者会有意识地选择低碳产品。如果我们的产品碳含量比较高,我们就失去了市场。发达国家"要对中国产品征收所谓的边境调节税",就是因为考虑到我们的产品碳含量较高。此外,化石能源除了排放二氧化碳,还可能造成二氧化硫、粉尘、氮氧化合物、重金属等的污染,相比之下,可再生能源的环境负荷就非常低。把长远战略、现实竞争力、环境成本等因素综合考虑,发展低碳经济就不是高成本,而是具有竞争力的低成本。

第五种误解是认为低碳发展是好东西,但太过遥远,我们现在还没有到发展低碳经济的水平,等到了那个水平再说。这种认识是完全错误的。因为低碳经济是点点滴滴汇集起来的,任何节能的、防治污染的、环境友善的行为,都是对低碳经济的贡献。我们发展可再生能源,提高能源效率,关闭"小火电""小水泥";随手关水龙头、关灯;把白炽灯换成节能灯,用太阳能热水器,这都是在向低碳化迈进。低碳并不遥远,它就在我们的生活、生产、消费中。总之,低碳发展不是时髦的概念,是可以落实到现实的行动。要通过经济发展方式的转型、消费方式的转型、能源结构的转型、能源效率的提高,使宁波向低碳经济、低碳社会稳步迈进。

(三)拓宽低碳社会基础

1.凝聚低碳发展的社会共识。宁波市要建设低碳城市,就要充分调动全社会参与低碳发展的主动性和积极性,凝聚低碳发展的社会共识,为深入推进宁波建设低碳城市营造良好的社会氛围。当前,宁波市民的低碳意识相对还比较欠缺,这也是宁波低碳城市建设从"政府战略"转变成"公众战略"的最大制约因素。部分在开放后逐步富裕起来的市民,把追求奢华、浪费、讲排场的生活和消费习惯当成时尚,对碳排放、资源节约与综合利用等缺少关注,对于身边力所能及的碳减排行动不愿意积极参与。一些人对低碳生活的意义、内容不完全知晓或存在疑虑,低碳生活理念对普通家庭的渗透力不足。节水、节电、节气等节省家庭生活开支的低碳生活方式较容易被接受,但以步代车、以布代塑(袋)、自备餐具外出等可能给生活带来烦琐的低碳生活方式较难推广。政府多次推进垃圾分类、垃圾焚烧、餐饮垃圾堆肥等低碳环保措施,都因为种种原因难以坚持和深入,相比较台北在推广垃圾处理方面的成功,市民素质的高低是一个重要的因素。因此,建设低碳城市,首先要提高市民生态文明素质,现阶段提高市民生态文明素质也是低碳城市建设的重要工程。

2.推动民众养成低碳生活的习惯。低碳经济的发展是一项复杂的系统工程,单单依靠政府作用是难以完成的,政府、企业和社会之间形成良性的互动合作关系是一大关键性因素,甚至是基础性因素。如果得不到市民的支持,就不能改变奢侈浪费的消费观,也不可能有企业为适应消费观的转变来发展低碳。低碳城市的建设需要社会各界力量共同努力。发展低碳城市需要政府同企业和居民三方通力合作,需要各部门共同参与。发展低碳城市既不是简单的市场行为,也不可能是完全的政府行为,而是公共治理的三方主体相互影响、相互作用、共同参与的过程。政府在低碳城市的发展中主要起到规划、引导和领导的作用,居民和企业对低碳城市的发展也有不可或缺的作用。只有通过市场调节,使得低碳产品、低碳技术、低碳服务市场化,才能充分调动企业的积极性,也才能够有力地影响居民的消费习惯,逐步改变城市的消费模式和生活模式。而良好的公共参与机制是保障居民和企业积极参与到低碳城市建设中的先决条件。要继续广泛开展低碳生活的宣传和教育活动,进一步提高全民对低碳经济重要性的认识。在公众生态意识提高的基础上,建立起良好的公众参与机制,就显得尤为重要。一方面,我们要创新工作方法、增加参与途径,确保全社会参与低碳经济发展的有效性;另一方面,设立有效的激励机制,充分调动全社会参与低碳经济发展的积极性。

低碳发展方案的顺利实施需要从理顺管理体制、拓宽资金渠道、建设人才队伍、设计碳金融机制、强化技术支撑、完善法律体系等多方面构建保障体系。政策保障包括产业政策、价格政策、土地政策、财税政策和金融政策等,可在激励和约束两个方面发挥政策效果。每项政策实施都有其成本和适用范围,宁波市在制定低碳发展扶持政策时,需要从自身条件和实际需求出发,综合考虑政策的实施效果和潜在成本,因地制宜地设计相匹配的制度。

参考文献

[1] 国家发展改革委宏观经济研究院.低碳发展方案编制原理与方法[M].北京:中国经济出版社,2012.

[2] 陈美球,蔡海生.低碳经济学[M].北京:清华大学出版社,2015.

[3] 袁潮清.中国低碳竞争力提升路径研究[M].北京:科学出版社,2015.

[4] 周鹏,周德群,袁虎.低碳发展政策:国际经验与中国策略[M].北京:经

济科学出版社,2012.

［5］新能源与低碳行动课题组.低碳改变生活［M］.北京:中国时代经济出版社,2011.

［6］李江涛.迈向低碳:新型城市化的绿色愿景［M］.广州:广州出版社,2013.

［7］世界自然基金会上海低碳发展路线图课题组.2050上海低碳发展路线图报告［R］.北京:科学出版社,2011.

后 记

宁波市是国家低碳试点建设城市,宁波市政府于 2013 年 4 月发布了《宁波市低碳城市试点工作实施方案》,规定了低碳任务指标,明确了低碳产业、低碳能源、能效提升、碳汇水平、支撑能力建设等重点领域。之后,出台了《宁波市低碳城市试点工作实施方案任务分解》《宁波市低碳城市试点 2013 年推进方案》《宁波温室气体排放清单编制工作实施方案》等相关文件,但值得注意的是,《宁波市低碳城市试点工作实施方案》的量化指标不多。作为低碳试点建设城市,宁波市需要回答一系列的问题:如何处理好城市低碳与发展的关系? 宁波城市的碳源结构如何? 要将宁波建成什么样的低碳城市(建设目标、任务、评价标准)? 低碳城市建设的模式、路径和策略如何? 建设困难在哪及如何克服? 政府该制定什么政策来减排? 民间如何参与? 等等。我们基于全球气候变暖等国际国内背景,结合宁波的低碳城市建设现实基础,开展了相关研究,试图回答上述问题。

本课题组研究认为:低碳发展是宁波城市可持续发展的必由之路,是改善和保护环境的迫切要求,是提高宁波国际竞争力的重要抓手。宁波建设国家低碳试点城市具有较好的基础和广阔的前景。低碳城市建设必须有具体的目标任务,以及行之有效的评估考核标准和科学可行的评价方法,本课题组从区域经济的视角,在分析低碳城市关联性因素的基础上,借鉴国内外已有的低碳城市指标体系,构建了一套具有宁波城市特色的低碳城市评价指标体系,并利用指标体系对宁波市低碳发展水平进行了评价,认为宁波市整体低碳水平较低,但呈现出良好的上升态势。发达国家和地区的低碳城市建设经验表明,低碳城市建设有一定的规律性,可以兼顾低碳与发展,需要通过政策、法律、标准、技术、市场等协同控制来解决低碳问题；目标实现需要一定的时间，主要污染物治理一般需 15～20 年。

本课题组进一步提出：要从碳排和碳汇两个方面采取措施，推进宁波低碳城市建设。碳排方面，重点抓好宁波的石化产业、能源产业、钢铁产业和造纸产业等典型高碳产业的节能减排，通过综合交通运输体系完善、国家公交都市创建、低碳交通运输装备推广应用、智能交通管理信息系统构建等措施打造低碳交通城市，通过建筑低碳政策和规划引导、大型公共建筑节能改造、强化监管、示范引领、市场调节等路径促进城市建筑低碳，采取高碳能源低碳化利用、发展低碳能源、提高能效等手段实现城市能源低碳，编制生活低碳专项规划、倡导低碳生活方式、改善低碳生活环境和开展低碳教育，以实现居民生活低碳。碳汇方面，要保护提升城市森林碳汇、创新发展城市园林碳汇、挖掘拓展湿地生物碳汇、转化提高农业生态碳汇、开发试点近海生态碳汇，最终实现碳平衡。为了确保宁波低碳城市建设措施的顺利推进，应加强在体制、资金、人才、政策、技术、监管、宣传等方面的保障。

本书共分十章，各章撰写者如下：第一章吴向鹏、刘晓斌，第二章吴向鹏，第三章刘晓斌，第四章孙春媛，第五章汪小京、刘淑娟，第六章姜轩、方枚，第七章周维琼，第八章傅祖栋，第九章张建庆，第十章吴小蕾。全书由吴向鹏设计总体框架，刘晓斌、吴小蕾统稿。

本书作为宁波市社科基地课题的研究成果，得到了宁波市哲学社会科学规划办、浙江大学出版社和宁波城市职业技术学院的大力支持。特此向宁波市社科院林崇建、俞建文、宋炳林、吴伟强、卢岚、顾晔，宁波市政府发展研究中心沈小贤，宁波市发展规划研究院刘兴景，宁波城市职业技术学院李维维、史习明、胡坚达、舒卫英、刘文霞、方磊，浙江大学出版社吴伟伟等人，表示深深的谢意。限于水平和时间，本书难免存在不当之处，敬请各界专家和广大读者不吝指正。

宁波城市发展战略研究基地